可变磁路式永磁悬浮系统

孙凤 赵川 周冉 等著

科学出版社

北京

内 容 简 介

本书共 12 章，详细介绍可变磁路式永磁悬浮系统的设计理论和控制方法。第 1 章全面总结永磁悬浮技术的发展现状和前景；第 2 章阐述可变磁路式永磁悬浮系统的结构、工作原理以及动力学建模；第 3 章至第 8 章采用 PID、LQR、H_∞ 鲁棒等算法分别设计磁悬浮控制系统；第 9 章至第 11 章分析永磁悬浮系统的准零功率实现机理，并提出改进型结构；第 12 章对零功率悬浮结构进行优化设计，并分析异形磁铁的零功率特性。

磁悬浮系统是典型的机电一体化系统，涉及机械工程、电气工程及控制工程等多个学科领域。本书内容完整，理论翔实，由浅及深，适合从事磁悬浮技术、机电一体化、控制工程等领域工作的工程技术人员阅读，也可作为高等院校及科研院所科研人员和高年级本科生、研究生的参考书。

图书在版编目（CIP）数据

可变磁路式永磁悬浮系统 / 孙凤等著. -- 北京 : 科学出版社, 2025. 8. -- ISBN 978-7-03-080285-9

Ⅰ. TH-39

中国国家版本馆 CIP 数据核字第 2024CC0624 号

责任编辑：王喜军　高慧元 / 责任校对：高辰雷
责任印制：赵　博 / 封面设计：无极书装

科学出版社出版
北京东黄城根北街 16 号
邮政编码：100717
http://www.sciencep.com
北京华宇信诺印刷有限公司印刷
科学出版社发行　各地新华书店经销
*
2025 年 8 月第　一　版　开本：720 × 1000　1/16
2026 年 1 月第二次印刷　印张：14
字数：282 000
定价：128.00 元
（如有印装质量问题，我社负责调换）

作 者 名 单

孙　凤　赵　川　周　冉
金俊杰　唐敬虎　李　强

序　言

磁悬浮技术作为一种融合电磁学、机械、力学、电子、控制和计算机等多个学科的机电一体化技术，具有智能化的基因与较强的兼容性，已被成功应用于磁悬浮列车、磁悬浮轴承、平面电机、磁悬浮管道输送与磁悬浮隔振等领域。西南交通大学建成世界首条高温超导高速磁浮工程化样车及试验线，中国中车承研的世界首套设计时速 600km 的高速磁浮交通系统在青岛成功下线，格力研制的全球首台 1300 冷吨超大冷量磁悬浮制冷压缩机应用于北京冬奥村等典型工程，天津飞旋、南京磁谷等企业实现磁悬浮鼓风机、磁悬浮透平真空泵的规模化生产等。上述一系列标志性成果体现了我国磁悬浮技术完成了从无到有、从实验样机到成熟产品的跨越。

近些年，随着稀土永磁材料的发展，永磁体性能极大提高，除大量应用于永磁电机之外，正逐渐扩展至磁悬浮系统领域。永磁悬浮系统作为磁悬浮技术的一个重要分支，正在被国内外研究者所关注。

《可变磁路式永磁悬浮系统》是孙凤及其团队多年研究成果的集中提炼和总结，在揭示变气隙与变磁路两种永磁主动悬浮机理的基础上，系统性地阐述了可变磁路式永磁悬浮系统的工作原理、系统结构、数学模型、控制方法、数字仿真、实验系统、特性分析等内容。

孙凤在永磁悬浮技术领域获得了多项国家自然科学基金项目与省部级项目，拥有深厚的学术功底和丰富的研究经验。该书创新性强、内容丰富、条理清晰、自成体系，是磁悬浮技术领域难得的一本学术佳作。该书的出版，将引领与激发更多科技工作者投身于磁悬浮技术的研究和应用中来，助推我国磁悬浮装备产业的发展。

唐任远

中国工程院院士

2024 年 5 月 8 日

前　言

磁悬浮技术基于磁力相互作用原理实现机械部件之间的无接触支撑，具有无接触、无摩擦、无须润滑等显著优势，因而成为当前学术界和工程界的研究热点。磁悬浮系统不仅具备低刚度与大承载能力相结合的特性，还能实现刚度和阻尼的主动调节，在工业领域展现出广泛的应用价值。在宏观尺度上，磁悬浮技术已成功应用于高速磁悬浮列车和磁悬浮轴承系统；在微观领域，磁悬浮技术则为无尘物料传送、高精度微动平台以及无接触驱动装置等关键设备提供核心支撑。此外，磁悬浮系统在振动主动抑制、精密隔振等领域也表现出独特的技术优势。

目前对磁悬浮技术的研究主要集中于电磁悬浮系统和电磁-永磁混合磁悬浮系统。由于永磁悬浮系统存在非线性特性显著、控制难度大、结构设计复杂等技术瓶颈，相关研究相对匮乏。然而，随着电子技术、控制算法及信号处理技术在磁悬浮领域的应用日趋成熟，永磁悬浮技术正逐步展现出重要的学术研究价值与工程应用潜力，其技术突破将为磁悬浮系统的优化设计与性能提升开辟新的研究方向。

本书详细地描述了作者自主设计的可变磁路式永磁悬浮系统平台，系统地介绍了该永磁悬浮系统的工作原理和研究方法，针对系统的工作特性采用了多种控制算法，并从能源利用等方面对其进行控制方法研究和结构优化探索，为相关研究人员、高校学生及兴趣爱好者提供了一种永磁悬浮系统的设计参考，同时也展示出了永磁悬浮系统节能、发热量低、体积小等优点。作者希望本书的出版能推动永磁悬浮技术的发展。

本书共 12 章，首先介绍系统结构、工作原理，进行数学建模以研究其运行特性；其次阐释永磁悬浮系统的控制方法；最后从节能角度进行结构优化设计和控制方法研究，突出永磁悬浮所具有的优点。书中的控制方法主要针对可变磁路式永磁悬浮系统特性进行设计，着重论述了一种根据系统自身特性设计控制方法的思路。

本书具体分工如下：孙凤撰写第 1 章～第 3 章，赵川撰写第 4 章～第 6 章，周冉撰写第 7 章～第 9 章，金俊杰撰写第 10 章和第 11 章，唐敬虎与李强共同撰写第 12 章。

感谢辽宁省科学技术协会将本书评为 2024 年辽宁省优秀自然科学学术著作并重点资助出版！

由于作者水平有限，书中难免存在疏漏之处，恳请广大读者批评指正。

作　者

2024 年 1 月

目录

第1章 绪 论

1.1 磁悬浮技术概述

磁悬浮技术是一种利用磁力克服重力、使物体悬浮于空气中的新型非接触支撑技术。由于具有无接触、无须润滑、无噪声、无污染等优点，磁悬浮技术已广泛应用于无尘传输、磁悬浮轴承、医疗设备、交通运输等多个领域。作为一项融合了电磁学、机械、力学、电子、控制和计算机等多学科于一体的高新技术，磁悬浮技术引起了全球科研界的广泛关注。

1.1.1 磁悬浮技术发展

早在先秦时代，我国就有利用磁石的记录。考古学家王振铎先生对东汉王充《论衡》中“司南之杓，投之于地，其柢指南”记录的装置进行复原研究，实验结果证明磁体做司南能够实现指向功能[1]。1842 年，英国科学家恩绍（Earnshaw）提出了恩绍定理，该定理指出：在由电荷构成的静电场中，点电荷无法在空间中维持稳定平衡。该定理可理解为任意多个仅有平方反比作用的物体之间无法形成稳定平衡。后来被布劳恩贝克（Braunbeck）推广应用到磁场理论中，单一稳定磁场无法维持一个稳定力学结构，这限制了科学家“塑造”磁场的能力[2]。1864 年，麦克斯韦（Maxwell）以两组方程及其推导结果表征了电磁场的本质，对磁场理论的发展起到了关键作用[3]。20 世纪 90 年代，哈里根（Harrigan）和奇耶福（Chieffo）通过自主探索，独立发明了磁浮陀螺，该装置的工作原理是将一个旋转的磁性陀螺体悬浮于静止的永磁体上[4]。这一装置因为存在陀螺转子的自旋，能实现悬浮，并不违背恩绍定理。为实现铁磁性材料的稳定悬浮，必须通过改变磁场实时调节磁力，1937 年，肯珀（Kemper）应用电磁铁实现了第一次真正的磁悬浮。

1778 年，布鲁格曼斯（Brugmans）首次发现了材料具有抗磁性；1847 年，汤姆孙（Thomson）预测了抗磁悬浮的可行性，认为材料的负磁化率特性能够使其在永磁体的磁场中实现被动静态稳定悬浮[5]。不同于永磁体之间或永磁体与顺磁性物质之间的磁力作用，抗磁悬浮依靠抗磁力实现，不遵循恩绍定理，这种悬浮技术又称为抗磁悬浮技术。利用介质材料的弱抗磁性，贝里（Berry）和盖姆

（Geim）在 1997 年首次实现了活体青蛙在 16T 强磁场中的稳定悬浮，该研究小组在两年后完成了人体手指稳定悬浮钕铁硼磁体的验证实验[6]。除自身具备抗磁性的材料外，1911 年，荷兰科学家昂内斯（Onnes）发现汞在冷却到一定温度时，其电阻会突然消失，表现为超导状态，超导材料兼具零电阻效应和完全抗磁性[7]。利用超导体的完全抗磁性实现悬浮的技术又被称为超导磁悬浮技术。

由于磁悬浮技术具有无接触、无摩擦、无须润滑等特性，各国相继投入了大量的人力、财力用于磁悬浮技术的研究工作。美国、法国、英国等发达国家日益重视磁悬浮这项改变未来运输方式的高新技术，其中尤以德国、日本的磁悬浮技术最为成熟。随着磁悬浮技术的蓬勃发展，其技术类型日渐增多，并且呈现出不同的特点与应用前景。

1.1.2 磁悬浮技术分类

在磁悬浮系统中，根据磁力与磁场方向的关系可以将磁力划分为两种类型：洛伦兹力与磁阻力[8]。带电粒子 q 在磁场中以速度 v 运动时，受到的作用力可由洛伦兹提出的洛伦兹力方程表示，如式（1.1）所示。宏观考虑时往往忽略电场分量作用，并以电流 i 代替点电荷的移动，因此洛伦兹力可进一步表示为式（1.2）。洛伦兹力方向与磁场方向垂直，力的大小与电流成正比，并且与气隙无关。

$$f_{\mathrm{L}} = q(E + v \times B) \tag{1.1}$$

$$f_{\mathrm{L}} = i \times B \tag{1.2}$$

式中，E 为电场强度；B 为磁通密度；i 为宏观电流。

在宏观范畴，磁阻力表现为磁体与介质之间力的作用；在微观范畴，磁阻力可视为磁化介质表面形成的磁化电流的磁场与源磁场之间力的作用。任何实物都可以是磁介质，分子中电子和核的运动会产生磁效应，分子对外界磁效应的总和可用一个等效的圆电流来代替，称为分子电流，其磁矩称为分子磁矩。顺磁性介质分子被磁化后，分子磁矩的取向一致，对应的分子电流在介质内部相互抵消，在介质材料表面形成磁化电流，该磁化电流的磁矩与外加磁场方向相同。抗磁性介质置于外加磁场中，分子中电子的轨道运动和自旋运动以及原子核的自旋运动都会发生变化，其中，电子绕外加磁场磁感线的运动可等效为一个圆电流，它产生附加磁矩总是与外加磁场方向相反，宏观上表现为一种斥力作用[9]。

利用磁阻力实现悬浮的系统中，工作气隙长度 δ 的变化源于磁能转变为机械能，从而使悬浮物运动。磁阻力模型可以通过虚功原理求解，如式（1.3）所示。气隙磁场能量 W 为能量密度 w_ρ 在空间中的积分，w_ρ 与磁场强度和介质相对磁导率 μ_r 相关。介质磁导率越大，在其表面产生的磁阻力越大，磁阻力的方向垂直于介质的表面。

$$f_{\mathrm{R}}=\frac{\mathrm{d}W}{\mathrm{d}\delta}=\mathrm{d}\left(\iiint w_{\rho}\mathrm{d}V\right)\Big/\mathrm{d}\delta \tag{1.3}$$

洛伦兹力和磁阻力的区别如表 1.1 所示。

表 1.1　洛伦兹力与磁阻力的区别

项目	类型 1：洛伦兹力	类型 2：磁阻力
产生原理	电荷在磁场中的运动受到力的作用	磁化后介质的分子磁矩与源磁场的相互作用
计算公式	$f_{\mathrm{L}}=i\times B$	$f_{\mathrm{R}}=\mathrm{d}W/\mathrm{d}\delta$
力的方向	垂直于磁通密度方向	垂直于磁化介质表面
磁力与电流关系	当电流和外磁场相互独立时为线性	与电流平方成正比（磁源由电磁铁产生时）
磁力与气隙关系	无关	与气隙平方成反比

采用洛伦兹力的悬浮装置稳态功耗大，承载性能受电流和磁场的限制明显；采用磁阻力实现悬浮的装置具有承载刚度大、功耗低的优点，但磁阻力存在较强的非线性，对悬浮控制的要求较高。目前，应用范围较广的为基于磁阻力的悬浮技术。不同磁化介质的相对磁导率不同，其导磁性能存在差异，置于磁场中时产生的磁阻力也明显不同。常见磁悬浮系统的分类如图 1.1 所示。

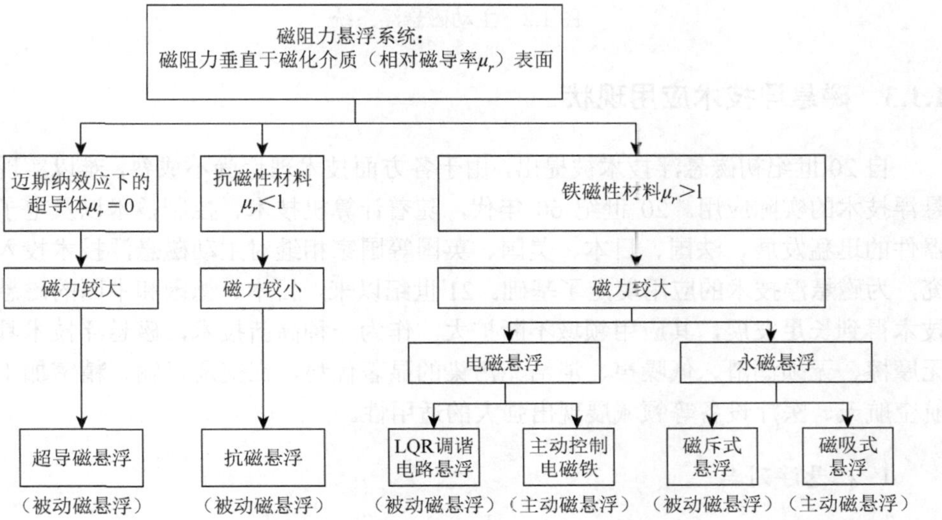

图 1.1　常见磁悬浮系统的分类

线性二次型调节器（linear quadratic regulator，LQR）

根据是否需要主动控制的介入，磁悬浮系统又可分为主动磁悬浮系统和被动磁悬浮系统。主动磁悬浮具有较好的可控性和鲁棒性，研究较为广泛。主动磁悬浮系统本身为不稳定系统，为保证悬浮物稳定悬浮，必须进行实时控制。主动磁悬浮系统主要由如图 1.2 所示的控制器、传感器、悬浮物和执行器等四部分组成，其中执行器包括电磁铁和功率放大器两部分。主动磁悬浮的基本实现原理如下：当悬浮物偏离参考平衡位置时，传感器检测出悬浮气隙变化并反馈至控制器，控制器输出控制信号，经由功率放大器转换成控制电流，输入到线圈的控制电流可调节磁力大小，从而实现悬浮物返回至参考平衡位置。因此，悬浮物在主动控制作用下，可始终处于稳定悬浮的平衡状态。

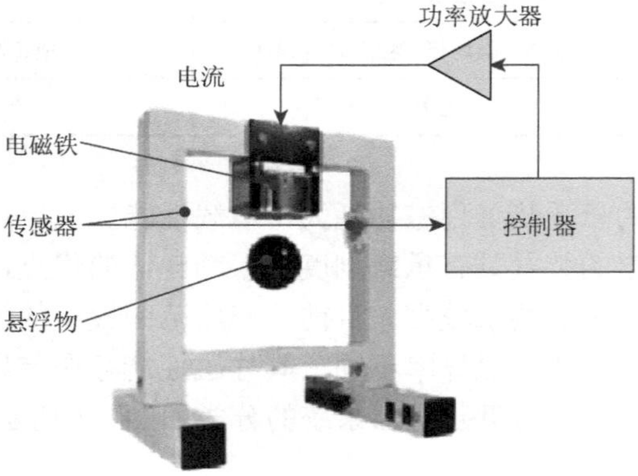

图 1.2 主动磁悬浮系统

1.1.3 磁悬浮技术应用现状

自 20 世纪初磁悬浮技术被提出，由于各方面技术理论尚不成熟，难以实现磁悬浮技术的实际应用。20 世纪 60 年代，随着计算机技术、控制技术以及电子元器件的迅猛发展，法国、日本、美国、英国等国家相继对主动磁悬浮技术投入研究，为磁悬浮技术的应用奠定了基础。21 世纪以来，日本、德国和中国的磁悬浮技术得到长足发展，其应用领域不断扩大。作为一种高新技术，磁悬浮技术具有无摩擦、无须润滑、低噪声、清洁无污染的显著优势，在交通运输、精密加工、航空航天、医疗设备等领域展现出强大的适用性。

1. *磁悬浮列车*

磁悬浮列车主要包括三大系统——悬浮系统、驱动系统和导向系统，其工作原理是利用磁体与导轨的磁力实现悬浮与导向，并应用直线电机产生的牵引力实现前进驱动。按照车辆悬浮原理及方式的不同，将磁悬浮列车技术分为常导电磁悬浮、电动磁悬浮、高温超导磁悬浮三种形式，其中电动磁悬浮又分为永磁电动磁悬浮和低温超导电动磁悬浮[10]。

20 世纪 60 年代，德国和日本开始了对磁悬浮列车的研究。1969 年，第一代磁悬浮试验车模型（TR-01）在德国试验成功，如图 1.3 所示。1972 年，日本展示了第一列超导磁悬浮列车 L100，如图 1.4 所示。1984 年，德国的第六代磁悬浮试验车已经达到时速 302km。1999 年，日本 MLX 磁浮列车在山梨试验线上达到了时速 552km 的纪录。2015 年 4 月，日本 L0 系超高速磁悬列车在山梨磁悬浮线路上进行测试，将时速提高到了 603km。经过近半个世纪的发展，常导电磁悬浮车技术和超导磁悬浮车技术趋于成熟。

图 1.3 TR-01 磁悬浮试验车

图 1.4 L100 型磁悬浮列车

美国从 20 世纪 60 年代开始研究磁悬浮列车，致力于开发新型结构的磁悬浮轨道交通工具，具有代表性的 5 种磁悬浮列车系统包括 GA、Magplane、Maglev2000、M3 和 AMT 等。2013 年，美国特斯拉首席执行官马斯克（Musk）提出 Hyperloop

超级高铁系统，主要包括胶囊车辆、真空管道、驱动系统、供电系统 4 个部分。2017 年，美国 Hyperloop One 首次在真空环境中全面测试其超级高铁技术，利用电动磁悬浮技术在内华达沙漠搭建了 500m 长的真空管道试验线，实现了 310km/h 的最高速度。图 1.5 为 Hyperloop One 研制的真空管道磁悬浮车辆，超级高铁目前已跨过概念阶段，可能成为新兴产业。

图 1.5　Hyperloop One 研制的真空磁悬浮胶囊车

中国对磁悬浮列车技术的研究虽起步较晚，但其发展速度较为迅猛。2000 年上海从德国引进 TR-08 型常导电磁悬浮铁路技术，2002 年 12 月上海磁悬浮铁路开始通车运营，是世界上第 1 条商业运营的高速磁悬浮铁路，最高运营速度可达 430km/h。西南交通大学的王家素团队于 2000 年 12 月 31 日研制出世界上首辆载人高温超导磁悬浮车——“世纪号”，永磁双轨道长约 15.5m，悬浮气隙大于 20mm，悬浮力可达 6350N。2014 年 6 月，西南交通大学的研究团队建成全球首个真空管道超高速磁悬浮列车环形试验线 Super-Maglev，验证了真空管道高温超导磁悬浮的原理可行性。2016 年 5 月，中国首条完全具有自主知识产权的中低速磁浮商业运营线路——长沙磁浮快线载客试运营，采用常导电磁悬浮。2016 年 10 月，中车青岛四方机车车辆股份有限公司正式启动研制速度 600km/h 的磁悬浮轨道交通工程化系统项目。2017 年 12 月 30 日，北京首条中低速磁浮轨道交通 S1 线开始试运营，是中国制造的第二条中低速磁悬浮线路。2021 年 7 月 1 日，长沙磁浮快线时速提高至 140km。2021 年 7 月 20 日，由中国中车股份有限公司承担研制、具有完全自主知识产权的时速 600km 高速磁浮交通系统在青岛成功下线，如图 1.6 所示，这是世界首套设计时速达 600km 的高速磁浮交通系统。

图 1.6 中国中车 600km/h 的高速磁悬浮试验样车

2. 磁悬浮轴承

研究人员利用可控磁力实现磁轴承的动子与定子分离，这种无接触的高新支撑技术突破了传统轴承的机械接触，具有无接触、无须润滑、无噪声等优势，有利于转子的高速和超高速旋转，从而显著降低了功耗，结合主动控制技术可以有效地提高转子的回转精度。根据工作原理可以将磁悬浮轴承分为三类：主动磁悬浮轴承、被动磁悬浮轴承、混合磁悬浮轴承。磁悬浮轴承在工业应用中有着广泛的应用前景，主要包括以下几个方面：空间技术、透平机械设备、超高速加工机床等。

美国和法国对电磁轴承、磁悬浮主轴做了大量的研究。美国弗吉尼亚大学的 Beams 等[11]首先将磁悬浮轴承用于超速离心机上（图 1.7）。20 世纪 60 年代，美国德雷珀实验室将磁悬浮轴承成功应用到空间制导和惯性轮上[12]。1969 年，法国航空航天研究院下属的磁悬浮轴承研究实验室对磁悬浮轴承做了深入研究，并于 1972 年首次在卫星导向轮上使用磁悬浮轴承。1977 年，法国磁悬浮机械公司开发了第一台使用磁悬浮主轴的高速机床。20 世纪 90 年代，美国国家航空航天局（National Aeronautics and Space Administration，NASA）研制的磁悬浮飞轮储能系统（图 1.8）最高转速达到 41000r/min[13]。随后，磁悬浮轴承在空间飞行器姿态控制系统、分子泵、透平机、鼓风机等装置上得到了大量的应用。磁悬浮轴承在航空航天领域及工业领域表现出巨大的商业价值和广泛的应用前景，日本、英国和德国也展开对高性能轴承的研究。1984 年，法国磁悬浮机械公司与日本精工电子有限公司联合成立了日本电磁悬浮轴承公司，并在日本生产涡流分子泵和机床电磁主轴等。同年，日本恩梯恩（NTN）东洋轴承公司推出了高速磁悬浮铣削头。1993 年，英国成功研制了 3.3MW 的磁悬浮涡轮增压机。2007 年，德国泰迪斯（Teldix）公司研制出基于洛伦兹力的五自由度磁悬浮飞轮，主要用于高指向精度的航天器姿态控制[14]。

图 1.7　磁悬浮飞轮

图 1.8　NASA 研制的磁悬浮飞轮储能系统

我国清华大学、西安交通大学、南京航空航天大学、哈尔滨工业大学、浙江大学等高校和科研院所也开展了磁悬浮轴承的相关研究。进入 21 世纪，磁悬浮轴承的工业应用研究取得较大的发展。2006年，天津飞旋（亿昇）科技股份有限公司成立，依托清华大学从事磁悬浮轴承及其在透平机械的应用研究，2009年成功研制出首台FX系列国产磁悬浮分子泵。2013年国产大功率磁悬浮高速离心式鼓风机研制成功，亿昇科技的鼓风机采用五自由度主动磁悬浮轴承、高速永磁同步电机、三元流叶轮、智能控制驱动等四大核心技术，现有YG九大系列产品，可实现单机产品功率700kW，是全球最大功率、最全系列的磁悬浮离心式鼓风机。南京磁谷科技股份有限公司也从事以磁悬浮轴承为关键核心技术的高速驱动及高速高效一体化流体机械设备的研发与生产，2009年其科研团队研制出国内首台磁悬浮离心式鼓风机。2014年，格力电器自主研发出业界首台单台压缩机制冷量达1000冷吨（ton of refrigeration，TR；1TR = 3.861kW）的磁悬浮变频离心机组。我国的磁悬浮轴承技术实现了从无到有、从产品样机到工业产品的跨越。

随着电主轴技术的工业应用，由于电主轴取消复杂的主传动链，并利用矢量变频技术取代传统机械齿轮变速方式，成功地解决了数控机床主轴的动力源驱动难题。轴承是电主轴实现高速转动以及高精度加工的核心部件。由于机械摩擦的存在，连续运转产生的发热问题严重影响了轴承的刚度、精度和疲劳寿命，这也限制了电主轴高速化的发展。采用磁悬浮轴承可以实现无接触、无摩擦，突破传统轴承对主轴转速的限制，同时不需要复杂的润滑系统，磁悬浮轴承电主轴是当今高速数控机床领域的主要研究方向。斯凯浮（SKF）和欧洲动力装置公司（SEP）的合资公司法国磁悬浮机械公司在1977年研发出最早的主动磁浮轴承电主轴原型机，美国Turchan公司在1980年发布了一台采用主动磁浮轴承电主轴的加工中心，其主轴功率为10HP（1HP = 745.7W），转速为60000r/min[15]。1988年在瑞士召开的第一届国际磁悬浮轴承会议上，主动磁悬浮电主轴的研究成为会议的重点论题之一[16]。1994年，西安交通大学研制出国内第一台磁悬浮轴承电主轴样机，转速高达24000r/min。2000年，清华大学与无锡开源机床集团有限公司共同研制了高精度磁悬浮磨削机床[17]。铣削和磨削是电主轴的两种主要切削载荷类型，主动磁悬浮电主轴在这两种工况下的应用一直是研究的重点。现有的主动磁悬浮轴承的承载能力受到材料磁饱和特性的限制，导致主轴加工时的进给量较低，限制了其加工效率，并且磁轴承的动刚度较小，电主轴轴心轨迹对应的振动峰峰值很难控制在3μm内，难以满足电主轴高速高精度加工的需要。此外，磁悬浮轴承电主轴的稳定性也受到控制器以及控制系统硬件的影响。

3. 磁悬浮心脏泵

人工心脏泵是一种通过机械循环为血液循环提供动力的装置，可用于辅助或替代心脏输出人体所需血液。自20世纪以来，人工心脏泵经历了数次技术更新，现在的第三代人工心脏泵以离心泵为主要形式，以磁悬浮轴承代替传统机械轴承用于支撑叶轮转子，并通过磁力驱动叶轮旋转，实现输送血液的目标。与机械轴承式人工心脏相比，其避免了接触摩擦，能够有效地减小溶血和血栓的风险。Heartware HVAD 心室辅助装置是美国心件医疗（Heartware）公司［后被美敦力（Medtronic）公司收购］研制的第三代心室辅助装置，HAVD 利用转子的磁悬浮技术，进一步减小了置入泵体积（见图 1.9），可以完全放置于心旁间隙，明显减少了因泵置入术对患者造成的损伤。泵的转子采用磁力驱动，无机械接触，因此噪声更小、产热少、能效高，显著地提高了电源利用效能及患者的生存质量。美国梭拉特（Thoratec）公司是最具代表性的人工心脏公司之一，后被雅培（Abbott）公司收购，该公司开发的第三代产品 HeartMate Ⅲ是一种全磁悬浮离心式血泵，如图 1.10 所示。2014 年 6 月，施米托（Schmitto）带领团队进行了 HeartMate Ⅲ的全球首次置入，2017 年该产品通过美国食品药品监督管理局（Food and Drug Administration，FDA）认证，可用于过渡移植治疗。CH-VAD 是中国同心医疗科技公司研制的第三代完全磁悬浮可置入式心室辅助装置。CH-VAD 具有出色的血液相容性，已完成临床前动物试验，并于 2019 年 3 月进入临床试验阶段。

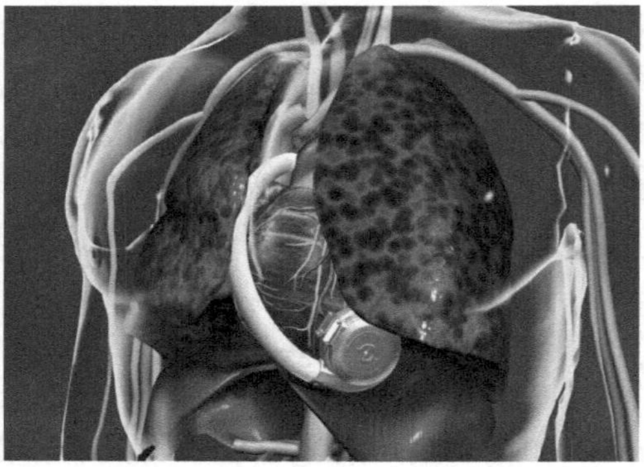

图 1.9 Heartware HVAD 心室辅助装置

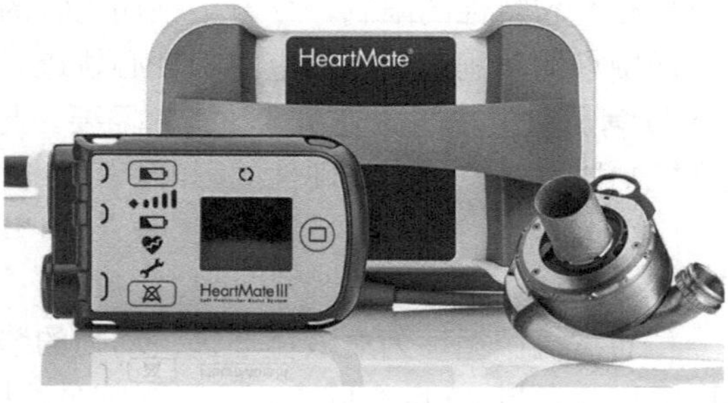

图 1.10 HeartMate Ⅲ全磁悬浮离心式血泵

4. 磁悬浮电机

磁悬浮电机是磁悬浮技术在电机工程领域的重要应用。磁悬浮电机主要有两类：旋转电机和平面电机。由于传统轴承的局限性，限制了电机的最高转速，高速磁悬浮电机不需要专门设计相应的轴承，是磁轴承和同步电机的结合体，具有转速高、无励磁损耗、使用寿命长等特点。其主要应用于对油污灰尘敏感的加工场合，如半导体工业及化工医疗等企业。南京航空航天大学的 Cao 等[18]通过在开关磁阻电机上增加悬浮绕组，结合控制算法实现了无轴承开关磁阻电机的转矩和悬浮控制（图 1.11）。日本茨城大学的 Osa 等[19]研究了一种用于植入式心室辅助装置——小型磁悬浮电机，采用双定子结构，直径 22mm、高度 33mm，该样机水中测试转速可达 4500r/min。

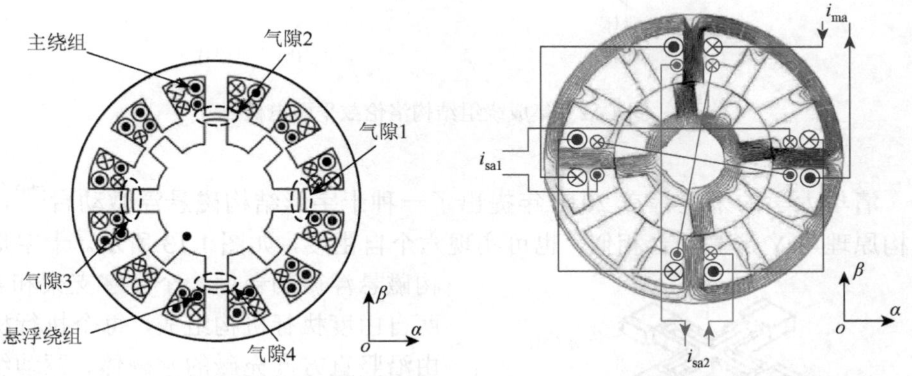

(a) 正向绕组电流的定义 (b) 以A相为例的线圈连接方式

图 1.11 无轴承开关磁阻电机原理

i_{ma} 表示 A 相主绕组电流，i_{sa1} 表示 A 相悬浮绕组电流在 α 轴方向上的分量，i_{sa2} 表示 A 相悬浮绕组电流在 β 轴方向上的分量。

磁悬浮平面电机可实现六自由度运动，其定位运动包括平面定位和调平调焦，平面定位用于产生 x 向平移、y 向平移以及绕 z 轴偏转的运动，由三自由度平面电机即可实现；调平调焦用于产生 z 向运动、绕 x 轴偏转以及绕 y 轴偏转的运动，实现方式主要有电磁铁、洛伦兹力线圈、重力补偿器三种方式[20]。目前，磁悬浮平面电机在欧美与日本等发达国家发展迅速，其中世界很多著名公司和机构，如三大芯片光刻公司——日本尼康（Nikon）、佳能（Canon）和荷兰阿斯麦（ASML）都在进行磁悬浮定位工作台的研究[21]。国内西安交通大学、清华大学、中国科学院长春光学精密机械与物理研究所等单位也在开展此方面的研究工作[22]。现在已涌现出很多形式的磁悬浮定位平台结构，哈尔滨工业大学的寇宝泉等提出了一种集成绕组结构洛伦兹平面电机方案，如图 1.12 所示，这种平面电机采用双边动次级结构，利用 4 组正方形线圈驱动单元进行组合驱动，电机平动行程为 4mm×4mm[23]。

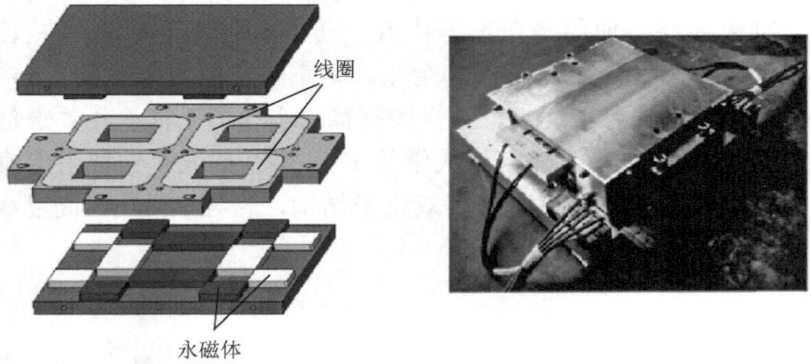

(a) 原理示意图　(b) 样机照片

图 1.12　集成绕组结构洛伦兹平面电机

清华大学的朱煜等在 2010 年提出了一种十字形结构磁悬浮微动台[24]，其结构原理与 Y 形微动台相似，也可实现六个自由度，如图 1.13 所示。十字形结构磁悬浮微动台由一个十字支架和 4 个两自由度执行机构组成，每个执行机构由沿竖直方向充磁的永磁体、驱动线圈和悬浮线圈组成，永磁体固定于十字支架的末端，驱动线圈和悬浮线圈分别布置于永磁体的侧面和下面，运动范围为±0.5mm。Zhu 等[25]研制了一种并联式双级平面电机结构，如图 1.14 所示。其中，六自由度平面电机用于实现粗定位，二自由度平面运动机构实现精密定位，二者通过挠性部件连接。这种方式降低了悬浮平台的质量，提高了动子的动态性能，并且具有较高的定位精度。

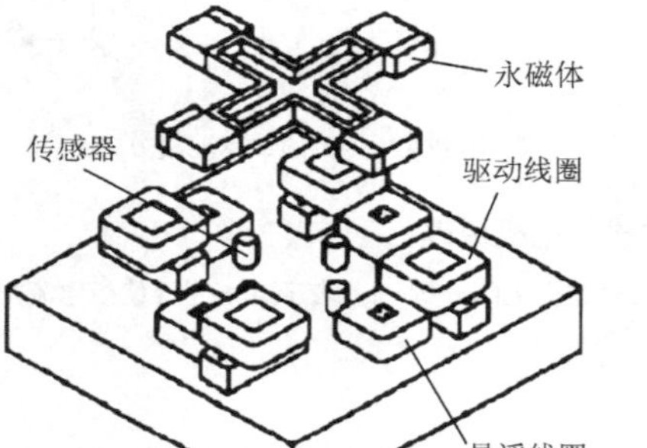

图 1.13　六自由度十字形结构磁悬浮微动台

传统的定位装置往往采用伺服电机驱动和精密丝杠传动的方案，由于螺纹空程和传动摩擦的存在，其定位精度一般只能达到微米级。而采用直线电机实现多自由度定位运动，一般将两台或多台直线电机进行组合，形成层叠式结构间接实现平面定位，但是这种结构无疑增加了系统的复杂性，存在扰动变量多、系统体积大、成本高等缺点。相比之下，磁悬浮平面电机摆脱了“低维运动机构叠加成高维运动机构”的模式，仅利用一个运动部件就能实现平面运动的新型电机。由于摒弃了丝杠、螺杆等传动装置，磁悬浮平面电机有效地减少了传动环节中的误差传递，简化了系统结构，具有响应速度快、定位精度高、结构强度好、系统结构简单等优点[26]。

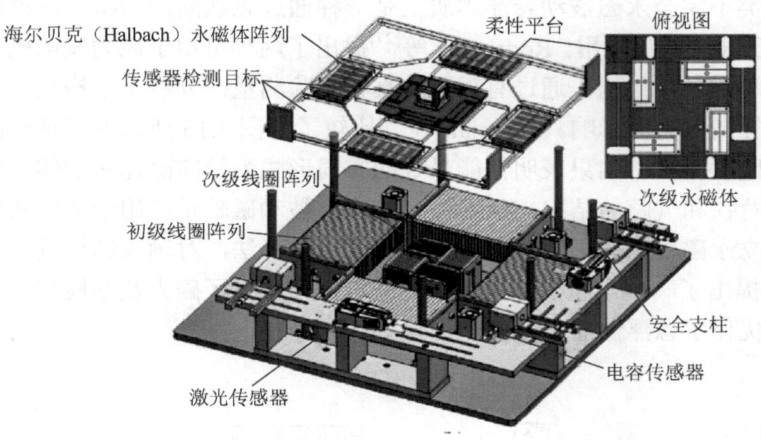

图 1.14 并联式双级平面电机

除了上述主要应用领域，磁悬浮技术在卫星调姿、风力发电、精密机床、隔振设备等方面也有实际应用先例。总体来说，磁悬浮技术的优点众多，能够解决生产生活中的很多难题，提高工业生产的效率，为很多关键场合提供了新的技术解决方案。

1.2 永磁悬浮技术的原理与分类

随着第二代稀土永磁材料钕铁硼的出现和烧结工艺的推广应用，永磁体的最大磁能积不断提升。因此，将永磁体作为磁悬浮系统主要磁源的可行性迅速提高。自 20 世纪 80 年代开始，国内外学者针对永磁体为主要磁源的永磁悬浮系统展开了广泛研究。结果表明，该类型磁悬浮系统具有极好的节能性，可实现零功率悬浮，具有广泛的研究与应用前景。

永磁悬浮技术通过永磁体之间或永磁体与铁磁体材料之间的作用力实现悬浮。恩绍定理在磁场的推论表明，具有平方反比定理的静磁场无法实现静态目标物的稳定悬浮。因此，永磁悬浮技术具有“动”的本质，即变化的磁场或运动的目标物是稳定悬浮的前提。根据是否需要主动控制的介入，将永磁悬浮系统分为永磁被动悬浮和永磁主动悬浮两种类型。

1.2.1　永磁被动悬浮

第一类不完全永磁被动悬浮本质上是一种通过磁铁间斥力减小摩擦磨损的承载技术，已被产业化应用。Rodriguez 等[27]提出了两种可用于风力发电机顶部轴承的永磁被动磁轴承结构，通过有限元仿真和实验测量，分析了结构尺寸参数对轴承轴向和径向磁力的影响。Safaeian 等[28]比较了如图 1.15 所示的多种永磁被动悬浮轴承的刚度特性，结果表明性能最好的布局形式为径向磁化永磁体，并在磁体之间布置背铁和气隙的结构。张钢等[29]将永磁被动磁轴承应用于离心式鼓风机，并通过建立永磁轴承磁环的解析模型和有限元仿真法，对轴承结构进行了优化。胡坤等[30]提出了一种永磁磁垫式带式输送机，并推导了磁力数学模型，分析了气隙特性，优化了悬浮性能。

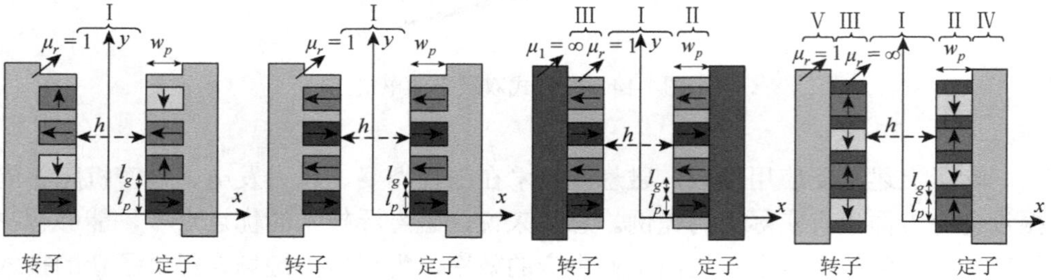

图 1.15　多种永磁被动悬浮轴承模型

l_p 表示磁体高度，l_g 表示磁体间隔高度，h 表示气隙长度。

第二类永磁被动悬浮则是利用陀螺效应自然形成主动控制，实现了无接触完全悬浮。Genta 等[31]研究了如图 1.16 所示的被动磁悬浮陀螺，并推导了磁力陀螺在六个自由度的运动方程。研究结果表明，转子旋转必须满足一定的特征和频率，系统才能稳定悬浮。钱坤喜等将该类型永磁轴承应用于磁悬浮人工心脏，可有效地避免机械磨损和电磁线圈发热损害人体健康，在人工心脏泵中最小悬浮转速与转子的转动惯量呈负相关[32]。张钢等[33]提出了一种五自由度全永磁轴承系统，轴系中刚性转子可利用陀螺力矩承受永磁轴承的不平衡力矩和外力矩，研究表明，转子在超过最低临界转速后可实现动态稳定悬浮。

图 1.16 被动磁悬浮陀螺

1.2.2 永磁主动悬浮

永磁主动悬浮的原理是通过主动控制手段调节磁力大小，使其始终与悬浮物重力大小相等，从而具备实现悬浮的稳定条件。当悬浮物质量变化或受到扰动力时，系统可以根据位置检测装置反馈信号，由控制器输出控制信号，输出给执行机构主动调节系统磁力大小，从而实现新的稳定悬浮；当撤去外扰时，系统输出对应的控制信号，最终恢复至初始悬浮位置。根据磁阻力的定义，永磁主动悬浮系统的磁力模型可采用如式（1.4）所示的通用表达式：

$$f_{\mathrm{PMS}} = k\frac{B^2}{(\delta + a)^2} \tag{1.4}$$

式中，k 为悬浮力系数，表示磁路结构参数对磁力的影响；δ 为磁铁与悬浮物之间的气隙长度；a 为磁路中漏磁补偿系数，气隙为零时，磁力不能为无穷大。

磁力主动调节的实现方式主要有两种类型：磁阻调制式、气隙调节式。第一种类型中，永磁系统的执行机构与磁路中的导磁体相连，通过改变导磁体在磁路中的有效长度或正对截面，实现可变磁阻从而调节磁力大小；第二种类型中，执行机构调节永磁体与悬浮物之间的距离，进而实现可控磁力。

1.3 可变磁阻式永磁悬浮技术

由于磁场和磁力的主动控制仍由电磁线圈实现，在国内外学者的研究中，电磁-永磁混合磁悬浮系统也被称为永磁偏置的电磁悬浮系统。与电磁-永磁混合磁悬浮系统不同，可变磁阻式永磁悬浮系统是完全的永磁系统，其主要组成部分包括永磁体、铁磁性悬浮物、致动器、位移传感器和控制器等。该类型系统的基本原理如图 1.17 所示，当永磁体与悬浮物间磁力等于悬浮物重力时，系统达平衡状态，此时的悬浮气隙为平衡气隙。当永磁体与悬浮物间气隙小于平衡气隙时，致动器驱动永磁体向上快速运动，增大悬浮气隙，减小磁力，避免接触吸附。同理，当悬浮气隙小于平衡气隙时，致动器驱动永磁体向下快速运动，减小悬浮气隙，增大磁力，避免跌落。

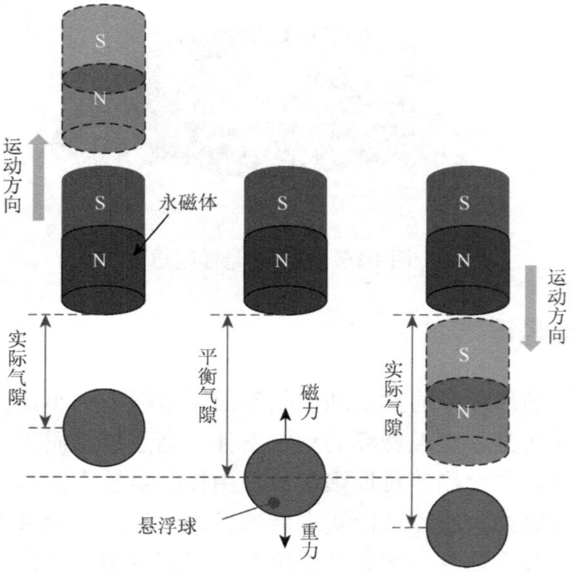

图 1.17　可变磁阻式永磁悬浮系统原理

Higuchi 等[34]于 20 世纪 90 年代率先提出了可变磁阻式永磁悬浮系统的概念，并采用压电陶瓷作为致动器设计了如图 1.18 所示的可变磁阻式永磁悬浮系统。通过动力学模型分析、设计控制器和悬浮实验，验证了可变磁阻原理的可行性。Oka 等[35]将压电致动器替换为响应频率快、驱动行程长的音圈电机，设计了如图 1.19 所示的三自由度可变磁阻式永磁悬浮平台，并分别采用集中控制和分散控制策略实现了平台的稳定悬浮。此后，Oka 等[36]又基于音圈电机提出了一种用于非接触输送的可变磁阻磁悬浮系统。如图 1.20（a）所示，该系统中音圈电机、永磁体和位移传感器等均安装于悬浮部分，系统中仅铁磁性导轨固定。2015 年，孙凤等[37]对如图 1.20（b）所示的两类音圈电机驱动的可变磁阻式永磁悬浮系统展开研究，并在结构中加入了支撑弹簧。通过设计零功率控制器，两系统均实现了零功率稳定悬浮。

在图 1.18 和图 1.19 可变磁阻式永磁悬浮系统中，悬浮物仅实现了垂向自由度的运动控制。如图 1.21 所示，Oka 等[38]又在原系统的基础上增加了四个水平方向的音圈电机，实现了悬浮球的回转驱动。通过在悬浮球上制备剩磁点，并驱动音圈电机以不同相位的正弦轨迹运动，悬浮球即可实现悬浮状态下的稳定回转。

孙凤等[39]在该系统的启发下，采用圆柱形永磁体设计了如图 1.22 所示的回转驱动系统。与上述回转驱动系统相似，该系统在四个圆柱形永磁体回转的过程中，可通过吸引和排斥剩磁点实现悬浮球的连续驱动。

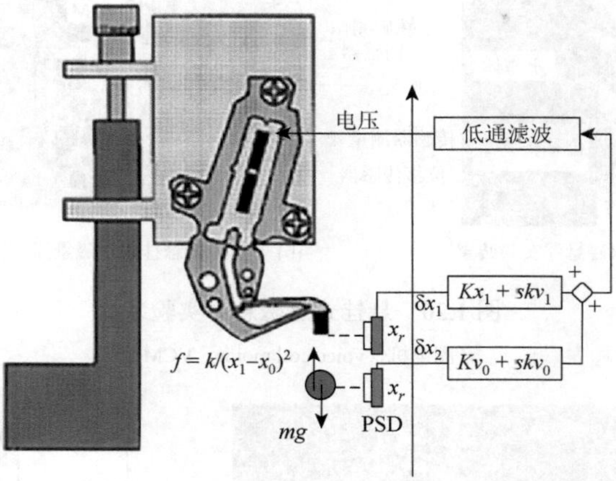

图 1.18　可变磁阻式永磁悬浮系统

f 表示作用在悬浮体（含重量 mg 部分）上的力；k 表示与磁阻、永磁体等特性相关的力系数；x_1、x_2 可理解为不同位置的监测变量，比如 x_1 关联悬浮主体位置，x_2 关联与永磁悬浮作用相关的另一位置（如传感器监测位置）；x_0 表示参考位置（如初始平衡位置等）；mg 表示悬浮部分的质量，是系统动力学分析中惯性环节的关键参数；K 表示比例系数；s 表示复频域变量（用于控制系统传递函数等分析）；kv_1、kv_0 与电压相关（v_1、v_0 表示电压信号），整体用于系统控制信号的构建（如反馈控制中信号调理），经低通滤波处理后参与系统闭环控制。位置敏感探测器（position sensitive detector，PSD）用于检测悬浮部分的位置信息，将位置变化转化为电信号。

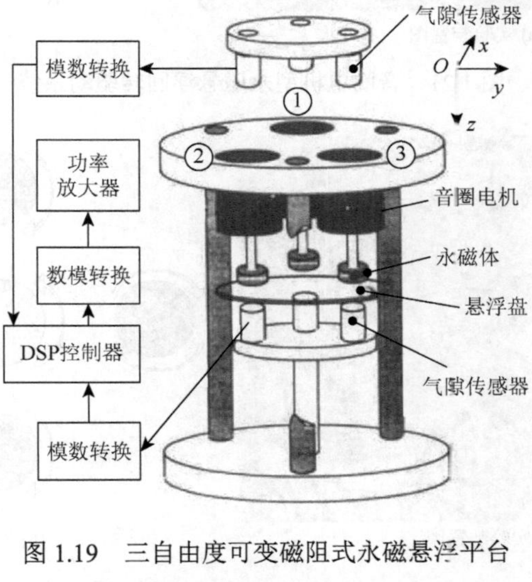

图 1.19　三自由度可变磁阻式永磁悬浮平台

数字信号处理器（digital signal processor，DSP）

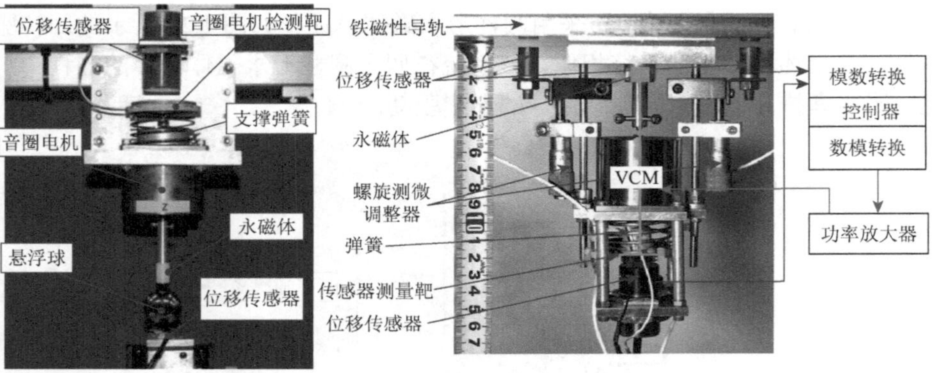

(a) 上置弹簧悬挂式永磁悬浮实验装置　　(b) 下置弹簧悬挂式永磁悬浮实验装置

图 1.20　悬挂式永磁悬浮实验装置

音圈电机（voice coil motor，VCM）

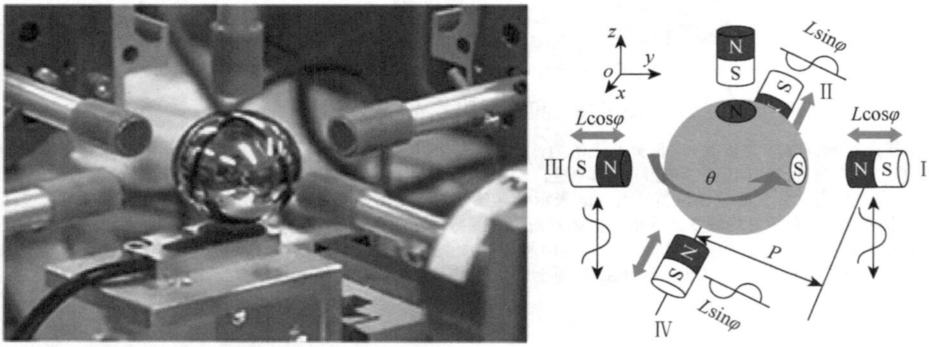

(a) 实验装置图　　(b) 原理图

图 1.21　音圈电机型永磁悬浮回转驱动系统

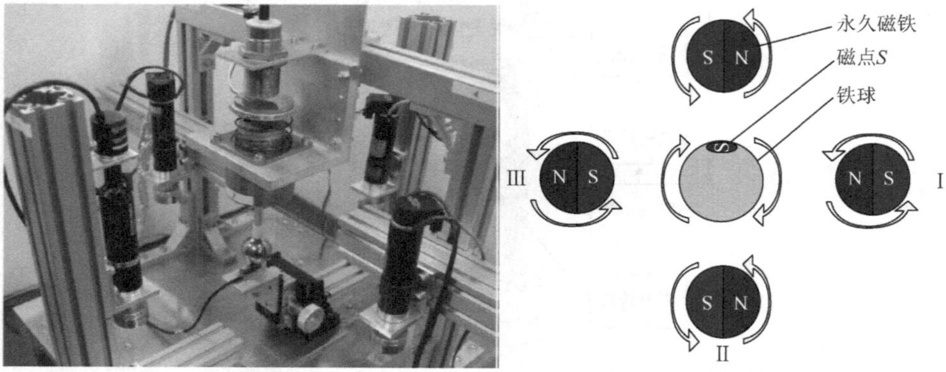

(a) 实验装置图　　(b) 原理图

图 1.22　旋转电机型永磁悬浮回转驱动系统

1.4 可变磁路式永磁悬浮技术

可变磁路是一种通过在磁路中设置磁路调制装置，改变永磁体与悬浮物间的磁通量，从而实现对悬浮物状态的精准调控。如图 1.23 所示，当磁路调制结构完全闭合时，主磁通由永磁体 N 极直接返回 S 极，不经过悬浮物，不产生磁力。当磁路调制结构部分闭合时，部分主磁通经过气隙和悬浮物，并产生与磁路调制结构开度正相关的磁力。当磁路调制结构全部断开时，主磁通全部经过气隙和悬浮物，并产生最大磁力。可变磁路式永磁悬浮系统可按磁路调制结构分为三类：导磁板调制型、功能材料调制型和永磁体旋转型。

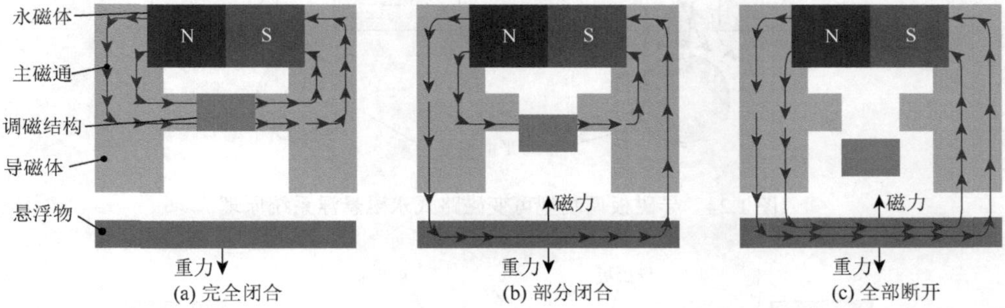

图 1.23 可变磁路式永磁悬浮系统原理

Furutachi 等[40]提出了导磁板调制型可变磁路式永磁悬浮系统，其主要由永磁体、导磁体、悬浮物、导磁板和音圈电机组成。该系统的基本原理如图 1.24 所示，悬浮物处于稳定悬浮状态时，永磁体产生的部分磁通量流经悬浮物后返回 S 极，产生悬浮力。除系统漏磁以外的剩余磁通量则经导磁板和导磁体由 N 极直接返回 S 极，不产生悬浮力。当悬浮力小于悬浮物重力时，音圈电机驱动导磁板背向移动，流经悬浮物的磁通量增加，磁力增大。当悬浮力大于悬浮物重力时，音圈电机驱动导磁板相向移动，流经悬浮物的磁通量减小，磁力减小。此外，通过控制导磁板同向移动，该系统还可实现水平方向自由度的运动控制。

Takabayshi 等[41]将致动器更换为垂向移动的电磁衔铁，实验结果表明，该系统的可控力为原装置的 1.3～1.5 倍，在比例-微分（proportional-derivative，PD）控制下可实现零功率稳定悬浮和运动控制，带宽约为 20Hz。Ishibashi 等[42]对原结构进行改进，将导磁体设置于永磁体两侧，形成如图 1.25 所示结构，并通过侧向排列三套可变磁路机构实现了悬浮球的零功率三自由度稳定悬浮和运动控制。

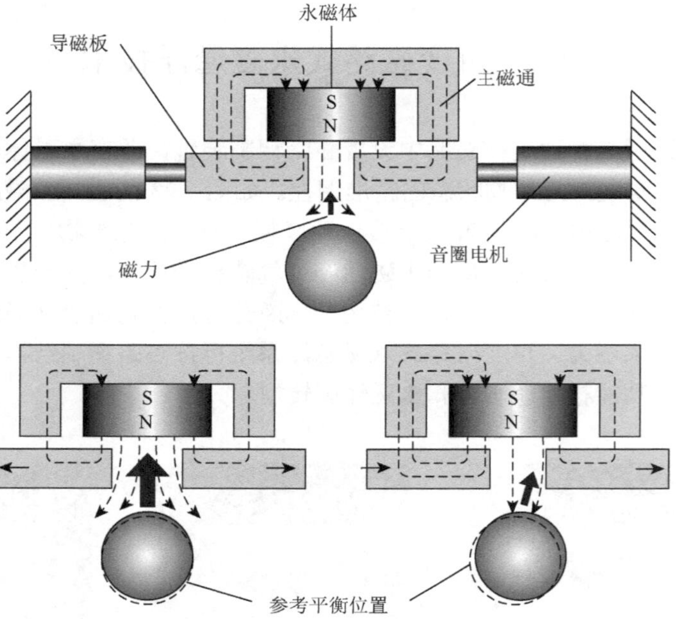

图 1.24　导磁板调制型可变磁路式永磁悬浮系统原理

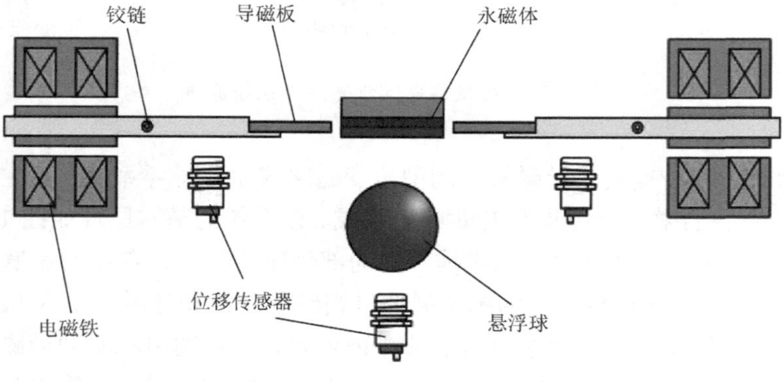

图 1.25　侧向导磁板调制型可变磁路式永磁悬浮系统

Ueno 等[43]采用超磁致伸缩材料设计了一种机械能-磁能的换能器，可用于磁力控制，原理如图 1.26 所示。在外力作用下，受逆磁致伸缩效应影响，系统流经衔铁的磁通量变化，磁力同样发生变化。此外，Ueno 等[44]研究发现，在换能器外部的施力点处增加压电材料后，可通过调节压电材料两端电压实现零功率的磁通量控制。

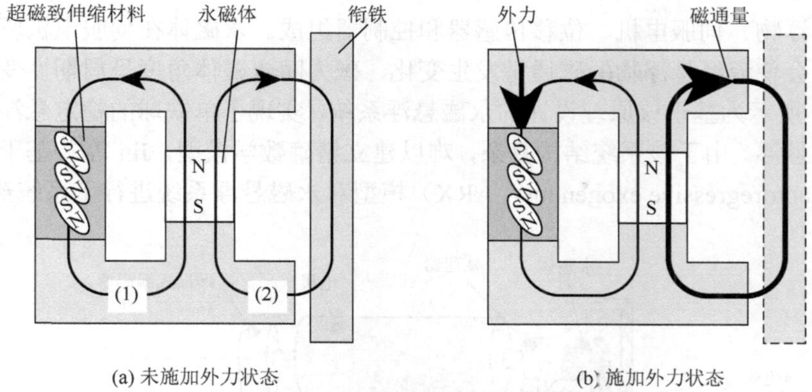

图 1.26 超磁致伸缩换能器

磁通环路（1）由永磁体和超磁致伸缩材料组成，磁通环路（2）由永磁体和衔铁组成。

随后，该研究团队提出了一种超磁致伸缩材料和压电材料叠层的复合材料，并设计了如图 1.27 所示的零功率电能-磁能换能器。研究者将该复合功能材料换能器应用于磁悬浮系统，实验结果表明，该系统可实现零功率稳定悬浮和变气隙运动控制[45]。此外，该换能器还被用于特种直线步进电机的设计，并使用正弦电压实现了微步运动。

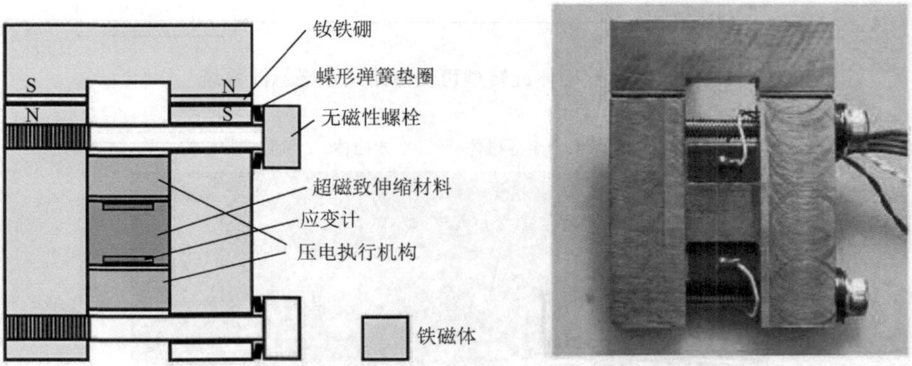

图 1.27 零功率电能-磁能换能器

以上两种类型的可变磁路式永磁悬浮系统均可实现零功率稳定悬浮，并具备变气隙运动控制的能力。但由于最小磁力不能减小到零，此两类系统均无法避免接触吸附。孙凤等[46]提出了可变磁路原理，通过旋转径向磁化圆柱形永磁体实现磁路控制。仿真和实验结果表明，该类型系统具有零悬浮力特性，可有效避免接触吸附。如图 1.28 所示，该系统由径向磁化圆柱形永磁体、软磁材料导磁体、铁磁性悬浮物、伺服电机、位移传感器和控制器组成。永磁体在伺服电机驱动下旋转时，会使流经悬浮物的磁通量发生变化，磁力随永磁体角度呈周期性变化。如图 1.29 所示为基于该原理设计的永磁悬浮系统，实现了单铁球的稳定悬浮和双铁球稳定悬浮。由于该系统结构复杂，难以建立精确数学模型，Jin 等[41]基于自回归外生（autoregressive exogenous，ARX）模型对永磁悬浮系统进行了系统辨识。

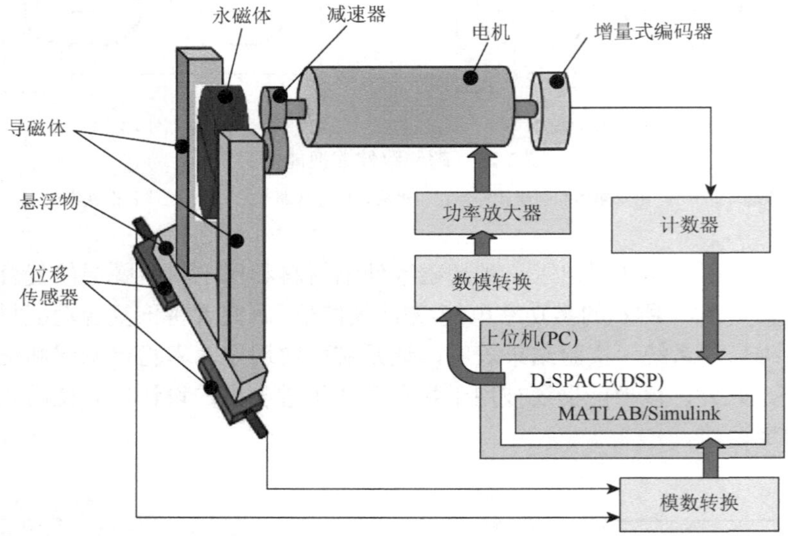

图 1.28　永磁体旋转型可变磁路式永磁悬浮系统

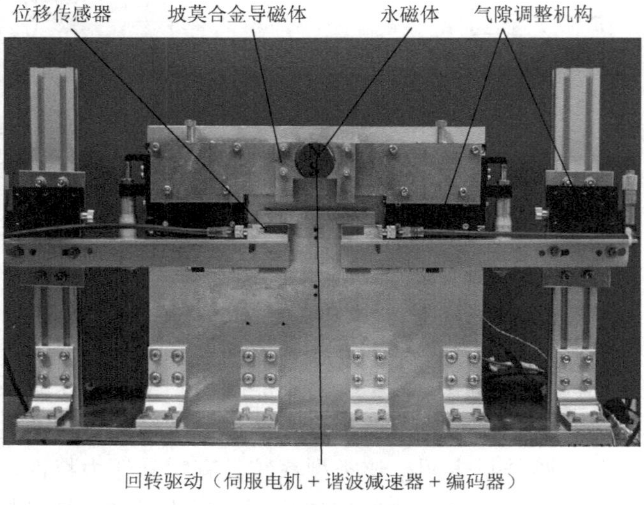

图 1.29　可变磁路式永磁悬浮系统

该系统是典型的双闭环系统，非线性强且开环不稳定。孙凤等[48]先后采用并级和串级两种双闭环控制策略开展控制实验和理论研究，结果表明两种控制方法下系统均可实现稳定悬浮。随后，为提高系统的动态性能和抗外扰能力，孙凤等[49]建立了鲁棒控制模型并设计了基于线性矩阵不等式（linear matrix inequality，LMI）的 H_∞ 鲁棒控制器。孙凤等[50]研究了该永磁悬浮系统的刚度特性，并利用模型参考自适应算法设计了变刚度控制器，有效地增强了系统的抗外扰能力。同时，为了解决系统强非线性引起的吸附跌落问题，提高系统可控性，依据插值原理的防吸附跌落控制方法被提出。

我国的稀土永磁体产业占世界市场份额的 60%～70%，发展永磁悬浮技术具有天然优势。永磁悬浮技术从最初的永磁被动悬浮陀螺发展到永磁主动悬浮系统，具备了基于传感、反馈与控制的智能化特征，低能耗悬浮特性使其具有广阔的应用前景。针对气隙调节式和磁阻调制式永磁悬浮技术难以工程化应用的现状，本书对作者团队提出的可变磁路式永磁悬浮系统进行了详细阐述，通过磁路的创新设计，主动调节磁路中的有效磁动势，进而实现可控磁力。可变磁路式永磁悬浮技术可以将悬浮力调节为零，有效地避免气隙过小产生接触吸附的固有弊端，同时具有较好的节能特性。在本书后面内容中，将对可变磁路式永磁悬浮系统的实现机理、结构与优化、悬浮控制方法、零功率特性和零悬浮力特性进行详细阐述，通过分享相关研究的方法与结论，引发读者的兴趣，推动永磁悬浮技术在我国的进一步发展。

第 2 章　可变磁路式永磁悬浮系统原理与建模

2.1　可变磁路式永磁悬浮系统结构设计

本书中采用单点永磁悬浮系统（图 2.1）进行控制实验研究，系统由径向磁化的盘状永磁体（简称永磁体）、F 形导磁体、电涡流位移传感器、悬浮物和调节侧隙的千分尺组成。单自由度永磁悬浮机构如图 2.2 所示，其中 F 形导磁体位于永磁体两侧；伺服电机位于永磁体背侧通过联轴器与永磁体连接，驱动永磁体旋转；传感器位于悬浮物下方，用于测量悬浮物与导磁体之间的气隙；多个千分尺平台用来调节悬浮物、传感器的位置以及永磁体与导磁体之间的侧隙。

图 2.1　单点永磁悬浮系统

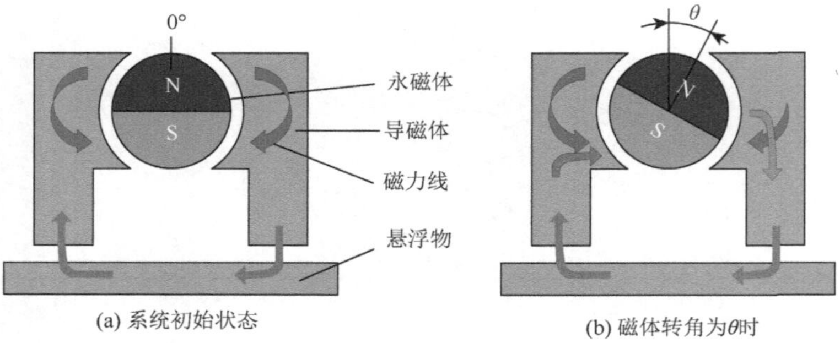

图 2.2　单自由度永磁悬浮机构

2.2 可变磁路式永磁悬浮系统工作原理

可变磁路式永磁悬浮系统的工作原理如图 2.3 所示，F 形导磁体采用坡莫合金材料，可实现快速充磁与退磁，导磁体在其正下方。图 2.3（a）所示为永磁体的转角 θ 等于 0°时的状态。此时，磁感线从永磁体 N 极出发，通过左右两边的导磁体回到 S 极，没有磁感线通过导磁悬浮物，在导磁体和悬浮物之间没有悬浮力（磁力）产生。当永磁体的转角 θ 大于 0°小于 90°时［见图 2.3（b）］，一部分从永磁体 N 极出发的磁感线，通过右边的导磁体、悬浮物、左边的导磁体回到永磁体 S 极，因此在导磁体与悬浮物之间产生了悬浮力（磁力），该部分磁路称为系统的有效磁路。随着永磁体转角的增大，通过悬浮物的磁通量也会增加，导磁体与悬浮物之间的悬浮力（磁力）也增大。当转角达到 90°时，导磁体与悬浮物之间的悬浮力（磁力）达到最大。永磁体的转角在 90°～180°范围内，磁力随着永磁体的转角的增大而减小。磁力随着转角变化的周期是 180°。因此，可以通过调节径向磁化的永磁体的转角来调整有效磁路中的磁通量，达到调节导磁体和悬浮物之间磁力大小的目的。当悬浮力（磁力）的大小等于悬浮物的重量时，系统达到稳定状态。

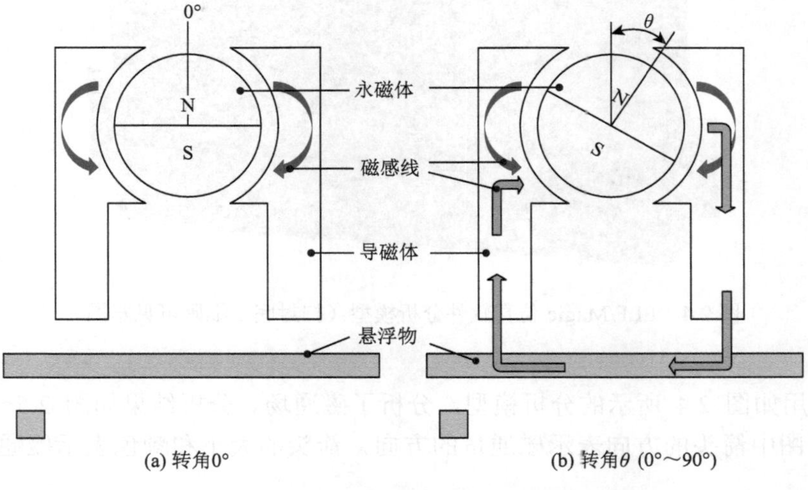

图 2.3　可变磁路式永磁悬浮系统工作原理

2.3 可变磁路式永磁悬浮系统磁路分析

利用电磁场有限元分析软件对本系统中盘状径向磁化永磁体的磁通密度的特

性进行仿真分析，仿真模型中永磁体的剩磁为 $B_r = 1.09\text{T}$，矫顽力 $H_c = 810000\text{A/m}$；并且与用高斯计测试永磁体的磁通密度实验作比较。其目的是确定应用于后续系统仿真时所用到的永磁体参数。

首先，如图 2.4 所示，采用电磁仿真软件创建 3-D 分析模型，其尺寸参数与实验原理机一致。在该模型中，空气空间中的磁通场表示为二维的蓝色场，并且位于机构厚度方向的中间位置。磁铁是导磁体的圆角，如图 2.4 所示，将此时的 N 极和 S 极排列方式定义为 0°。磁铁与导磁体之间的气隙为 2mm，导磁体与悬浮物之间的距离为 3mm。

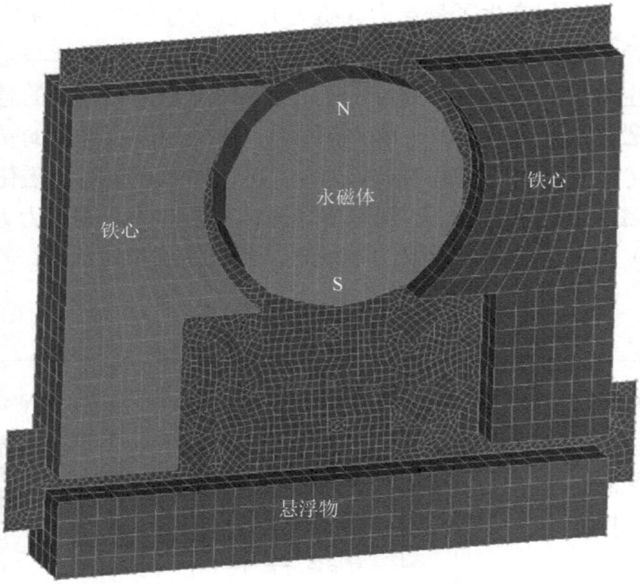

图 2.4　ELF/Magic 仿真软件分析模型（扫封底二维码可见彩图）

使用如图 2.4 所示的分析模型，分析了磁通场。分析结果如图 2.5～图 2.9 所示，图中箭头的方向表示磁通量的方向，箭头的大小和颜色表示磁通密度的强度。

图 2.5 显示了磁铁在 0°停止时的分析结果。图 2.6 是图 2.5 下侧的 4 倍放大图。在这些结果中，来自磁体 N 极的磁通量几乎仅通过导磁体的上侧返回到 S 极，并且有一小部分的磁通量流过导磁体的下侧，悬浮物和气隙最终返回到 S 极。因此，导磁体与悬浮物之间的吸引力很小，但不为零。该问题是由机构中的磁通量泄漏引起的。但是，如果磁芯的磁阻足够小，结果将与建议的原理相同。

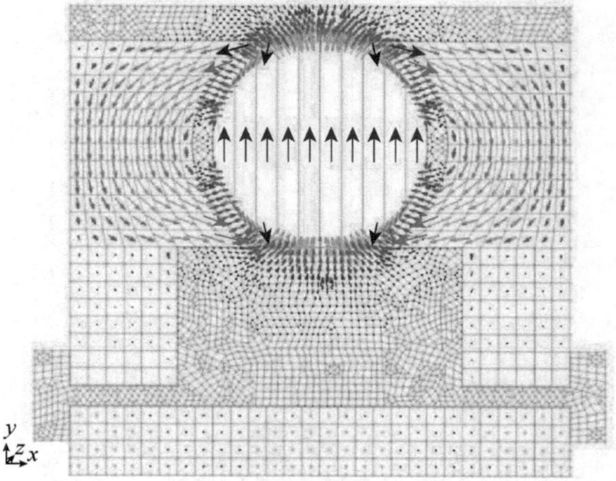

图 2.5　磁场分析结果（0°）（扫封底二维码可见彩图）

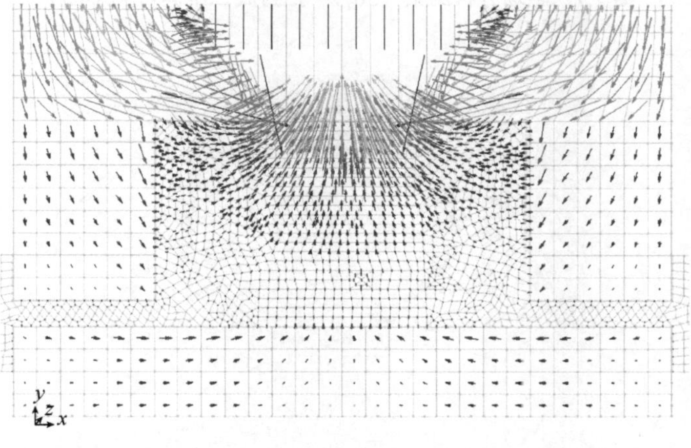

图 2.6　磁场分析结果（0°放大图）（扫封底二维码可见彩图）

图 2.7 显示了磁铁停在 30°时的分析结果。从图中可以看到，一部分磁通量流过上侧导磁体，并直接返回 S 极。但是，磁通量的另一部分流经右导磁体—右气隙—悬浮物—左气隙—左导磁体，返回面对左导磁体的 S 极。因此，在导磁体与悬浮物之间的气隙处产生吸引力。此外，随着磁体的转角变大直到 90°，流过悬浮物的磁通量的一部分将变大。

图 2.8 显示了磁铁停止在 90°时的分析结果，图 2.9 显示了磁铁停止在 270°时的分析结果。从这些结果可以看出，磁通量几乎全部流过悬浮物，因此导磁体与悬浮物之间的磁力最大。

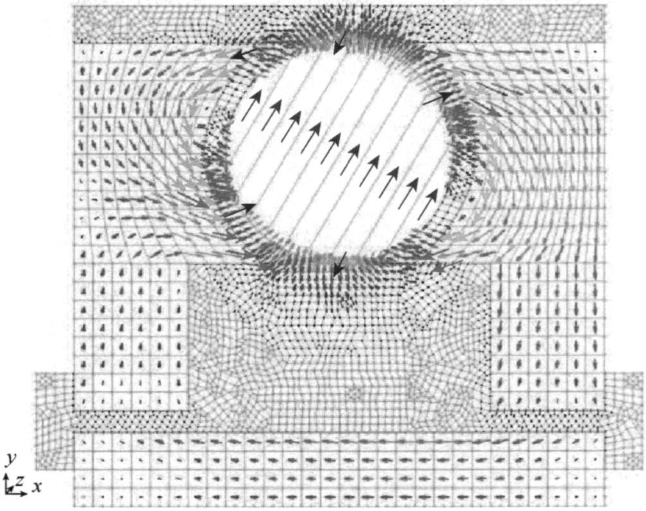

图 2.7　磁场分析结果（30°）（扫封底二维码可见彩图）

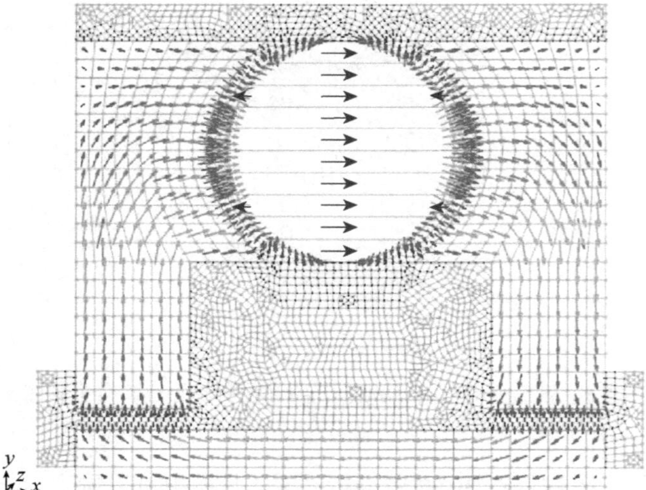

图 2.8　磁场分析结果（90°）（扫封底二维码可见彩图）

本节利用有限元法建立了平台的磁场模型，分析了永磁体在不同转角（0°、30°、90°和 270°）下悬浮物内部磁通量的变化规律。仿真结果显示，经悬浮物的磁通量在永磁体转角为 0°时最小，在 90°和 270°时达到峰值。这表明，永磁体在 0°～90°转角范围内，经悬浮物的磁通量随永磁体转角的增大而增大。

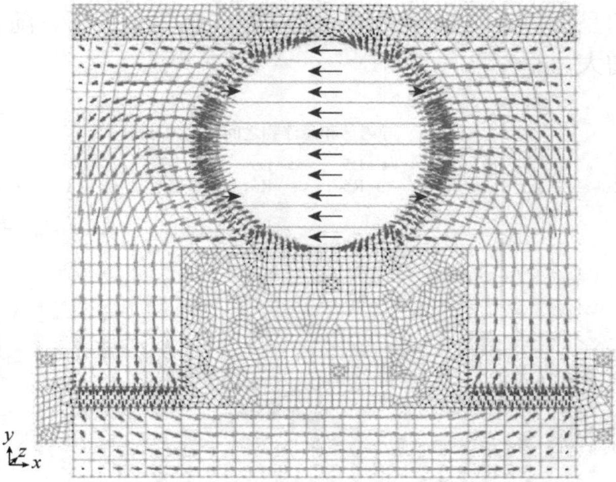

图 2.9　磁场分析结果（270°）（扫封底二维码可见彩图）

本节利用有限元法建立了平台的磁场模型，分析了永磁体在不同转角（0°、30°、90°和 270°）下悬浮物内部磁通量的变化规律。仿真结果显示，经悬浮物的磁通量在永磁体转角为 0°时最小，在 90°和 270°时达到峰值。这表明，永磁体在 0°～90°转角范围内，经悬浮物的磁通量随永磁体转角的增大而增大。

2.4　可变磁路式永磁悬浮系统力学特性分析

前文分析了可变磁路式永磁悬浮系统中经悬浮物的磁通量随永磁体转角的变化，确定了永磁体转角在 0°～90°范围内，磁通量与转角呈正相关。为了探究悬浮物中磁通量与永磁体转角的相关程度及磁通量与气隙（导磁体与悬浮物之间的空气间隙）的关系，本节对永磁体转角在 0°～360°、气隙长度 2～10mm 范围内进行磁场仿真分析。具体仿真过程：以永磁体转角 10°为一次角度变化，永磁体每旋转 360°，气隙长度增加 1mm，计算永磁体产生的磁通密度（图 2.10）和悬浮力（图 2.11）的变化。

图 2.10 显示了计算出的磁通密度。在所有气隙长度下，随着永磁体的角度的变化，磁通密度类似于正弦曲线，当角度一定时，气隙长度越小产生的磁通密度越大，此外，磁通量方向在 180°时出现周期性变化。

图 2.11 显示了计算出的悬浮力，在每个气隙长度的悬浮力都随永磁体的转角而变化，大约在 90°和 270°有 2 个最大点，大约在 0°和 180°有 2 个零点，此外，间隙越大，悬浮力就会越小。

图 2.12 显示了计算得到的永磁体旋转转矩随转角变化的结果。分析表明，永

磁体转矩随转角呈近似正弦规律变化，且在相同转角条件下，随着气隙的减小，转矩幅值显著增大。

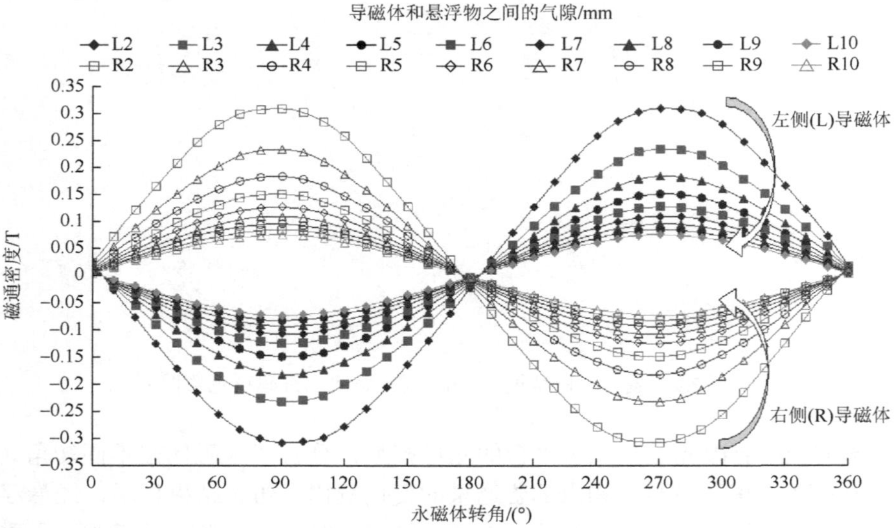

图 2.10　无限元法（infinite element method，IEM）中永磁体与悬浮物之间的磁通密度（扫封底二维码可见彩图）

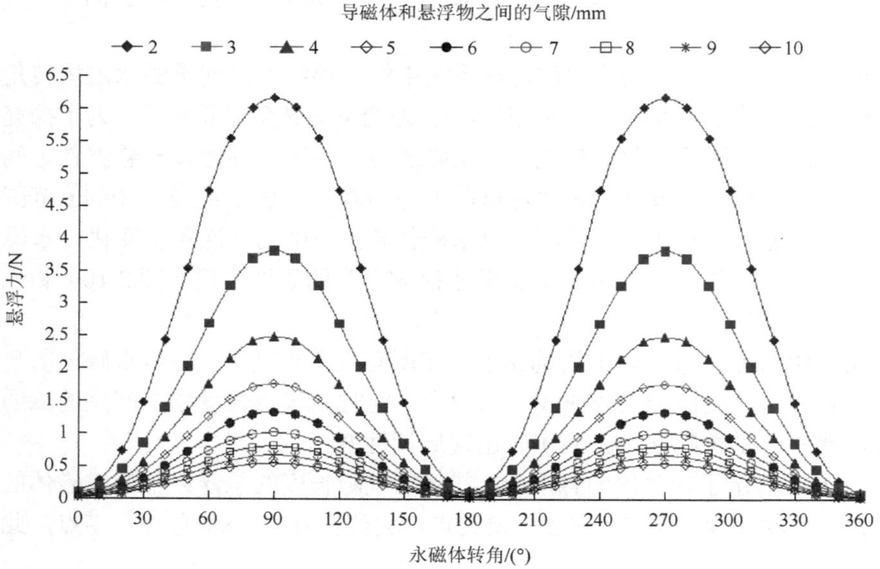

图 2.11　IEM 中永磁体与悬浮物之间的悬浮力（扫封底二维码可见彩图）

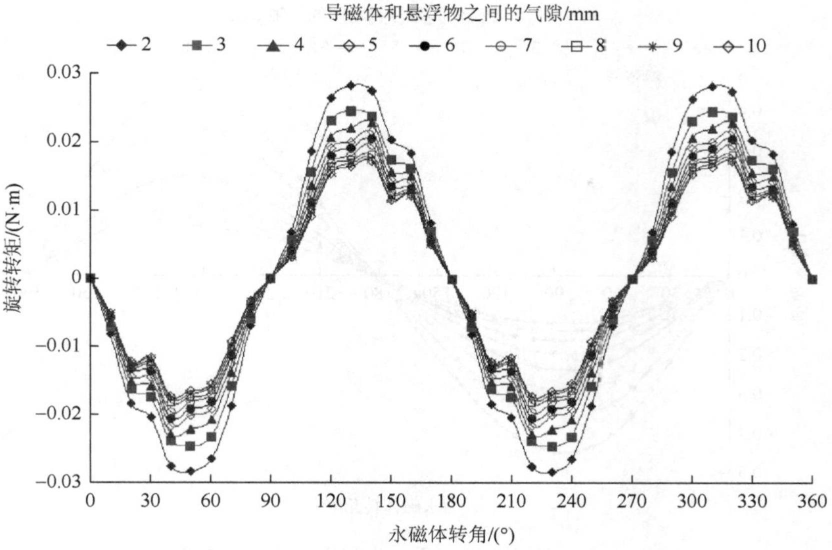

图 2.12　IEM 中磁体的旋转转矩（扫封底二维码可见彩图）

为了确定磁悬浮机构的基本特性，进行了一些测量实验（图 2.13），以验证可变磁路式悬浮系统中悬浮物中的磁通量与永磁体转角和悬浮气隙的关系，用高斯计测量了永磁体的磁通密度。导磁体与悬浮物之间的气隙从 1mm 改变到 8mm，距离每增加 1mm，永磁体旋转 360°，转角每增加 10°记录一次磁通量。

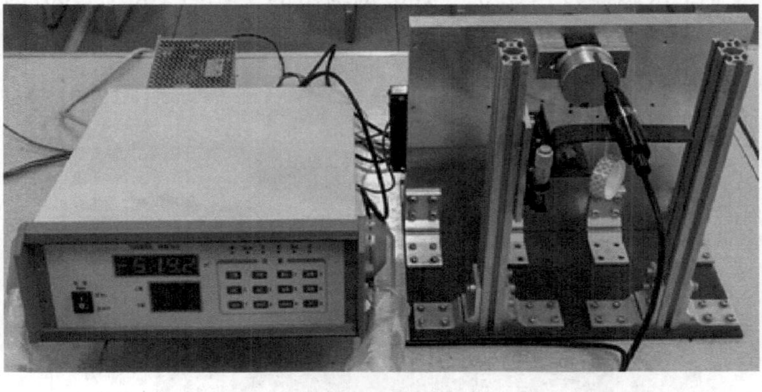

图 2.13　永磁体的磁通密度实验台

测量结果如图 2.14 所示，从结果中可以看出，各气隙处的磁通密度都类似于正弦曲线，而较小的气隙会产生较大的磁通密度，表明导磁体与悬浮物之间的距离越小，永磁体产生的吸引力将会越大。

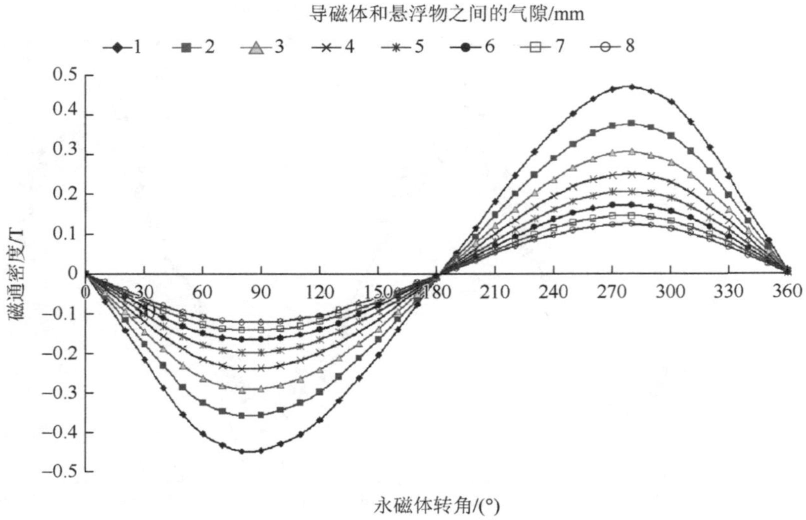

图 2.14　永磁体的磁通密度（扫封底二维码可见彩图）

为了分析影响悬浮力的因素，搭建单点永磁系统测力实验台，如图 2.15 所示。采用电磁场仿真软件进行系统中悬浮物的悬浮力分析，仿真模型中永磁体的矫顽力为 $H_c = 850000\text{A/m}$，剩磁为 $B_r = 1.41\text{T}$，实验过程中采用力传感器测试本系统悬浮力特性。实验和仿真对比结果如图 2.16 所示，当气隙从 2mm 至 5mm 变化时，由于系统漏磁的影响，悬浮力曲线的实验结果略低于仿真结果。当气隙长度不变时，永磁体转角在 0°～180°范围内的变化与 180°～360°范围内的变化幅值相同，相位差为 180°，当永磁体转角不变时，悬浮力随气隙长度的增大而减小。

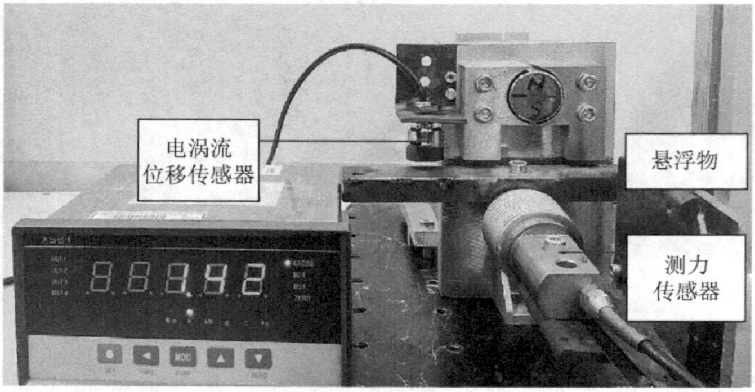

图 2.15　单点永磁系统测力实验台

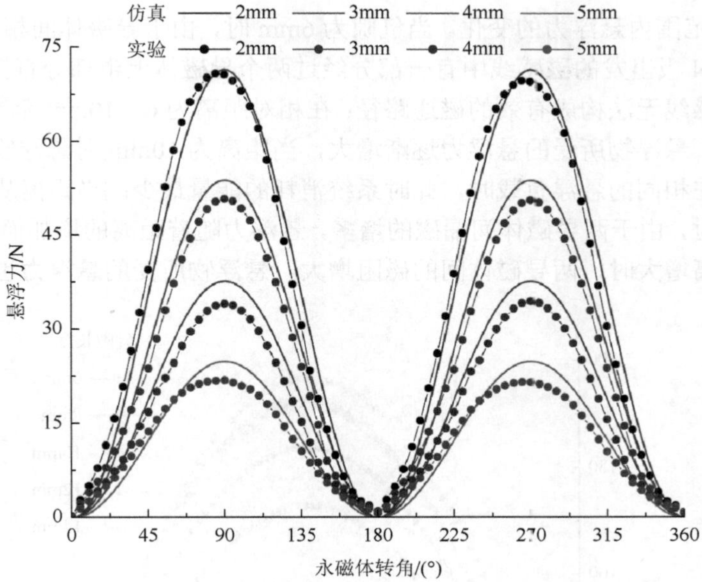

(a) 永磁体转角与悬浮力关系

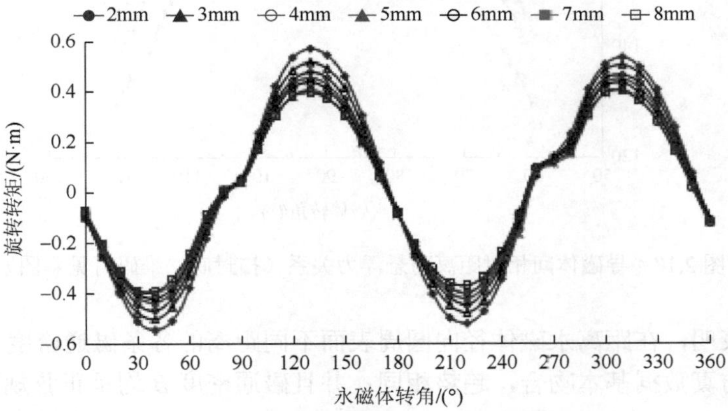

(b) 永磁体转角与转矩关系

图 2.16　永磁体转角与悬浮力、转矩的关系（扫封底二维码可见彩图）

在实际应用中要实现系统节能往往无法忽视系统中的漏磁影响，经过分析得出，两个 F 形导磁体之间的相对距离是影响系统漏磁的主要因素。在其他结构参数不变的情况下，只改变两个 F 形导磁体之间的相对距离，从悬浮力的角度分析漏磁对系统的影响。当悬浮气隙固定为 1mm 时，永磁体与导磁体之间弧形气隙为 2mm，导磁体与悬浮物之间气隙分别为 6mm、8mm、10mm、12mm、14mm 时悬浮力与永磁体旋角的变化关系如图 2.17 所示。为了便于观察分析，取永磁体转角

60°～120°范围内悬浮力的变化。当气隙为 6mm 时，由于导磁体间相对距离较近，从永磁体 N 极出发的磁感线中有一部分经过两个导磁体上半部分直接回到 S 极，这部分磁感线无法构成有效的磁通路径；在相对距离为 6～10mm 范围内时，随着距离增加，悬浮物所受的悬浮力逐渐增大，当距离为 10mm 时悬浮物受到的悬浮力最大，在相同的悬浮负载时，此时系统消耗的能量最少；当距离从 10mm 变化到 14mm 时，由于两导磁体间漏磁的增多，悬浮力随着距离的增加而减小。此外，当相对距离增大时，两导磁体间的磁阻增大，悬浮物所受的悬浮力也会下降。

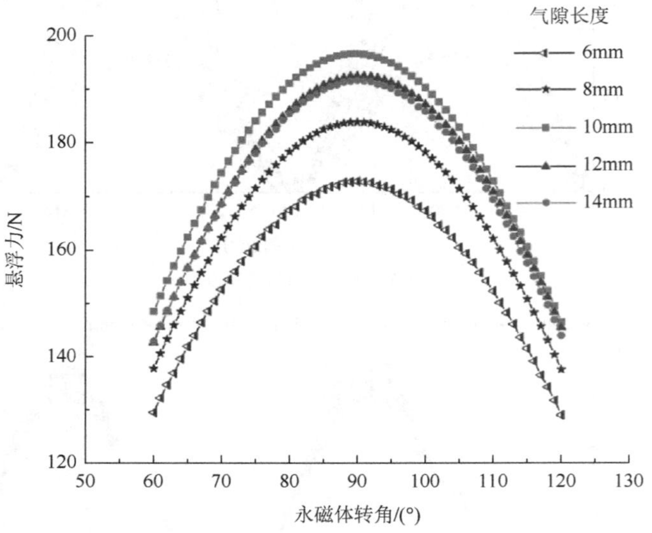

图 2.17　导磁体间相对距离与悬浮力关系（扫封底二维码可见彩图）

结果表明，在距离永磁体径向圆周表面不同距离的各条磁通密度 B 曲线的实验数据与仿真数据基本吻合，趋势相同；并且磁通密度 B 均呈正弦规律变化，其中在某一个距离下的磁通密度可表示为

$$B = B_m \sin\theta \tag{2.1}$$

式中，B_m 为永磁体圆周某一距离位置上的磁通密度最大值；θ 为永磁体的转角。

2.5　可变磁路式永磁悬浮系统模型建立

永磁悬浮系统模型图示及符号定义如图 2.18 所示，图中，F 为导磁体对悬浮物的吸引力；d 为悬浮物和导磁体之间的气隙；d_0 为在平衡状态下，悬浮物和导磁体之间的气隙；Δd 为悬浮物偏离平衡位置时，其在铅直方向的偏离量，$\Delta d = d - d_0$，正方向向下；θ 为永磁体顺时针方向的转角，θ_0 为在平衡状态下永磁体转角（rad），偏离平衡位置的转角 $\Delta\theta=\theta-\theta_0$，顺时针为正；$D$ 表示永磁体和导磁体之间的距离。

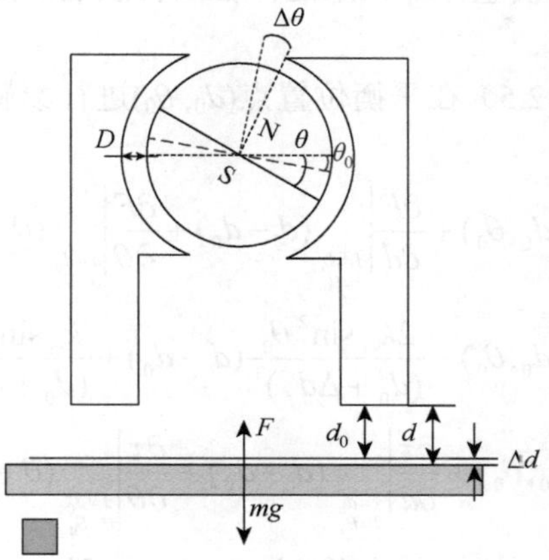

图 2.18　永磁悬浮系统模型

根据如图 2.16（a）所示利用磁力传感器测得悬浮力 F 与悬浮气隙和永磁体转角的关系，气隙为定值时悬浮力和转角在 0°～180°呈正弦变化，转角为定值时悬浮力和气隙的平方成反比关系。根据如图 2.16（b）所示用转矩传感器测得永磁体旋转转矩 τ 与悬浮气隙和永磁体转角的关系，转矩随转角呈正弦变化且周期为 180°，与气隙成反比。

经图 2.16（a）实验数据拟合得到铁棒悬浮力 F 是关于气隙长度和永磁体转角的函数：

$$F(d,\theta)=f_1(d)g_1(\theta)=k_m\frac{\sin^2\theta}{(d+\Delta d_f)^2} \tag{2.2}$$

式中，k_m 为悬浮力系数（$\mathrm{N\cdot m^2}$）；θ 为径向磁化的永磁体的转角（°）；d 为悬浮气隙（mm）；Δd_f 为导磁体弧形漏磁补偿系数（mm）；k_m、Δd_f 由实验数据拟合得到。

经图 2.16（b）实验数据拟合得到永磁体的转矩 τ 公式：

$$\tau(d,\theta)=f_2(d)g_2(\theta)=k_\tau\frac{\sin(2\theta)}{d+\Delta d_\tau} \tag{2.3}$$

式中，k_τ 为永磁体的转矩系数；Δd_τ 为转矩在永磁体和导磁体气隙处的漏磁补偿系数；k_τ、Δd_τ 由实验数据拟合得到。

通过式（2.2）、式（2.3），可以得到磁悬浮系统的动力学方程：

$$J\ddot{\theta} = -c_1\dot{\theta} + \tau + k_t i \tag{2.4}$$

$$m\ddot{d} = -c_2\dot{d} - F + mg + f_{\mathrm{d}} \tag{2.5}$$

式中，J 为电机和盘状磁铁的转动惯量；k_t 为伺服电机转矩系数；i 为伺服电机输入电流；m 为悬浮物的质量；c_1 为永磁体在回转阻尼系数；c_2 为悬浮物运动阻尼系数；f_{d} 为外扰力。

将式（2.4）和式（2.5）在平衡位置点(d_0, θ_0)进行泰勒级数展开，并去除二阶最小量得

$$\begin{aligned} F(d,\theta) &= F(d_0,\theta_0) + \left.\frac{\partial F}{\partial d}\right|_{\substack{d=d_0\\ \theta=\theta_0}}(d-d_0) + \left.\frac{\partial F}{\partial \theta}\right|_{\substack{d=d_0\\ \theta=\theta_0}}(\theta-\theta_0) \\ &= F(d_0,\theta_0) - \frac{2k_m \sin^2\theta_0}{(d_0+\Delta d_f)^3}(d-d_0) + \frac{k_m\sin(2\theta_0)}{(d_0+\Delta d_f)^2}(\theta-\theta_0) \end{aligned} \tag{2.6}$$

$$\begin{aligned} \tau(d,\theta) &= \tau(d_0,\theta_0) + \left.\frac{\partial \tau}{\partial d}\right|_{\substack{d=d_0\\ \theta=\theta_0}}(d-d_0) + \left.\frac{\partial \tau}{\partial \theta}\right|_{\substack{d=d_0\\ \theta=\theta_0}}(\theta-\theta_0) \\ &= \tau(d_0,\theta_0) - \frac{k_\tau \sin(2\theta_0)}{(d_0+\Delta d_\tau)^2}(d-d_0) + \frac{2k_\tau\cos(2\theta_0)}{(d_0+\Delta d_\tau)}(\theta-\theta_0) \end{aligned} \tag{2.7}$$

令

$$k_x = -\frac{2k_m\sin^2\theta_0}{(d_0+\Delta d_f)^3}, \quad k_\theta = \frac{k_m\sin(2\theta_0)}{(d_0+\Delta d_f)^2}, \quad \partial_{41} = -\frac{k_\tau\sin(2\theta_0)}{(d_0+\Delta d_\tau)^2}, \quad \partial_{43} = \frac{2k_\tau\cos(2\theta_0)}{(d_0+\Delta d_\tau)}$$

在平衡点(d_0, θ_0)悬浮物处于悬浮状态下，即 $F(d_0, \theta_0) = mg$，式（2.4）和式（2.5）可转换为

$$J\Delta\ddot{\theta} = -c_1\Delta\dot{\theta} + \partial_{41}\Delta d + \partial_{43}\Delta\theta + k_t\Delta i \tag{2.8}$$

$$m\Delta\ddot{d} = -c_2\Delta\dot{d} - k_x\Delta d - k_\theta\Delta\theta + f_{\mathrm{d}} \tag{2.9}$$

状态空间方程：

$$\begin{bmatrix}\Delta\dot{d}\\ \Delta\ddot{d}\\ \Delta\dot{\theta}\\ \Delta\ddot{\theta}\end{bmatrix} = \begin{bmatrix}0 & 1 & 0 & 0\\ a_{21} & a_{22} & a_{23} & 0\\ 0 & 0 & 0 & 1\\ a_{41} & 0 & a_{43} & a_{44}\end{bmatrix}\begin{bmatrix}\Delta d\\ \Delta\dot{d}\\ \Delta\theta\\ \Delta\dot{\theta}\end{bmatrix} + \begin{bmatrix}0 & 0\\ 0 & b_2\\ 0 & 0\\ b_1 & 0\end{bmatrix}\begin{bmatrix}\Delta i\\ f_{\mathrm{d}}\end{bmatrix} \tag{2.10}$$

$$y = \begin{bmatrix}1 & 0 & 0 & 0\\ 0 & 0 & 1 & 0\end{bmatrix}\begin{bmatrix}\Delta d\\ \Delta\dot{d}\\ \Delta\theta\\ \Delta\dot{\theta}\end{bmatrix}$$

式中

$$a_{21}=-\frac{k_x}{m},\quad a_{22}=-\frac{c_2}{m},\quad a_{23}=-\frac{k_\theta}{m},\quad a_{41}=\frac{\partial_{41}}{J},\quad a_{43}=\frac{\partial_{43}}{J},$$
$$a_{44}=-\frac{c_1}{J},\quad b_1=\frac{k_t}{J},\quad b_2=\frac{1}{m}$$

由状态空间得系统的开环传递函数：

$$\frac{\Delta d(s)}{\Delta i(s)}=\frac{b_1a_{23}}{s^4-(a_{22}+a_{44})s^3+(a_{22}a_{44}-a_{21}-a_{43})s^2+(a_{22}a_{43}+a_{21}a_{44})s+a_{21}a_{43}} \tag{2.11}$$

被控对象模型框图如图 2.19 所示。

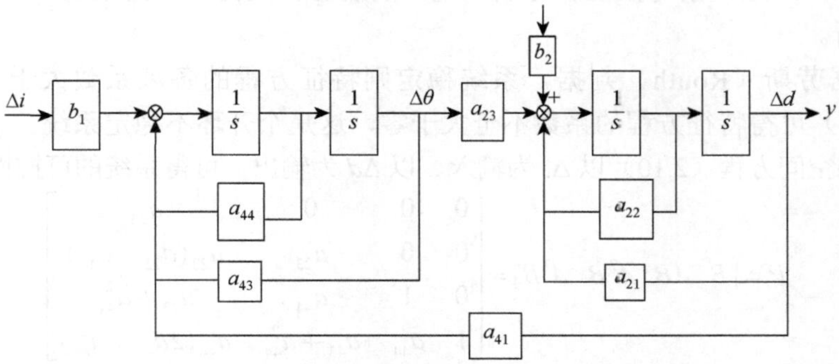

图 2.19　被控对象模型框图

由图 2.16（b）可以看出气隙变化量 Δd 对永磁体转矩的影响非常小，图 2.19 的模型框图简化后如图 2.20 所示。

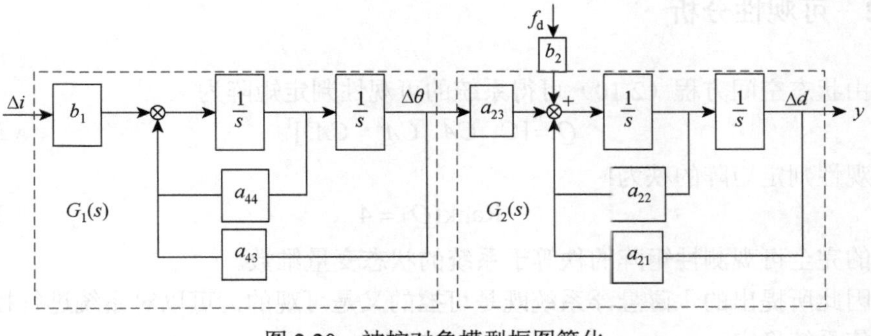

图 2.20　被控对象模型框图简化

$$\begin{cases} G_1=\dfrac{\Delta\theta}{\Delta i}=\dfrac{b_1}{s^2-a_{44}s-a_{43}} \\ G_2=\dfrac{\Delta d}{\Delta\theta}=\dfrac{a_{23}}{s^2-a_{22}s-a_{21}} \end{cases} \tag{2.12}$$

式中，G_1 为输入量到永磁体转角的传递函数；G_2 为转角到气隙的传递函数。

2.6　系统的可控性与可观性分析

2.6.1　可控性分析

根据系统的动力学模型，建立了系统的状态空间方程，为了了解系统的可观性和可控性，需要对其进行可控性和可观测性分析。建立控制系统的可控性和可观性矩阵，通过观察可控性、可观性矩阵的线性相关性，作出系统的可控性和可观性分析。

根据劳斯（Routh）判据，系统稳定则特征方程的各项系数大于零，根据式（2.11）可得特征方程的系数不全大于零，这是个开环不稳定系统。

状态空间方程（2.10）以 Δi 为输入、以 Δd 为输出，可得系统的可控性矩阵为

$$P=[B\ \ AB\ \ A^2B\ \ A^3B]=\begin{bmatrix} 0 & 0 & 0 & a_{23} \\ 0 & 0 & a_{23} & a_{23}(a_{22}+a_{44}) \\ 0 & 1 & a_{44} & a_{43}+a_{44}^2 \\ 1 & a_{44} & a_{43}+a_{44}^2 & a_{44}(2a_{43}+a_{44}^2) \end{bmatrix} \tag{2.13}$$

可控性矩阵的秩为

$$\text{Rank}(P)=4 \tag{2.14}$$

可控性矩阵的秩等于系统的状态变量维数。

2.6.2　可观性分析

由状态空间方程（2.10）可得系统的可观性判定矩阵为

$$Q=[C\ \ CA\ \ CA^2\ \ CA^3]^{\mathrm{T}} \tag{2.15}$$

则可观性判定矩阵的秩为

$$\text{Rank}(Q)=4 \tag{2.16}$$

系统的完全可观测性矩阵的秩等于系统的状态变量维数。

因此所提出的永磁悬浮系统既是可控的又是可观的，可以对系统进行控制器设计使系统稳定。

第3章　可变磁路式永磁悬浮系统的PID控制

3.1　PID控制简介

比例-积分-微分（proportional-integral-derivative，PID）控制器以其结构简单、调整方便、鲁棒性好等优点成为目前工业上应用最广泛的控制器[51]。当被控对象结构复杂、系统参数无法确定时，许多控制方法就难以采用，设计控制器的参数必须依靠经验和现场调试，此时应用PID控制技术调试最为方便。PID控制又可分为多种形式，如P控制、PI控制、PD控制、不完全微分控制、积分分离控制等。

比例（P）控制器，按一定比例将误差放大，加大比例控制能提高控制精度，加快系统响应速度，同时还能使静态误差变小，却不能消除静态误差。比例系数过大会使系统产生大的超调，增加振荡次数，延长调节时间，降低系统的稳定性。比例系数过小，使系统调节变得迟缓。

比例积分（PI）控制器，其中的积分控制可提高系统的稳态精度，同时比例控制能补偿积分控制降低的快速性，使系统有较好的动、静态特性，当误差发生后再进行调节相当于滞后校正。增大积分时间常数，积分作用减弱，能减小超调和振荡，增加系统的稳定性，但会延长消除静态误差的时间，减小积分时间常数，积分作用增强，系统的振荡次数增加。

比例微分（PD）控制器，其中的微分控制反映误差的变化趋势，与误差的变化率成正比，能提高系统的快速性和稳定性，补偿比例控制带来的超调，因此允许增大比例控制，提高系统的精度，相当于超前校正。但是过大的微分时间常数，会增加系统超调量，产生振荡，影响系统的稳定性。

比例积分微分（PID）控制器，其比例控制可提高系统的动态特性，积分控制可提高系统的稳态误差，微分控制可提前预测，提高系统的响应。相当于滞后-超前校正。

PID的控制规律为

$$u(t)=K_{\mathrm{p}}\left(e(t)+\frac{1}{T_{\mathrm{i}}}\int_{0}^{t}e(t)\mathrm{d}t+T_{\mathrm{d}}\frac{\mathrm{d}e(t)}{\mathrm{d}t}\right) \tag{3.1}$$

式中，$u(t)$为控制器的输出；$e(t)$为控制器的输入，它是给定值和被控对象输出值的差值，称为偏差信号；K_{p}为控制器的比例增益；T_{i}为控制器的积分时间常数；T_{d}为控制器的微分时间常数。

PID 系统框图如图 3.1 所示。

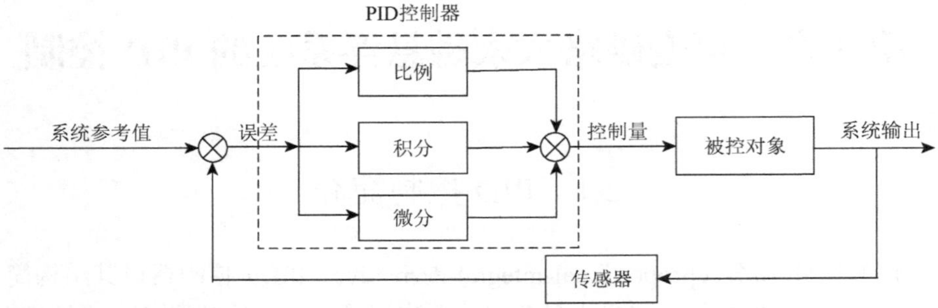

图 3.1　PID 系统框图

3.2　系统稳定性分析

由于系统开环不稳定，需引入反馈环节使系统稳定，同时引入气隙反馈和角度反馈（图 3.2）。

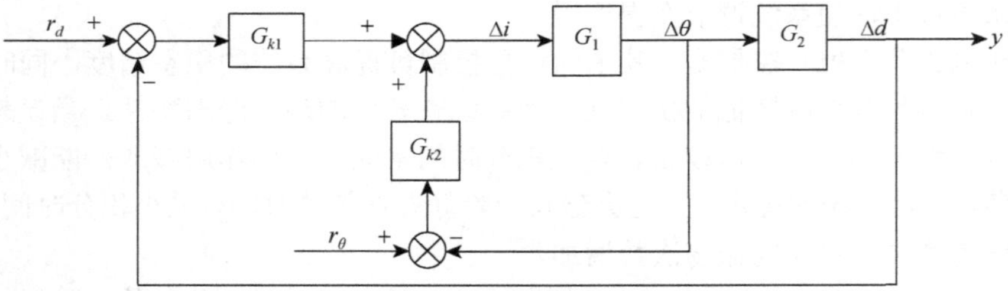

图 3.2　基于气隙反馈和角度反馈的双闭环控制框图

r_d 表示气隙参考值，r_θ 表示转角参考值。

图中，G_{k1} 为气隙反馈控制器，取 $G_{k1} = K_{p1} + K_{d1}s$，$G_{k2}$ 为角度反馈控制器，取 $G_{k2} = K_{p2} + K_{d2}s$，可以得到系统的闭环传递函数为

$$\frac{d(s)}{i(s)} = \frac{b_1 a_{23}}{a_4 s^4 + a_3 s^3 + a_2 s^2 + a_1 s + a_0} \tag{3.2}$$

式中

$$a_4 = 1$$
$$a_3 = b_1 K_{d2}$$
$$a_2 = b_1 K_{p2} - a_{21} - a_{43}$$
$$a_1 = a_{23} b_1 K_{d1} - a_{21} b_1 K_{d2}$$
$$a_0 = a_{21} a_{43} + a_{23} b_1 K_{p1} - a_{21} b_1 K_{p2}$$

根据 Routh 判据，得到特征方程的 Routh 表如表 3.1 所示。

表 3.1　具有 PD 控制器的 Routh 表

s^4	1	a_2	a_0
s^3	a_3	a_1	0
s^2	$\frac{a_2a_3-a_1}{a_3}$	a_0	0
s^1	$a_1-\frac{a_0a_3^2}{a_2a_3-a_1}$	0	0
s^0	a_0	0	0

根据稳定性的必要条件，特征多项式的各项系数全部为正，即 $a_4>0$，$a_3>0$，$a_2>0$，$a_1>0$，$a_0>0$，可得

$$K_{d2}>0 \tag{3.3}$$

$$K_{p2}>\frac{a_{21}+a_{43}}{b_1} \tag{3.4}$$

$$\frac{K_{d1}}{K_{d2}}>\frac{a_{21}}{a_{23}} \tag{3.5}$$

$$K_{p1}>\frac{a_{21}}{a_{23}}K_{p2}-\frac{a_{21}a_{43}}{b_1a_{23}} \tag{3.6}$$

由稳定性的充要条件 Routh 表第一列符号不变得

$$a_2a_3-a_1=(b_1K_{p2}-a_{43})b_1K_{d2}-a_{23}b_1K_{d1}>0 \tag{3.7}$$

$$\begin{aligned}a_1(a_2a_3-a_1)-a_0{a_3}^2=&b_1(a_{23}K_{d1}-a_{21}K_{d2})((b_1K_{p2}-a_{43})b_1K_{d2}-b_1a_{23}K_{d1})\\&-(a_{21}a_{43}+a_{23}b_1K_{p1}-a_{21}b_1K_{p2})b_1^2K_{d2}^2>0\end{aligned} \tag{3.8}$$

由式（3.7）和式（3.8）得

$$\frac{K_{d1}}{K_{d2}}<\frac{b_1}{a_{23}}K_{p2}-\frac{a_{23}}{a_{43}} \tag{3.9}$$

由式（3.9）得

$$K_{p1}<\frac{b_1K_{p2}^2}{4a_{23}} \tag{3.10}$$

综上分析：

$$K_{d2}>0 \tag{3.11}$$

$$K_{p2}>\frac{2a_{21}+2\sqrt{a_{21}^2-a_{21}a_{43}}}{b_1}\text{且}K_{p2}>\frac{a_{21}+a_{43}}{b_1} \tag{3.12}$$

$$\frac{a_{21}}{a_{23}} < \frac{K_{d1}}{K_{d2}} < \frac{b_1}{a_{23}} K_{p2} - \frac{a_{23}}{a_{43}} \tag{3.13}$$

$$\frac{a_{21}}{a_{23}} K_{p2} - \frac{a_{21}a_{43}}{b_1 a_{23}} < K_{p1} < \frac{b_1 K_{p2}^2}{4a_{23}} \tag{3.14}$$

通过 Routh 判据得到控制参数的取值范围，控制参数不是独立的，各参数之间存在耦合关系。

系统参数如表 3.2 所示。

表 3.2　系统参数

参数	数值
悬浮物质量 m/kg	0.26
转矩漏磁补偿系数 Δd_τ/mm	14
悬浮力漏磁补偿系数 Δd_f/mm	0.909
永磁体回转方向的阻尼 c_1/(N·s/m)	0.06
悬浮物运动方向的阻尼 c_2/(N·s/m)	15
转动惯量 J/(kg·m^2)	6.37×10^{-4}
电机电流系数 k_t/(N·m/A)	0.69
悬浮力系数 k_m/(N·m^2)	1.78×10^{-4}
永磁体的转矩系数 k_τ/(N·m^2)	8.726×10^{-3}
平衡点气隙 d_0/mm	5
平衡点转角 θ_0/(°)	43

其中，悬浮力系数 k_m 和悬浮力漏磁补偿系数 Δd_f 在第 2 章中通过实验数据拟合得到，在第 7 章介绍通过辨识推导的过程。

根据 Routh 判据可得具有 PD 控制器的充要条件为

$$K_{d2}>0，K_{p2}>8.327，141.1K_{d2}<K_{d1}<67.059K_{p2}K_{d2}-0.169K_{d2}$$

$$141.1K_{p2}-12.456<K_{p1}<16.765K_{p2}^2$$

3.3　永磁悬浮系统闭环控制特性分析

由可变磁路式永磁悬浮系统控制原理可知，悬浮力的大小由永磁体转角调节，需通过位置信号转换成电流信号，再输入到电机驱动永磁体，再通过控制永磁体转角调节悬浮力。如果只采用气隙闭环控制，角度变化缓慢，控制信号无法及时控制永磁体转角，加之系统本身由电流信号转换到永磁体转角的滞后性，会使系统振荡。因此采用如图 3.3 所示的双闭环 PD 控制，内环采用角度闭环，外环采用气隙闭环。

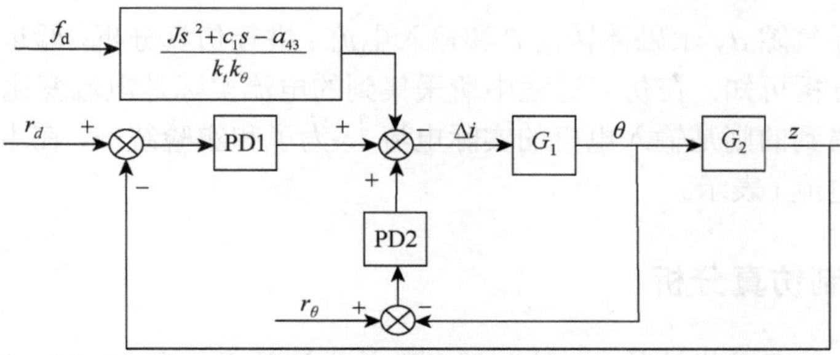

图 3.3　双闭环 PD 控制

前面介绍了 PID 控制器许多优点，能适用于大多数控制系统，为了降低系统的阶次，本节先用 PD 控制对永磁悬浮系统进行控制研究，PD 控制的传递函数为

$$G_c(s)=K_p+K_d s \tag{3.15}$$

在 PD 控制作用下，永磁悬浮系统的输入量 Δi 满足如下关系：

$$\Delta i=K_{p1}(d_0-d)+K_{d1}\Delta\dot{d}+K_{p2}(\theta_0-\theta)+K_{d2}\Delta\dot{\theta} \tag{3.16}$$

式中，K_{p1}、K_{p2} 分别为比例增益；K_{d1}、K_{d2} 分别为微分系数；d、θ 为实际气隙、实际角度；d_0、θ_0 为参考气隙、参考角度；Δd、$\Delta\theta$ 为气隙误差和转角误差。

传感器测量的是位移的变化量，悬浮物向上运动位移变大，而气隙实际是减小的，为了便于分析在 PD 控制作用时气隙和角度的关系，需将式（3.16）转化为式（3.17）：

$$\Delta i=K_{p1}(\Delta d)+K_{d1}\Delta\dot{d}+K_{p2}(-\Delta\theta)+K_{d2}\Delta\dot{\theta} \tag{3.17}$$

系统在平衡点稳定需要满足两个条件：

$$\Delta i=K_{p1}(\Delta d)+K_{d1}\Delta\dot{d}+K_{p2}(-\Delta\theta)+K_{d2}\Delta\dot{\theta}=0 \tag{3.18}$$

$$F=k_m\frac{\sin^2\theta}{(d+\Delta d_f)^2}=mg \tag{3.19}$$

当永磁悬浮系统的输入量 $\Delta i=0$ 时系统停止运动，根据式（3.18）可得

$$\frac{K_{p1}}{K_{p2}}=\frac{\Delta\theta}{\Delta d} \tag{3.20}$$

由式（3.20）可知控制参数 K_{p1}、K_{p2} 设定好后不随系统变化，因此 $\Delta\theta$ 和 Δd 呈比例关系，一个气隙变化量 Δd 对应一个角度变化量 $\Delta\theta$。

3.4 PD 控制仿真分析和实验验证

通过对悬浮气隙 d、永磁体转角 θ 和输入电流 i 进行仿真分析，验证控制器的效果。由前面分析可知，在仿真过程中所采集到的电流实际是电流变化量 Δi，而实验过程中采集到的则是输入电机的实际电流 i，为了和实验统一，在本书的实验和仿真中都用电流 i 表示。

3.4.1 PD 控制仿真分析

为了验证上述条件设计的 PD 控制器参数的设计效果，在 MATLAB/Simulink 中搭建控制系统仿真框图，在选取的平衡点处进行位移阶跃信号仿真。

系统首先处于稳定状态，1s 时在气隙参考输入端加入的 0.2mm 的位移阶跃信号，分别对悬浮气隙 d、永磁体转角 θ、输入电流进行仿真分析，图 3.4 为位移阶跃仿真结果，调节时间为 0.15s，超调量为 25%。

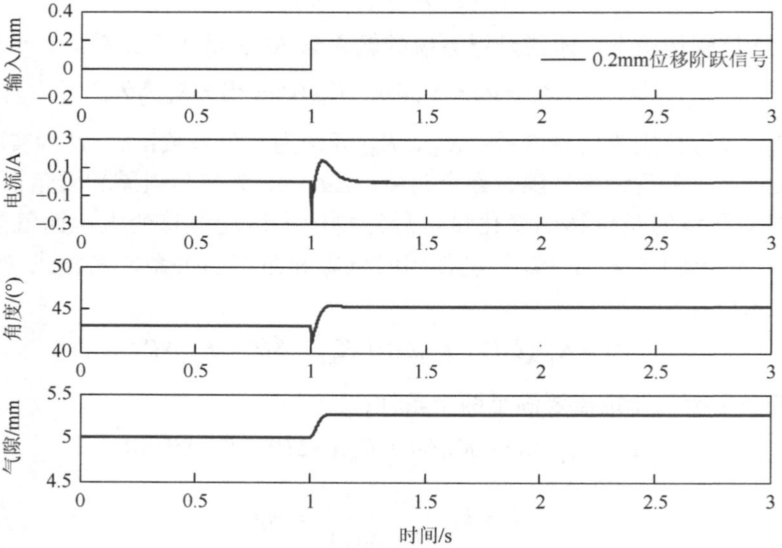

图 3.4 位移阶跃仿真结果

在响应初始时，为了响应阶跃信号，永磁体转角迅速减小，导磁体和悬浮物之间的磁力减小；在响应过程中，参考气隙输入增加了 0.2mm，为使悬浮气隙跟随参考输入的变化，悬浮物向下移动，气隙变大。为保持悬浮物稳定，永磁体转角开始增大，以补偿由悬浮气隙变大导致减小的磁力；在位移阶跃响应的最后阶段，气隙和永磁体转角都达到新的稳定值：悬浮气隙为 5.25mm、永磁体转角为 46°，气隙和永磁体转角大于初始值。

位移阶跃仿真分析表明该控制器能够使系统稳定，可以快速跟随参考输入，但系统静态误差较大。

图 3.5 为系统采用该 PD 控制器时的抗外扰力仿真分析结果，在仿真分析过程中，分别对悬浮气隙 d、永磁体转角 θ、输入电流 i 进行仿真分析。

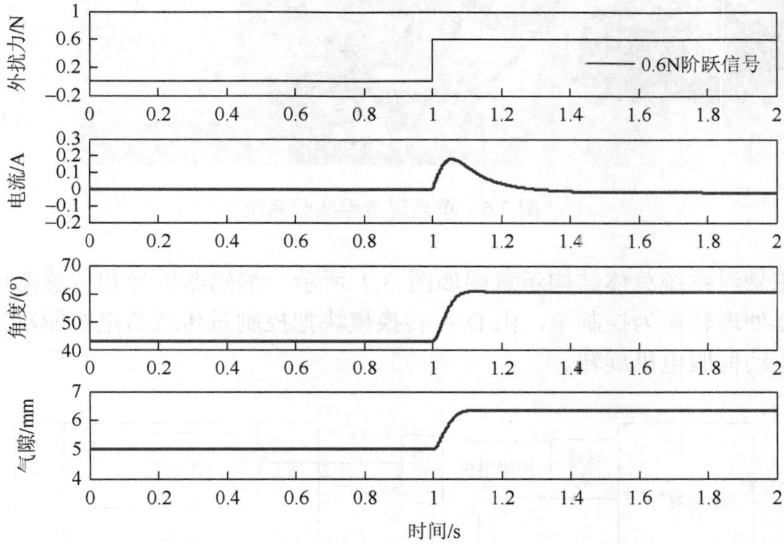

图 3.5　抗外扰力仿真分析

首先当系统达到稳定，即在 1s 时，给系统输入 0.6N 的外扰力阶跃信号，与气隙变大的方向相同。在刚输入外扰力阶跃信号时，在外扰力作用下悬浮气隙迅速增大，为维持系统稳定，电机输入正的电流值，使其顺时针旋转，增大永磁体转角。随着气隙和角度变化，悬浮力逐渐增大，当增大的悬浮力和外扰力相等时，悬浮物达到新的平衡。为使系统平衡，电机输入电流值开始慢慢减小直到为零，永磁体停止运动。系统在 0.6N 的外扰力作用下，调节时间为 0.4s，气隙的最大变化量为 1.2mm，永磁体转角变化量为 21°。外扰力仿真分析表明该控制器能保证系统稳定。

3.4.2　PD 控制实验验证

根据单点磁悬浮系统搭建了实验系统，如图 3.6 所示，主要包括上位机（PC）、DSP 控制器、模/数（A/D）转换模块、数/模（D/A）转换模块、计数器模块（每秒采集 1000 个数据）、磁悬浮平台、位移传感器、前置器。

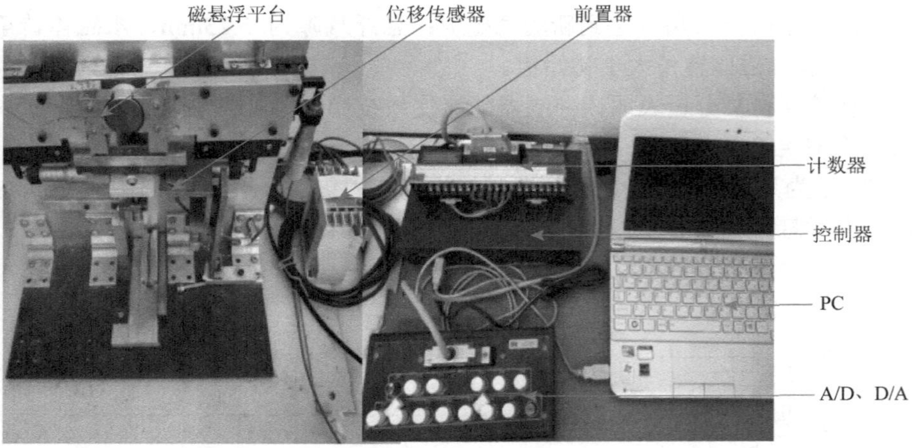

图 3.6　单点磁悬浮实验系统

永磁悬浮系统总体结构示意图如图 3.7 所示，编码器信号和传感器信号通过微控制器处理转换为控制量，由 D/A 转换模块把控制量传送给电机驱动器，电机驱动器驱动伺服电机旋转。

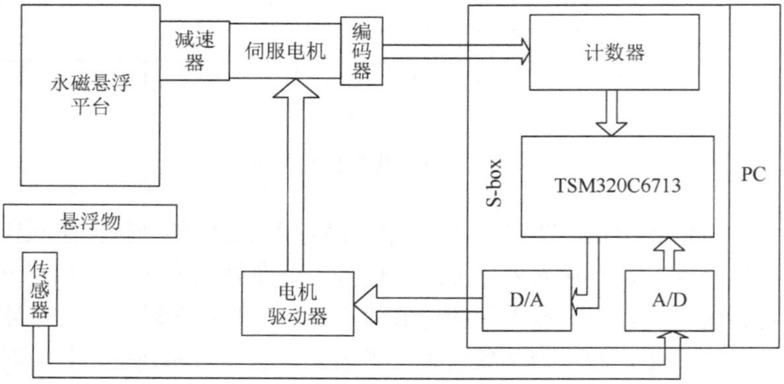

图 3.7　永磁悬浮系统总体结构示意图

为了验证 PD 控制器在永磁悬浮系统中的控制效果，采用与仿真分析中同样的控制器参数，对永磁悬浮系统进行起浮控制实验、位移阶跃实验和抵抗外力实验。

首先系统处于初始状态（永磁体转角为 0°，悬浮物停在支撑架上），当运行程序后悬浮物迅速浮起，经过短暂的调节达到稳定，当系统稳定后再进行位移阶跃实验和抵抗外力实验。整个过程可以把系统分为两个状态：一是起浮控制过程；二是稳定后受扰过程。

起浮实验结果如图 3.8 所示，最大超调量为 167%，调节时间为 0.45s，上升时间为 0.15s。首先悬浮物在支撑架上，初始气隙为 6.5mm，永磁体转角 θ 为 0°，电机的输入电流为 0。当运行程序后给电机输入正的电流，使电机顺时针旋转，永磁体转角迅速变大，由于悬浮力小于悬浮物重力，悬浮物处于静止状态；随着永磁体转角变大，悬浮力变大，当悬浮力大于悬浮物重力时，悬浮物迅速起浮且出现了 2.5mm 的超调，为使悬浮物稳定在目标位置，输入电机的电流迅速变为负值，使电机逆时针旋转，以减小永磁体转角；经过 0.45s 的调节，系统达到稳定悬浮状态。通过实验验证了 PD 闭环控制能使系统实现自起浮稳定，控制效果较好。

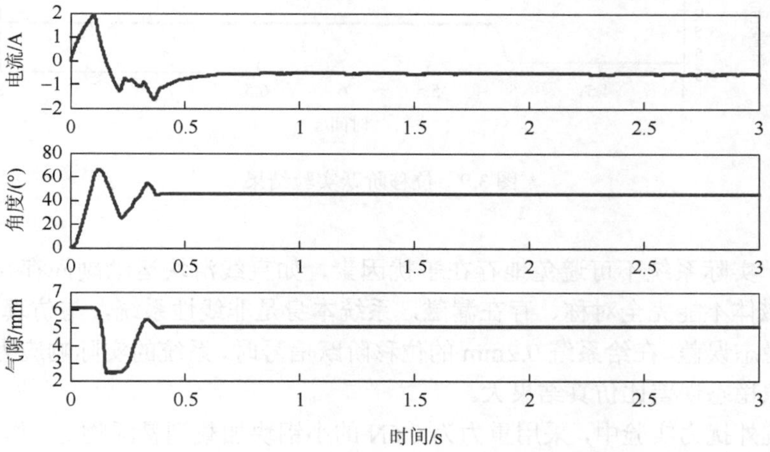

图 3.8　起浮实验结果

位移阶跃实验结果如图 3.9 所示，实验中分别对系统的悬浮气隙 d、永磁体转角 θ、输入电流 i 进行跟踪实验。从图中可以看出，实验结果和仿真分析结果变化趋势一致。调节时间为 0.15s，超调量为 200%。

悬浮物达到悬浮稳定后，在 5s 时，给参考气隙加入 0.2mm 的位移阶跃信号，在响应初始时，永磁体转角减小以减小悬浮力，随着悬浮力减小悬浮物下落，悬浮气隙变大；当悬浮物接近目标位置时，为使系统稳定，永磁体转角快速变大。由于悬浮气隙变大，在新的稳定点永磁体转角大于初始转角。

输入电流的变化与永磁体转角保持一致，当永磁体转角减小时，输入电流变小；永磁体转角增大时，输入电流变大。整个系统处在动态平衡状态，输入电流会有小范围的波动。

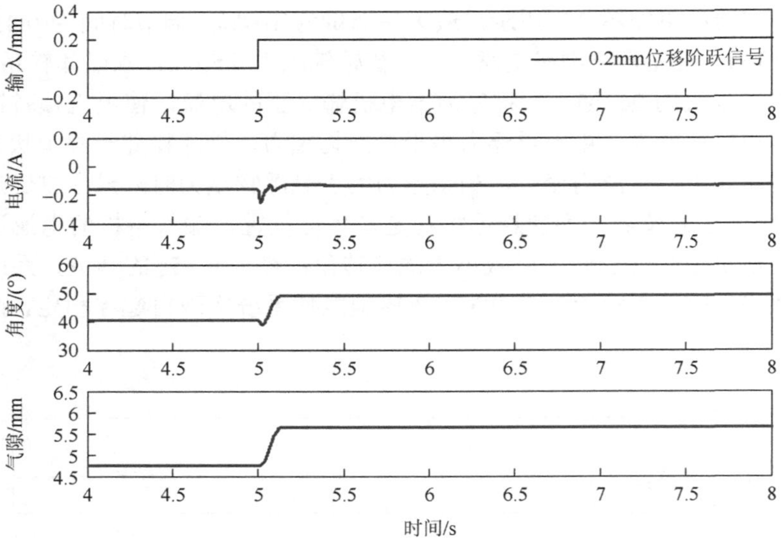

图 3.9　位移阶跃实验结果

由于实际系统不可避免地存在干扰因素，如直线滑块运动副间存在摩擦力、F 形导磁体不能完全对称、存在漏磁，系统本身是非线性系统，与仿真相比存在较大的稳态误差。在给系统 0.2mm 的位移阶跃信号时，系统的实际响应为 0.6mm，悬浮气隙稳态误差比仿真结果大。

在抗外扰力实验中，采用重力为 0.6N 的小铝块加载到悬浮物上，作为给系统施加的外扰力。受制于实验条件，这种外扰力的加载方式总会存在很小的冲击力作用。

在抗外扰力实验中，分别对系统的悬浮气隙 d、永磁体转角 θ、输入电流 i 进行实验分析。当系统悬浮稳定后，在 11s 时加入 0.6N 的外载荷，方向向下与悬浮气隙变大的方向一致，抗外扰力实验结果如图 3.10 所示。在系统响应初始时，外扰力的加入使得系统产生向下的合外力，悬浮物下落，悬浮气隙变大，为了保持悬浮物的悬浮状态，角度迅速变大，直到新的平衡点系统稳定悬浮。调节时间为 0.5s，气隙变化量为 1.162mm，角度变化量为 18°，与仿真结果基本一致。

输入电流的变化与角度保持一致，角度变大，输入电流变大，永磁体与 F 形导磁体间存在吸力作用，使电机产生转矩，因此系统达到稳定后存在输入电机的电流始终为负值以克服产生的转矩，由于系统处在动态平衡中，电流会有微小的波动。

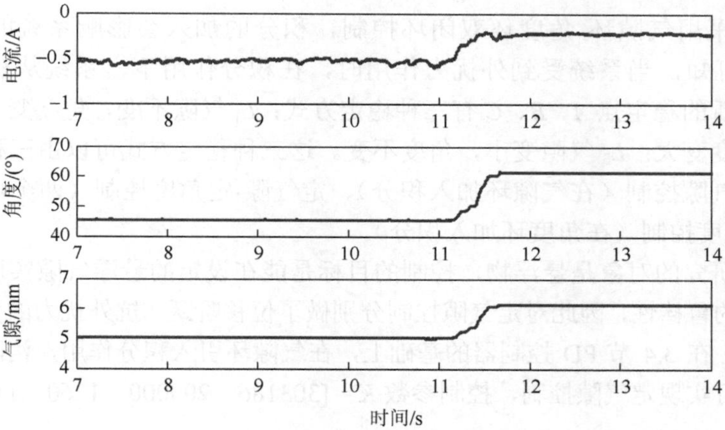

图 3.10　抗外扰力实验结果

3.5　PID 控制器仿真分析和实验验证

在 3.4 节中用 PD 控制器对永磁悬浮系统做了仿真分析和实验验证，系统能实现自起浮且有较好的鲁棒性，但在外扰力作用时悬浮气隙和永磁体转角都偏离了平衡位置，存在稳态误差。为消除稳态误差，在本节中加入积分控制作进一步的分析。

根据悬浮力模型可得系统受负载时，稳态气隙和转角的变化关系。如图 3.11 所示为外扰力 f_d 为 0N、0.6N、1.2N 时，悬浮气隙和转角的变化关系。

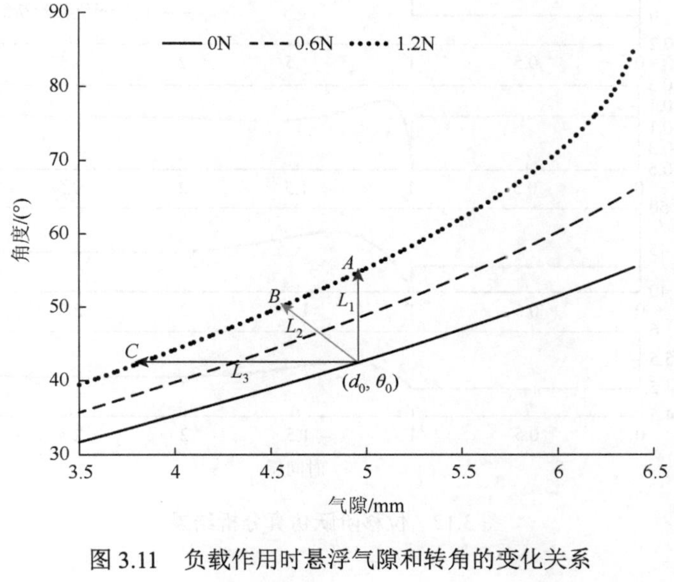

图 3.11　负载作用时悬浮气隙和转角的变化关系

由于采用气隙环-角度环双闭环控制，积分的加入会影响系统的性能。由图 3.11 可知，当系统受到外扰力作用时，在积分作用下，系统从初始稳定点 (d_0, θ_0)到新的稳定点 A、B、C 有三种稳定方式：L_1 气隙不变，角度变大；L_2 气隙变小，角度变大；L_3 气隙变小，角度不变。这三种稳定方式可以由三种控制方法实现：定气隙控制（在气隙环加入积分）、定气隙-定角度控制（两个环都加入积分）、定角度控制（在角度环加入积分）。

本书研究的对象是悬浮物，控制的目标是能在设定的悬浮气隙实现稳定悬浮且有良好的鲁棒性，因此对定气隙控制分别做了位移阶跃、抗外扰力的仿真分析和实验验证。在 3.4 节 PD 控制器的基础上，在气隙环引入积分作用，消除位移的静态误差，可实现定气隙控制，控制参数 $K = [303186 \quad 200000 \quad 1260 \quad 1180 \quad 6]$。

3.5.1　定气隙控制仿真分析

为了分析 PID 控制器对永磁悬浮系统的控制性能，本小节对 PID 控制器进行了位移阶跃仿真分析和抗外扰力仿真分析。

位移阶跃仿真分析结果如图 3.12 所示，当系统稳定后，在 1s 时加入 0.2mm 的位移阶跃信号，分别对悬浮气隙 d、永磁体转角 θ、输入电流 i 进行仿真分析。调节时间为 1s，超调量为 150%。

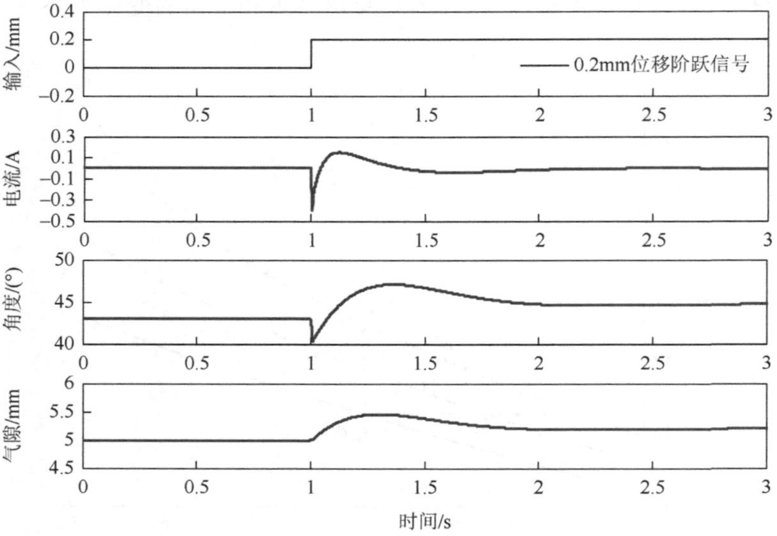

图 3.12　位移阶跃仿真分析结果

系统响应初始时，永磁体转角变小以减小悬浮力，使悬浮气隙变大；在调节过程中悬浮气隙出现了小的超调量，为使系统稳定减小超调，永磁体转角开始变大直到新的平衡点；在气隙环积分作用下，悬浮气隙从超调位置开始慢慢变小，为保持系统稳定，永磁体转角也随着变小，经过调节气隙稳态误差为零，永磁体转角大于初始角度。

定气隙控制抗外扰力仿真结果如图 3.13 所示，当系统稳定后，在 1s 时加入 0.6N 的外扰力阶跃信号，分别对悬浮气隙 d、永磁体转角 θ、输入电流 i 进行仿真分析。调节时间为 1s，气隙最大变化量为 0.75mm。

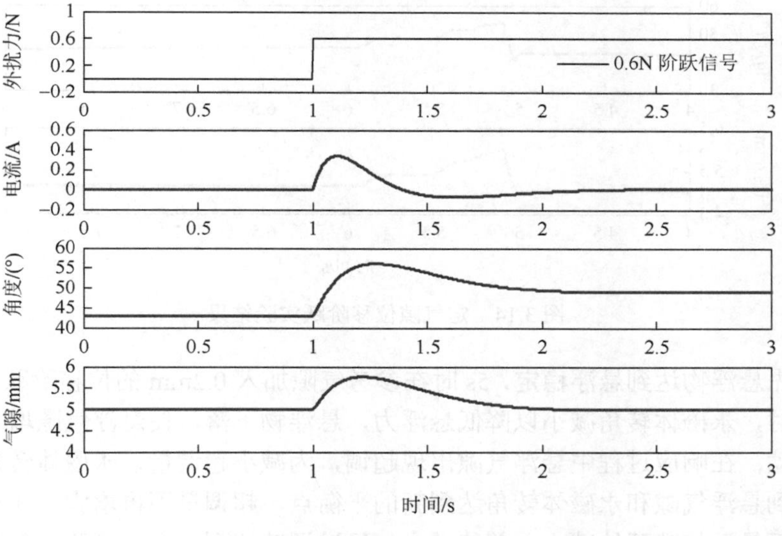

图 3.13　定气隙控制抗外扰力仿真结果

从图 3.13 中可以看出，在 1s 时，在外扰力阶跃信号作用下，悬浮气隙变大，电机输入正的电流信号，增大永磁体转角，以增大悬浮力克服外扰力引起的气隙变化；随着永磁体转角变大悬浮力变大，很快达到新的平衡点，气隙和永磁体转角不再增大；气隙环积分的作用下，悬浮气隙开始慢慢减小直到回到原来的平衡位置，为了保持悬浮力不变，维持系统稳定，随着气隙减小角度减小，由于外扰力增加了悬浮物的重力，永磁体转角最终大于原平衡状态的角度。

3.5.2　定气隙控制实验验证

为了验证 PID 控制器的控制效果，采用和仿真相同的控制参数，对系统进行位移阶跃实验和抗外扰力实验。

在位移阶跃实验中，分别对悬浮气隙 d、永磁体转角 θ、输入电流 i 进行跟踪实验，位移阶跃实验结果如图 3.14 所示。

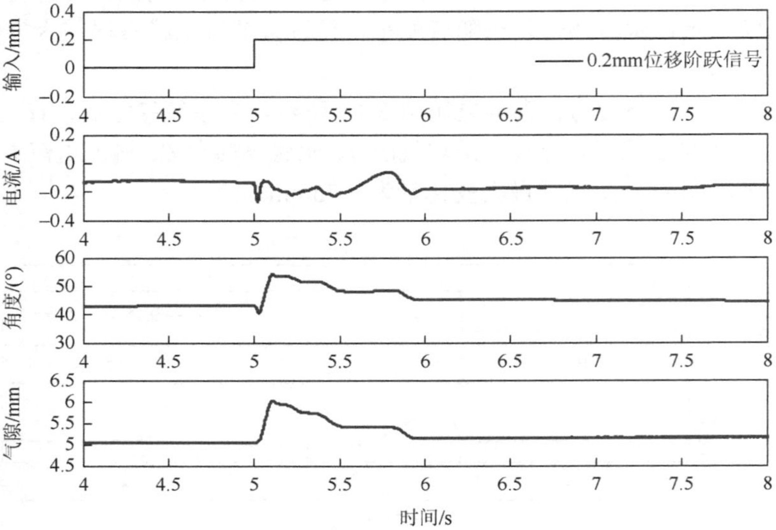

图 3.14　定气隙位移阶跃实验结果

首先悬浮物达到悬浮稳定，5s 时在参考气隙加入 0.2mm 的位移阶跃信号。响应初始时，永磁体转角减小以降低悬浮力，悬浮物下落，使悬浮气隙增大，向目标点运动；在响应过程中悬浮气隙出现超调，为减小超调量，永磁体转角迅速增大，直到悬浮气隙和永磁体转角达到新的平衡点，超调量不再增大；在气隙环积分作用下悬浮气隙开始减小，差值减小，经过调节达到稳定。悬浮气隙超调量为 400%，调节时间为 1s。

抗外扰力实验结果如图 3.15 所示，分别对输入电机的电流、永磁体转角、悬浮气隙进行跟踪实验，调节时间为 1.2s，气隙最大变化量为 1.2mm，角度最大变化量为 29°。

首先，悬浮物处于稳定悬浮状态，4.5s 时，对悬浮物施加 0.6N 的外载荷作为外扰力，方向与气隙变大的方向相同。当加入外扰力时，悬浮物下落，气隙在外扰力作用下迅速变大；随悬浮气隙变大永磁体转角也迅速变大，以增大悬浮力克服外扰力引起的气隙变化，直到变化到新的平衡点，气隙和角度不再增大；在气隙环积分作用下，悬浮气隙开始慢慢变小，为保持悬浮力不变，永磁体转角随气隙减小而减小；最终气隙回到初始状态，角度大于初始状态。

通过对比永磁悬浮系统在 PD 控制器和 PID 控制器作用时的仿真和实验可知，PD 控制器动态性能好，稳定性差，而 PID 控制器响应速度略差，但稳定性好。

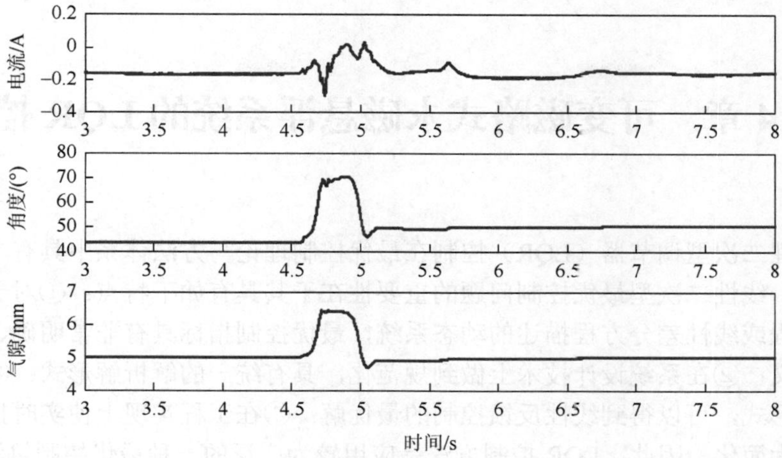

图 3.15　定气隙抗外扰力实验结果

第 4 章　可变磁路式永磁悬浮系统的 LQR 控制

线性二次型调节器（LQR）控制在最优控制理论与方法体系中具有非常重要的地位。线性二次型最优控制问题的重要性在于其具有如下特点：①对于用线性微分方程或线性差分方程描述的动态系统，最优控制指标具有非常明确、实际的物理意义；②在系统设计技术上做到规范化，具有统一的解析解形式；③构成反馈控制形式，可以得到线性反馈控制的最优解；④在工程实现上使实时控制计算工作大为简化。因此，LQR 控制方法是应用较为广泛的一种最优控制算法。

LQR 控制方法作为工程中较常用的控制方法之一，其具有便于计算、易实现、可以使系统工作在较小信号条件下，实现非线性系统控制的特点。因此，对于该永磁悬浮系统，可以利用该方法进行控制器设计，使系统达到稳定运行并且可以抵御一定的扰动。本章主要内容是对该永磁悬浮系统进行基于 LQR 控制方法的控制器设计，并对闭环系统的位移阶跃信号跟踪性能和抗外扰力性能进行研究。针对系统的位移阶跃信号跟踪，主要从系统响应的快速性、稳定性和准确性三个方面进行分析；对于抗外扰力性能，主要从系统在受到外扰力后保持系统稳定的能力方面进行分析。

4.1　基于 LQR 控制方法的控制器设计

由第 2 章得到系统的可控性矩阵和可观性矩阵分别如下：

$$P_C = [B \quad AB \quad A^2B \quad A^3B] \tag{4.1}$$

$$P_O = \begin{bmatrix} C \\ CA \\ CA^2 \\ CA^3 \end{bmatrix} \tag{4.2}$$

该可控性矩阵和可观性矩阵分别是列满秩和行满秩。因此，该单自由度永磁悬浮系统是完全可观控制系统。对于该系统存在唯一的控制量：

$$u(t) = -R^{-1}B^{\mathrm{T}}Px(t) = Kx(t) \tag{4.3}$$

使系统的二次性能指标最小：

$$J = \frac{1}{2}\int_0^{\infty} (x^{\mathrm{T}}(t)Qx(t) + u^{\mathrm{T}}(t)Ru(t)) \tag{4.4}$$

式中，R、P 为对称正定矩阵；Q 为非负对称矩阵，且三者满足里卡蒂（Riccati）方程，如式（4.5）所示：

$$PA + A^{\mathrm{T}}P - PBR^{-1}B^{\mathrm{T}}P + Q = 0 \tag{4.5}$$

4.2　基于 LQR 控制器的系统控制性能仿真分析

为了验证该 LQR 控制器的控制效果，在 MATLAB/Simulink 模块中搭建控制系统仿真框图，如图 4.1 所示，并在选定的平衡位置处进行位移阶跃跟踪和抗外扰力仿真分析。状态空间方程中各参数如表 3.2 所示，选取加权矩阵 Q 和 R 如下所示，在 MATLAB 中利用“lqr”命令即可求解出如式（4.6）所示的 Riccati 方程并可得到唯一的控制量 u，控制器 $K = [150000 \quad 314 \quad 200 \quad 0.5]$。

$$Q = \begin{bmatrix} 100000 & & & \\ & 1000 & & \\ & & 100 & \\ & & & 1 \end{bmatrix} \tag{4.6}$$

$$R = 1 \tag{4.7}$$

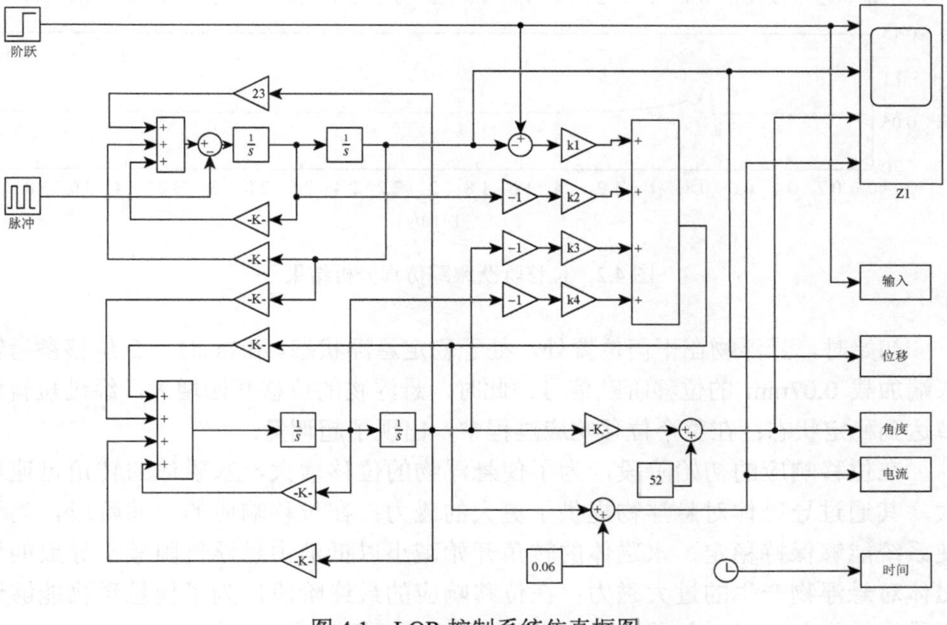

图 4.1　LQR 控制系统仿真框图

在位移阶跃跟踪仿真过程中，分别对悬浮物偏离平衡位置的位移 z、盘状永

磁体的实际转角 θ 、电机输入电流 i 进行跟踪。图 4.2 为系统采用该 LQR 控制器时的仿真分析结果。

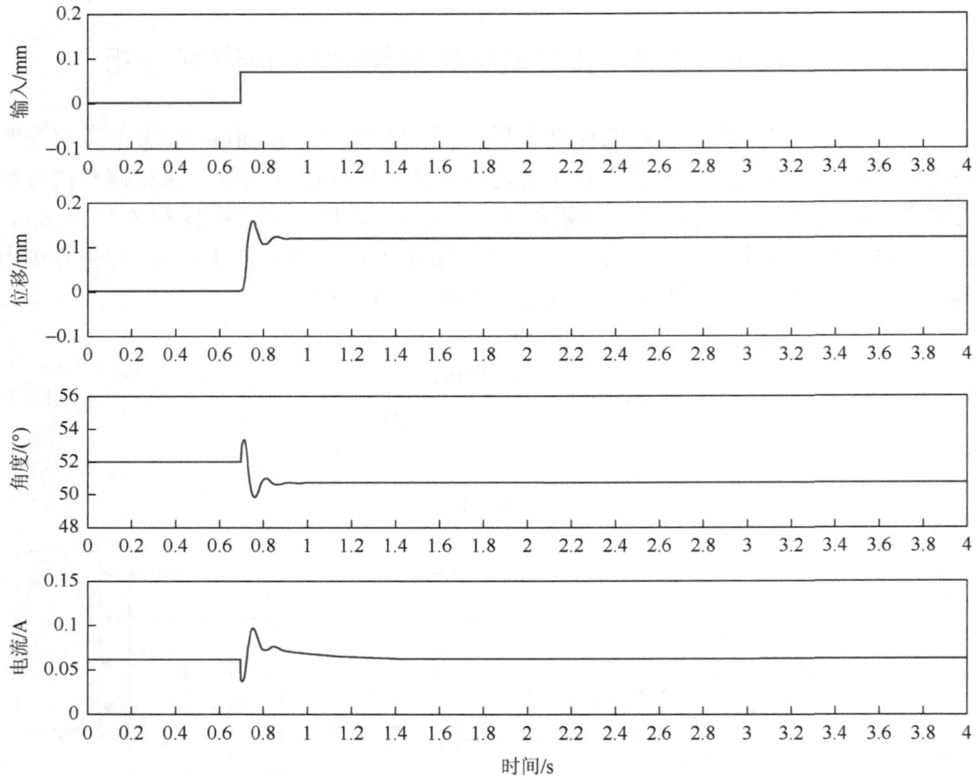

图 4.2　位移阶跃跟踪仿真分析结果

初始时，悬浮物在平衡位置处，处于稳定悬浮状态。0.7s 时，在位移参考输入端加载 0.07mm 的位移阶跃信号。此时，悬浮物的位移开始增大，经过短暂调节达到稳定状态；在整个位移响应过程中，出现了超调量。

在位移响应的初始阶段，为了使悬浮物的位移增大，永磁体的转角迅速增大，其通过导磁体对悬浮物提供了更大的磁力；在位移响应的中间阶段，为了使系统能够保持稳定，永磁体的转角开始减小以抵消由悬浮气隙减小导致的导磁体对悬浮物产生的过大磁力；在位移响应的最终阶段，为了使悬浮物能够达到最终的稳定状态，永磁体的转角经过调整达到稳定值。

位移阶跃跟踪仿真分析结果表明，该控制器能够保证闭环系统稳定运行，可以快速地响应位移参考输入，但是系统存在很大的超调量和静态误差。

在抗外扰力仿真分析过程中，分别对悬浮物偏离平衡位置的位移 z、永磁体的实际转角 θ、电机输入电流 i 进行跟踪，图 4.3 为系统采用该 LQR 控制器时的仿真分析结果。

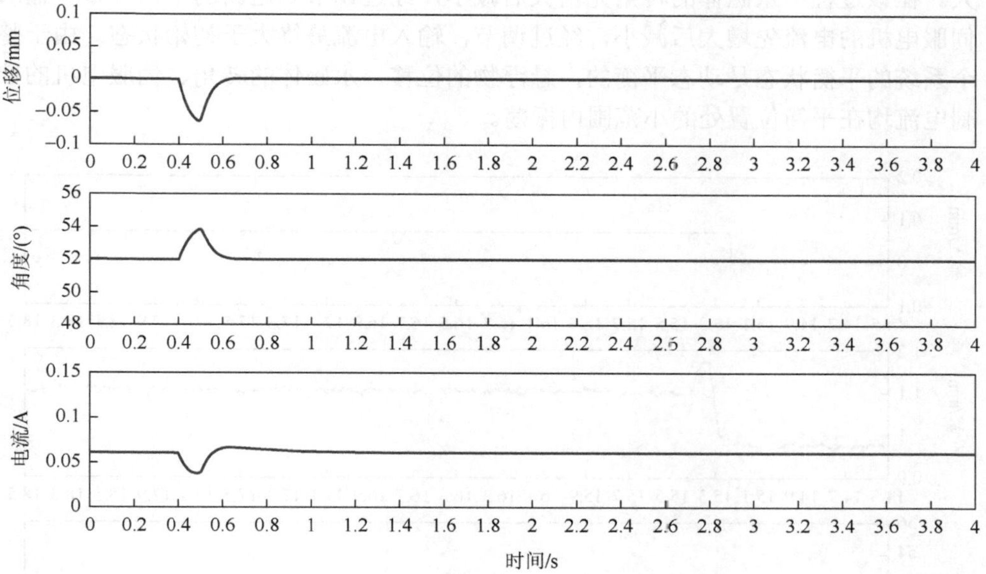

图 4.3　抗外扰力仿真分析结果

初始时，悬浮物处于稳定悬浮状态。0.4s 时，对系统悬浮物施加 0.127N 的脉冲力信号，时间为 0.1s、方向与位移 z 相反。在脉冲力施加的初始阶段，悬浮物的位移不断减小，经过短暂调节位移恢复到原值。为了保持系统稳定，在位移减小的阶段，永磁体的转角增大、电机的输入电流减小。当脉冲力消失时，由于永磁体的转角较初始值大，悬浮物的位移开始增大。为了维持系统平衡，永磁体的转角减小、电机输入电流增大，直至回到新的平衡位置。

抗外扰力仿真分析结果表明该控制器能够保证闭环系统稳定运行，可以使闭环系统在受到外扰的情况下稳定运行。

4.3　基于 LQR 控制器的系统控制性能实验验证

为了验证 LQR 控制器在实际悬浮系统中的控制性能，这里采用同仿真分析中一样的控制器参数，对悬浮进行位移阶跃跟踪实验和抗外扰力冲击实验。

如图 4.4 所示为系统的位移阶跃跟踪实验结果，图中分别对悬浮物位移、永磁体的转角、电机输入电流进行跟踪。其中，位移值为传感器距离悬浮物的实际距离值。实验结果与仿真分析结果基本一致。初始时，悬浮物处于稳定悬浮状态。当 0.07mm 的位移阶跃参考信号加载后，悬浮物的位移开始增大，经过调节后到达新的平衡位置，该过程中出现了较大的超调量，悬浮物最终的稳态误差也比较大。在该过程中永磁体的转角先增大后减小，经过调节到达新的平衡位置。输入伺服电机的电流先增大后减小，经过调节，输入电流最终大于初始状态。由于整个系统的平衡状态是动态平衡的，悬浮物的位移、永磁体的转角、伺服电机的控制电流均在平衡位置处的小范围内振荡。

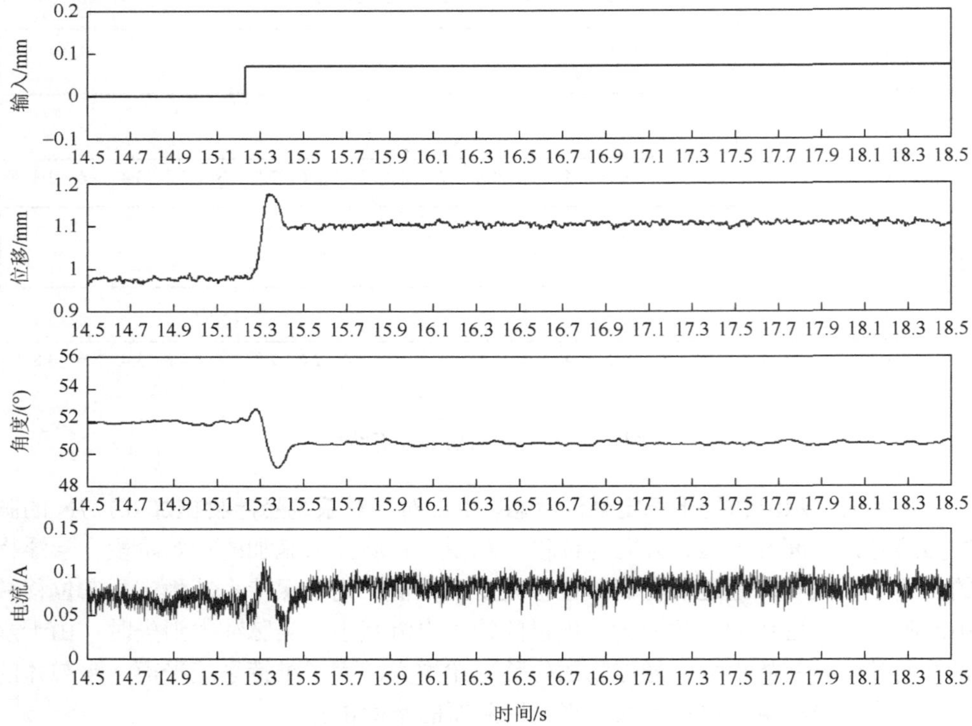

图 4.4　位移阶跃跟踪实验结果

由于直线滑块副的引入，以及数学建模的不准确，在整个位移响应过程中，悬浮物的位移、永磁体转角和伺服电机的电流与仿真的分析偏差较大。悬浮物位移的超调量比仿真中略大，悬浮物位移的稳态误差值比仿真中大，电机的输入电流比仿真值大。

位移阶跃跟踪实验结果表明该控制器能够保证闭环系统稳定运行，可以快速地响应位移参考输入，但是位移的输出值存在稳态误差。

由于实验条件的限制，在进行系统抗外扰力冲击的实验时无法准确地加载脉冲力。本章中，采用质量为 3g 的物体从距离悬浮物 20mm 处坠落撞击悬浮物然后被弹开的方法进行类比实验。

在抗外扰力的实验过程中，分别对悬浮物位移、永磁体的转角、电机输入电流进行采集，得到如图 4.5 所示的结果。初始时，悬浮物处于稳定悬浮状态。当重物撞击到悬浮物时，悬浮物位移开始减小（稳定气隙增大），重物被弹开后，悬浮物的位移经过一段时间调节恢复到平衡状态；在此过程中，永磁体的转角先增大后减小，经过调节到达平衡位置；伺服电机的输入电流先变小，然后增大，最后到达平衡位置。由于悬浮物的稳定悬浮状态为动态平衡的状态，在实验过程中，系统输出量均在平衡位置处小范围振荡。此外，由于该状态反馈控制器中的位移反馈不存在积分项，系统没有回到初始的平衡位置，新的平衡位置与原来的平衡位置存在误差。

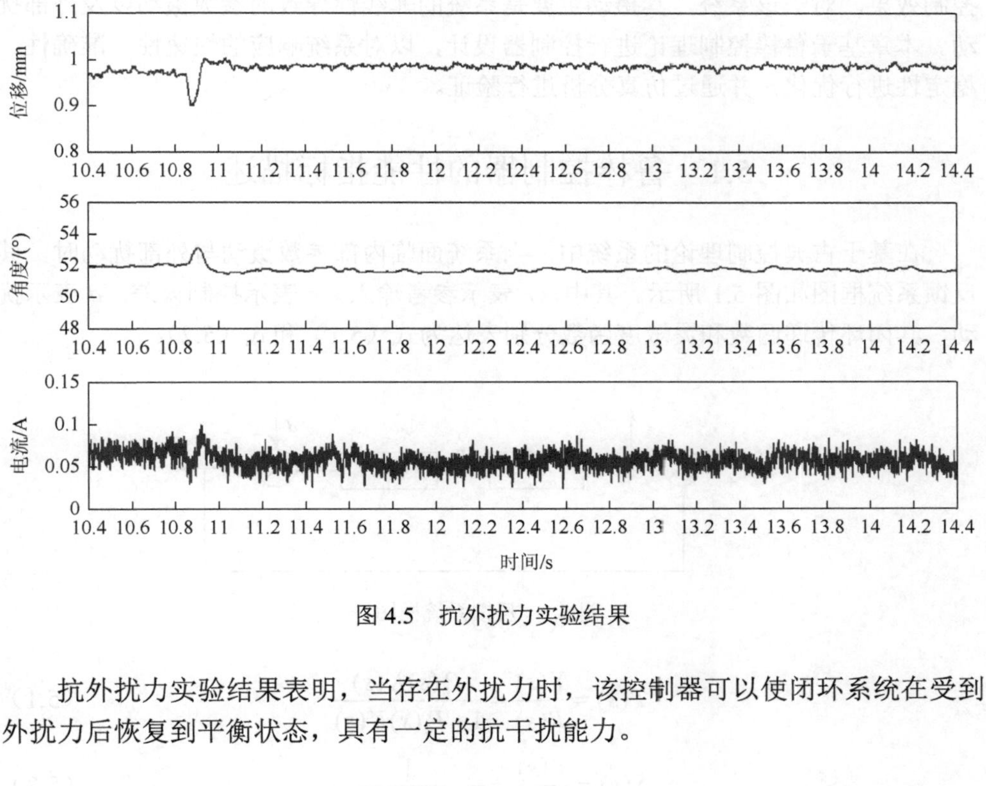

图 4.5　抗外扰力实验结果

抗外扰力实验结果表明，当存在外扰力时，该控制器可以使闭环系统在受到外扰力后恢复到平衡状态，具有一定的抗干扰能力。

第 5 章　可变磁路式永磁悬浮系统的鲁棒控制

基于 LQR 控制方法设计的控制器在一定程度上可以满足系统的控制要求。但是，永磁悬浮系统具有非线性、强耦合、参数以及外扰不确定的特点，控制器在仿真分析过程中出现了超调量大、稳态精度低、抗外扰力能力差等现象。因此，针对这三个方面的优化是不可缺少的。鲁棒控制器对能量有界的摄动，如外部环境改变、系统内部参数改变导致的模型不精确、非线性等，具有很好的抑制能力，可以使系统具有较好的鲁棒性；基于鲁棒控制算法设计的控制器可以达到较好的控制效果。对于该系统，其摄动主要是系统的非线性导致的参数摄动以及外部扰动。本章基于鲁棒控制理论进行控制器设计，以对系统响应的快速性、准确性、稳定性进行优化，并通过仿真分析进行验证。

5.1　鲁棒控制器的性能指标描述

在基于古典控制理论的系统中，当系统面临内部参数摄动与外部扰动时，其反馈系统框图如图 5.1 所示。其中，r 表示参考输入，e 表示控制误差，d 表示扰动，其闭环传递函数和灵敏度函数分别表达为式（5.1）和式（5.2）。

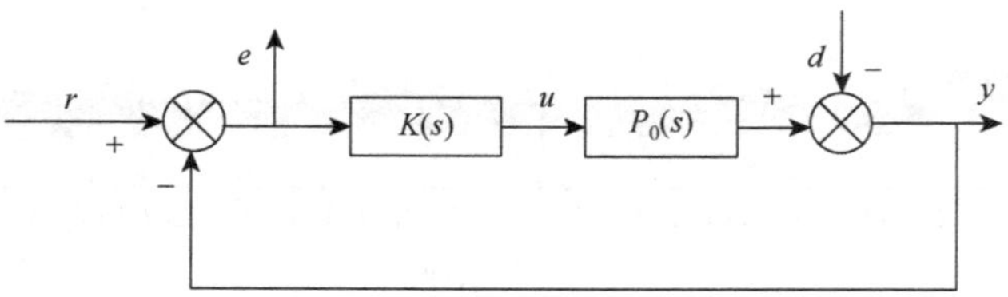

图 5.1　反馈系统框图

$$T(s)=\frac{Y(s)}{R(s)}=\frac{P_0(s)K(s)}{1+P_0(s)K(s)} \tag{5.1}$$

$$S(s)=\frac{Y(s)}{D(s)}=\frac{1}{1+P_0(s)K(s)} \tag{5.2}$$

其中，灵敏度函数表示从扰动 d 到控制误差 e 的闭环传递函数。因此，可以通过减小该传递函数的闭环增益来减小扰动对控制误差的影响。

系统的性能指标可定义如下：

$$J = \inf_{K \in S_K} \left\{ \sup_{w} \left| S(\mathrm{j}w) \right| \right\} \tag{5.3}$$

以 H_∞ 范数的形式描述了该性能指标问题，则该性能指标可转化为

$$J = \inf_{K} \left\| S(s) \right\|_\infty \tag{5.4}$$

该性能指标表达式的意思是，求控制器 K，使其可以保持闭环系统稳定且灵敏度函数的 H_∞ 范数小于给定的正数 γ。

5.2　基于 H_∞ 性能指标的鲁棒控制器设计

对于基于现代控制理论的系统，当被控系统模型存在干扰时，被控对象变成式（5.5）所示形式，其中 w 为扰动信号。这里同样采用状态反馈控制器来实现系统的稳定控制。

$$\dot{x} = Ax + B_1 w + B_2 u \tag{5.5}$$

定义该系统由扰动引起的被调输出信号表达式为

$$z_1 = \begin{bmatrix} Q^{\frac{1}{2}} \\ 0 \end{bmatrix} x + \begin{bmatrix} 0 \\ \rho^{\frac{1}{2}} \end{bmatrix} u \tag{5.6}$$

式中，Q 为非负对称矩阵；ρ 为对称正定矩阵。该被调输出信号的二次性能指标 J 可表达为

$$\begin{aligned} J_2 &= \int_0^\infty z_1^{\mathrm{T}}(t) z_1(t) \mathrm{d}t \\ &= \int_0^\infty (x^{\mathrm{T}}(t) Q x(t) + \rho u^2(t)) \mathrm{d}t \end{aligned} \tag{5.7}$$

根据帕塞瓦尔（Parseval）恒等式，式（5.8）可表达成

$$\begin{aligned} J &= \int_0^\infty z_1^{\mathrm{T}}(t) z_1(t) \mathrm{d}t \\ &= \frac{1}{2\pi} \int_0^\infty T^{\mathrm{T}}(\mathrm{j}w) T(\mathrm{j}w) \mathrm{d}w \\ &= \frac{1}{2\pi} \int_0^\infty \mathrm{tr}(T^{\mathrm{T}}(\mathrm{j}w) T(\mathrm{j}w)) \mathrm{d}w \\ &= \| T(s) \|_2 \end{aligned} \tag{5.8}$$

式中，$T(s)$ 表示从 w 到 z_1 的传递函数。该设计问题则转化为求控制器 K 使系统稳定且使其 H_2 范数达到最小，即线性二次型高斯（linear quadratic Gaussian，LQG）设计问题。

由于 LQG 设计问题仅仅考虑白噪声信号对系统的影响，为了使干扰信号具有

普遍意义，假设扰动信号属于能量有界信号，其可以表达为

$$L_2 = \left\{ w(t) \mid \int_0^{\infty} w^2(t)\mathrm{d}t < \infty \right\} \tag{5.9}$$

这里引入扰动抑制系数 $\gamma > 0$，则所求的反馈控制器 K 必须使系统保持稳定且由扰动信号产生的输出抑制在给定的水平，即

$$\int_0^{\infty} (x^{\mathrm{T}}(t)Qx(t) + \rho u^2(t))\mathrm{d}t < \gamma^2 \int_0^{\infty} w^2(t)\mathrm{d}t \tag{5.10}$$

根据 Parseval 恒等式，式（5.10）变为

$$\| z_1 \|_2^2 < \gamma^2 \| w \|_2^2 \tag{5.11}$$

对于任意 $w \in L_2$，从 w 到 z_1 的 H_{∞} 增益满足

$$\| T_{z_1 w}(s) \|_{\infty} = \sup_{w \neq 0} \frac{\| z_1 \|_2}{\| w \|_2} < \gamma \tag{5.12}$$

即当 γ 越小时，由 w 对系统产生的扰动影响越小。其中，$T_{z_1 w}(s)$ 可表示为

$$T_{z_1 w}(s) = \begin{bmatrix} Q^{\frac{1}{2}} \\ \sqrt{\rho} K \end{bmatrix} (sI - A - B_2 K)^{-1} B_1 \tag{5.13}$$

系统的性能指标可表示为

$$J = \inf_{K} \left\| T_{z_1 w}(s) \right\|_{\infty} \tag{5.14}$$

因此，上述问题进一步被转化为 H_{∞} 鲁棒控制器设计问题，即求解状态反馈矩阵 K，使其保证系统稳定且使 J 小于给定值。

对于该系统，系数控制输入用 i 表示，干扰力用 f 表示，系统状态空间结构可表达为图 5.2。

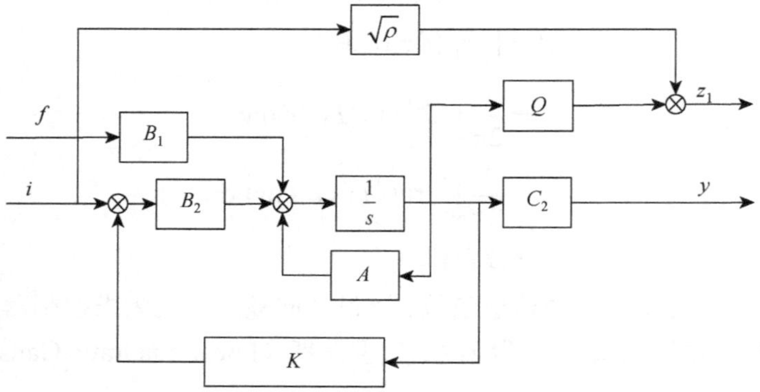

图 5.2　系统状态空间结构图

系统的广义状态空间方程可表示为

$$\begin{cases}\dot{x}=Ax+B_1f+B_2i\\ z_1=C_1x+D_{12}i\\ y=C_2x\end{cases}\tag{5.15}$$

式中

$$x=\begin{bmatrix}z\\ \dot{z}\\ \theta\\ \dot{\theta}\end{bmatrix},\quad A=\begin{bmatrix}0 & 1 & 0 & 0\\ \dfrac{2k_m\sin^2\theta_0}{m(d_0+\Delta d_f)^3} & \dfrac{c_2}{m} & \dfrac{k_m\sin(2\theta_0)}{m(d_0+\Delta d_f)^2} & 0\\ 0 & 0 & 0 & 1\\ \dfrac{k_\tau\sin(2\theta)}{J(d_0+\Delta d_\tau)^2} & 0 & \dfrac{2k_\tau\cos(2\theta)}{J(d_0+\Delta d_\tau)} & \dfrac{c_1}{J}\end{bmatrix},\quad B_1=\begin{bmatrix}0\\ \dfrac{1}{m}\\ 0\\ \dfrac{k_t}{J}\end{bmatrix},\quad B_2=\begin{bmatrix}0\\ 0\\ 0\\ \dfrac{k_t}{J}\end{bmatrix}$$

$$C_1=\begin{bmatrix}Q^{\frac{1}{2}}\\ 0\end{bmatrix},\quad D_{12}=\begin{bmatrix}0\\ \rho^{\frac{1}{2}}\end{bmatrix},\quad C_2=\begin{bmatrix}1 & 0 & 0 & 0\\ 0 & 0 & 1 & 0\end{bmatrix}$$

状态空间里的参数由表 3.2 确定；Q 为大于零的对角矩阵，其代表状态向量在被调输出中的权重；ρ 为大于零的实数，其代表系统输入在被调输出中的权重。

对于上述系统，当且仅当存在对称矩阵 X 和 W 使其满足以下线性矩阵不等式：

$$\begin{cases}\min\gamma\\ \begin{bmatrix}AX+B_2W+(AX+B_2W)^{\mathrm{T}} & B_1 & (C_1X+D_{12}W)^{\mathrm{T}}\\ B_1^{\mathrm{T}} & -I & 0\\ C_1X+D_{12}W & 0 & -\gamma^2I\end{bmatrix}<0\\ X>0\end{cases}\tag{5.16}$$

若线性矩阵不等式存在可行解 X^* 和 W^*，则 $K=W^*(X^*)-1$ 即为系统的状态反馈 γ 次优 H_∞ 鲁棒控制器，可以使系统在保持系统问题的同时对于有界的扰动有一定的抑制。在 MATLAB 环境中，通过编写该不等式组的求解代码即可得到所求的控制器 $K=W^*(X^*)-1$。

5.3　基于鲁棒控制器的系统控制性能仿真分析

为了研究所设计的鲁棒控制器对永磁悬浮系统控制性能的快速性、准确性和稳定性的优化，本节将对基于该鲁棒控制器的闭环系统控制器进行位移阶跃跟踪仿真分析和抗脉冲扰力仿真分析，并将仿真结果分别与 LQR 控制器的仿真结果进行对比分析。

在 MATLAB/Simulink 中搭建的仿真框图如图 5.3 所示。其中，r 用于加载位移阶跃信号；f 用于加载脉冲扰力信号。

根据上述矩阵不等式，求得鲁棒控制器的参数为 K = [280000 350 400 3]。

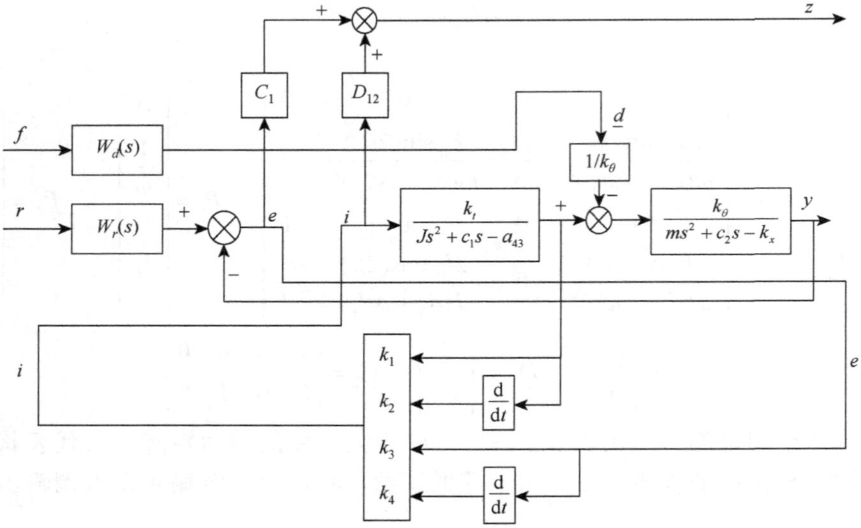

图 5.3　鲁棒控制仿真框图

在位移阶跃跟踪仿真过程中，分别对悬浮物偏离平衡位置的位移 z、永磁体的实际转角 θ、电机输入电流 i 进行跟踪，得到仿真结果如图 5.4 所示。

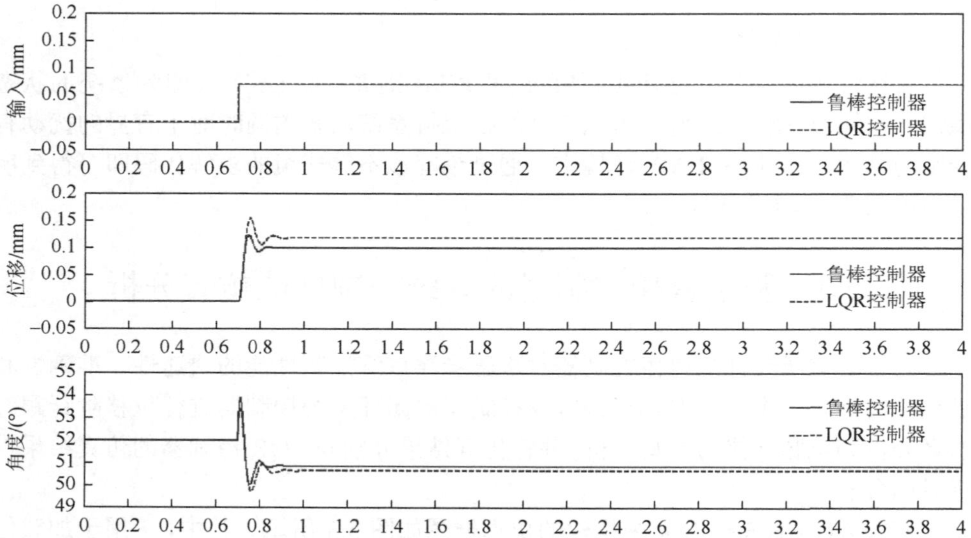

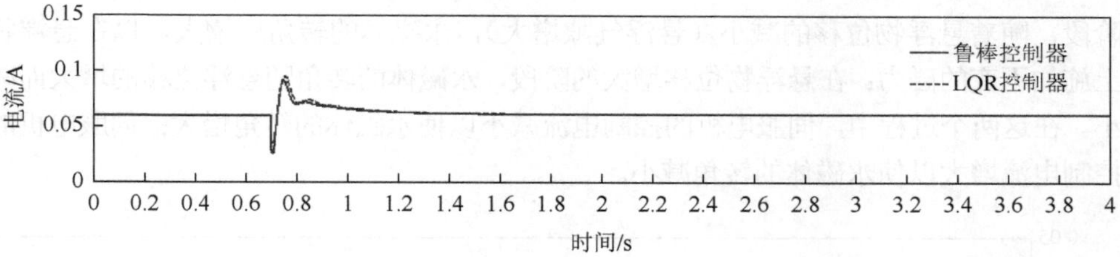

图 5.4　位移阶跃跟踪仿真分析结果

初始时，悬浮物处于稳定悬浮状态。0.7s 时，在位移参考输入端加载 0.07mm 位移参考信号；此时，悬浮物的位移开始增大，经过短暂调节，悬浮物到达新的平衡位置，在位移响应的过程中两种控制器都出现了超调，经过反馈调节达到新的稳定状态。

在位移响应的初始阶段，永磁体的转角增大以使导磁体对悬浮物提供更大的磁力从而使悬浮物的位移增大；在悬浮物即将到达目标平衡位置时，为了保持系统的稳定，永磁体的转角迅速减小；在悬浮物的位移达到稳定状态时，永磁体的转角到达一个新的平衡位置，此时，永磁体转角比原平衡位置的转角小。

由负载转矩与永磁体的转角的关系可知，在选定的平衡位置附近，电机负载转矩始终为负值，其绝对值随转角的增加而减小，随悬浮气隙的增大而减小。在响应的初始阶段，为了得到更大的转角，电机的输入电流开始减小，此时，悬浮物的位移没有明显增长；当悬浮物的位移明显增加时，为了维持系统稳定，转角必须减小，此时电机的控制电流增大，经过短暂的调节最终达到稳定状态，电流终值大于初始状态的值。

位移阶跃跟踪仿真分析结果表明，该控制器能够保证闭环系统稳定运行，可以快速地响应参考输入，但仍存在较大的静态误差。

从其与 LQR 控制器的控制效果对比可以看出，在位移响应方面，二者均出现了超调量和稳态误差，基于鲁棒控制器的系统位移超调量和稳态误差较小，系统的响应准确性得到提升。在控制角度和电流的变化方面，基于鲁棒控制器的系统的永磁体转角和电机控制电流的变化范围更小，系统的内部响应得到优化，系统内部稳定性相应地得到增加。

在抗脉冲扰力仿真过程中，分别对悬浮物偏离平衡位置的位移 z、永磁体的转角 θ、电机输入电流 i 进行跟踪，仿真结果如图 5.5 所示。

初始时，悬浮物处于稳定悬浮状态，0.4s 时，对悬浮物施加 0.127N 的脉冲力信号，时间为 0.1s、方向与位移 z 相反。在脉冲力施加的初始阶段，由于悬浮物受到向下的作用力，悬浮物的位移开始减小并很快达到一个稳定值；当脉冲力撤出之后，悬浮物的位移开始上升直到回到原来的平衡位置。为了维持系统稳定，在悬浮物位移减小的阶段，随着悬浮物位移的减小（悬浮气隙增大），永磁体的转角应增大，以在悬浮物上施加不变的磁力；在悬浮物位移增大的阶段，永磁体的转角随悬浮位移的增大而减小。在这两个过程中，伺服电机的控制电流减小以使永磁体的转角增大；伺服电机的控制电流增大以使永磁体的转角减小。

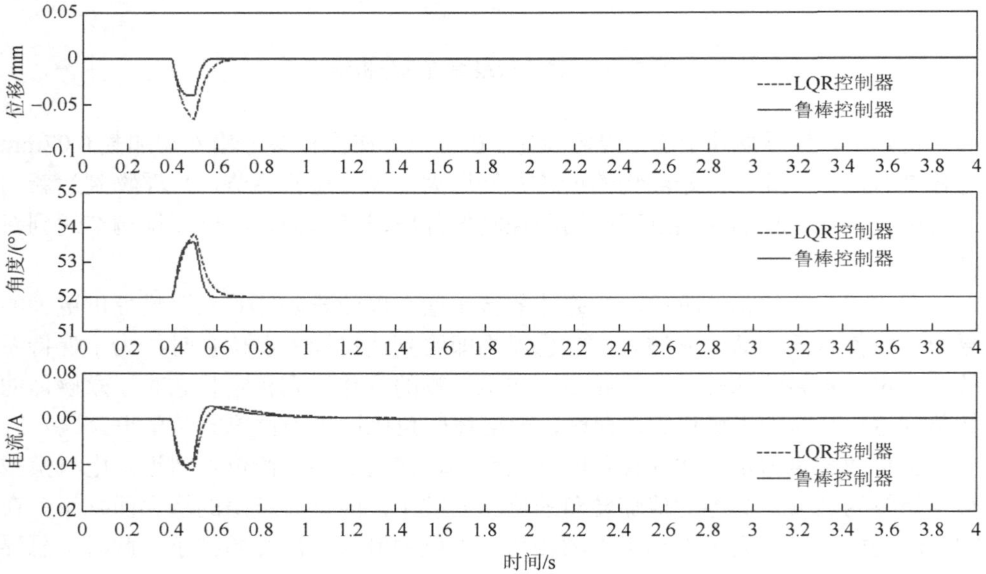

图 5.5 抗脉冲扰力仿真分析结果

脉冲响应仿真结果表明，该控制器能够保证闭环系统稳定运行，闭环系统在受到外扰的情况下可以使系统保持一定的稳定性。

从该控制器的控制效果与 LQR 控制器的控制效果对比可以看出，基于鲁棒控制器的系统，在脉冲力加载的初始阶段，鲁棒控制器可以使系统拥有更快的响应速度，悬浮物的位移迅速达到新的稳定状态后保持不变；当扰动力撤除后，悬浮物再次回到原来的平衡状态；基于 LQR 控制器的系统，在脉冲力加载和撤除的整个过程中，位移一直在变化，系统始终处于非稳定状态，当扰动力撤除后，虽然系统再次回到平衡状态，但是整个位移响应过程与鲁棒控制器相比还是更慢。基于鲁棒控制器的系统响应的快速性、稳定性得到提高，抗干扰性能得到提升。

5.4 基于鲁棒控制器的系统控制性能实验验证

为了验证鲁棒控制器的控制效果，这里采用同仿真分析中一样的控制器参数，对悬浮进行位移阶跃跟踪实验和抗外力冲击实验。

在位移阶跃跟踪实验过程中，分别对悬浮物位移、永磁体的转角、电机输入电流进行跟踪，图 5.6 为位移阶跃跟踪实验结果。其中，位移值为传感器距离悬浮物的实际距离值。实验结果与仿真分析结果在系统调节时间、超调量、稳态误差方面基本一致。初始时，悬浮物处于稳定悬浮状态。当 0.07mm 的位移阶跃参考信号加载后，悬浮物的位移开始增大，经过调节后到达新的平衡位置。在位移响应的过程中，出现了超调和稳态误差；永磁体的转角先增大后减小，经过调节到达新的平衡位置；伺服电机的输入电流先减小后增大，经过调节到达新的平衡位置。由于整个系统的平衡状态处于动态平衡状态，悬浮物的位移、永磁体的转角、伺服电机的控制电流均在平衡位置处的小范围内振荡。

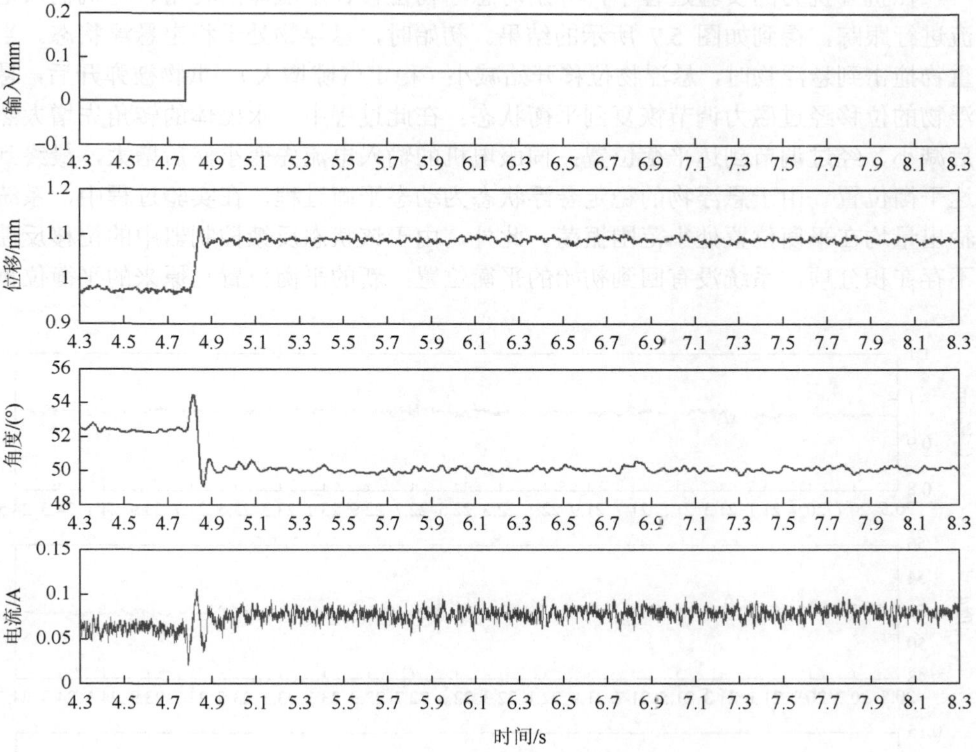

图 5.6　位移阶跃跟踪实验结果

由于直线滑块副的引入以及数学建模的不准确，在整个响应过程中，悬浮物的位移、永磁体转角和伺服电机的电流与仿真的分析偏差较大。悬浮物位移的超调量比仿真中略大，悬浮物位移的稳态误差值比仿真中大，电机的输入电流比仿真值大。

位移阶跃跟踪实验结果表明，该控制器能够保证闭环系统稳定运行，可以使系统快速地响应参考输入。在系统参数不确定时，具有一定的鲁棒性。同样，由于系统的控制器仅存在位移反馈的比例和微分项，不包含积分项，系统的稳态误差值仍然存在。

将该控制器的实验结果与 LQR 控制器的实验结果进行对比，结果表明：在位移响应方面，前者具有更小的超调量、稳态误差；在转角响应方面，前者响应速度更快。系统位移阶跃跟踪响应的动态性能和稳态性能得到了改善。

由于实验条件的限制，在进行系统抵抗外扰力冲击的实验时无法准确地加载脉冲力。本节中，采用质量为 3g 的物体从距离悬浮物 20mm 处坠落撞击悬浮物然后被弹开的方法进行类比实验。

在抗外扰力的实验过程中，分别对悬浮物位移、永磁体的转角、电机输入电流进行跟踪，得到如图 5.7 所示的结果。初始时，悬浮物处于稳定悬浮状态。当重物撞击到悬浮物时，悬浮物位移开始减小（稳定气隙增大），重物被弹开后，悬浮物的位移经过磁力调节恢复到平衡状态；在此过程中，永磁体的转角先增大然后减小，经过调节到达平衡位置；伺服电机的输入电流先变小然后增大，最终到达平衡位置。由于悬浮物的稳定悬浮状态为动态平衡过程，在实验过程中，系统输出量均在平衡位置处小范围振荡。此外，由于该状态反馈控制器中的位移反馈不存在积分项，系统没有回到初始的平衡位置，新的平衡位置与原来的平衡位置

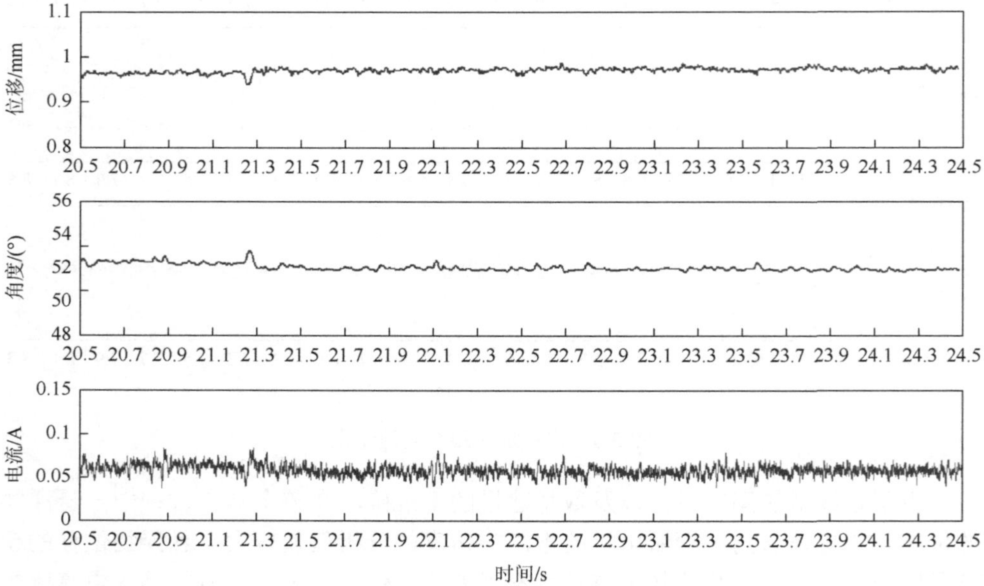

图 5.7　抗外扰力实验结果

存在误差。实验结果表明，当有外扰力时，该控制器可以使闭环系统在受到外扰力后恢复到平衡状态，具有一定的抗干扰能力。

将该控制器的实验结果与 LQR 控制器的实验结果进行对比，结果表明：在位移响应方面，前者的位移变化量较小，位移的稳态误差值更小；在角度变化方面，后者的角度变化量较小。采用鲁棒控制器的系统稳定性得到了改善。

5.5　基于 H_∞ 性能指标的模型优化鲁棒控制器设计

对于上述鲁棒控制器模型，其状态向量仅仅包括位移、位移的微分、角度、角度的微分。在理论上，通过这四个状态向量的反馈可以保持系统的稳定，但是，稳态时存在较大的稳态误差。为此，在原状态向量的基础上引入新的状态量——位移的积分，使系统在保证稳定性的前提下，消除位移响应的稳态误差。因此，如式（2.10）所示的状态空间方程可变成如下形式：

$$\begin{cases} \dot{x} = Ax + B_1 f + B_2 i \\ z_1 = C_1 x + D_{12} i \\ y = C_2 x \end{cases} \tag{5.17}$$

式中

$$x = \begin{bmatrix} z \\ \dot{z} \\ \int_0^\infty z\mathrm{d}t \\ \theta \\ \dot{\theta} \end{bmatrix},\quad A = \begin{bmatrix} 0 & 1 & 0 & 0 & 0 \\ \dfrac{2k_m \sin^2\theta_0}{m(d_0+\Delta d_f)^3} & \dfrac{c_1}{m} & 0 & \dfrac{k_m \sin(2\theta_0)}{m(d_0+\Delta d_f)^2} & 0 \\ 1 & 0 & 0 & 0 & 0 \\ 0 & 0 & 0 & 0 & 1 \\ \dfrac{k_\tau \sin(2\theta)}{J(d_0+\Delta d_\tau)^2} & 0 & 0 & \dfrac{2k_\tau \cos(2\theta)}{J(d_0+\Delta d_\tau)} & \dfrac{c_2}{J} \end{bmatrix},\quad B_1 = \begin{bmatrix} 0 \\ \dfrac{1}{m} \\ 0 \\ 0 \\ 0 \end{bmatrix}$$

$$B_2 = \begin{bmatrix} 0 \\ 0 \\ 0 \\ 0 \\ \dfrac{k_t}{J} \end{bmatrix},\quad C_1 = \begin{bmatrix} Q^{\frac{1}{2}} \\ 0 \end{bmatrix},\quad D_{12} = \begin{bmatrix} 0 \\ \rho^{\frac{1}{2}} \end{bmatrix},\quad C_2 = \begin{bmatrix} 1 & 0 & 0 & 0 & 0 \\ 0 & 0 & 0 & 1 & 0 \end{bmatrix}$$

式中，$\int_0^\infty z\mathrm{d}t$ 为附加状态变量，其目的是引入一个积分环节使系统对位移信号跟踪的稳态误差趋于零。

状态空间里的参数由表 3.2 确定；Q 为大于零的对角矩阵，其代表状态向量在被调输出中的权重；ρ 为大于零的实数，其代表系统输入在被调输出中的权重。

根据控制模型优化后的状态空间方程，可得到系统的可控性矩阵和可观性矩阵分别如下：

$$P_C = \begin{bmatrix} B_2 & AB_2 & A^2B_2 & A^3B_2 & A^4B_2 \end{bmatrix} \tag{5.18}$$

$$P_O = \begin{bmatrix} C_2 \\ C_2A \\ C_2A^2 \\ C_2A^3 \\ C_2A^4 \end{bmatrix} \tag{5.19}$$

该可控性矩阵和可观性矩阵分别是列满秩和行满秩，则该永磁悬浮系统可实现稳定悬浮。

通过设置合理的辅助输出信号参数，在 MATLAB 环境中重新编写线性矩阵（5.17）的求解程序，即可得到新的状态反馈控制器 $K = W^*(X^*)-1$，$K=$ [260000 450 2000000 300 3]。

5.6 基于模型优化鲁棒控制器的系统控制性能仿真分析

该鲁棒控制器同样采用五个反馈系数进行反馈控制，在 MATLAB/Simulink 中搭建的仿真框图如图 5.8 所示。

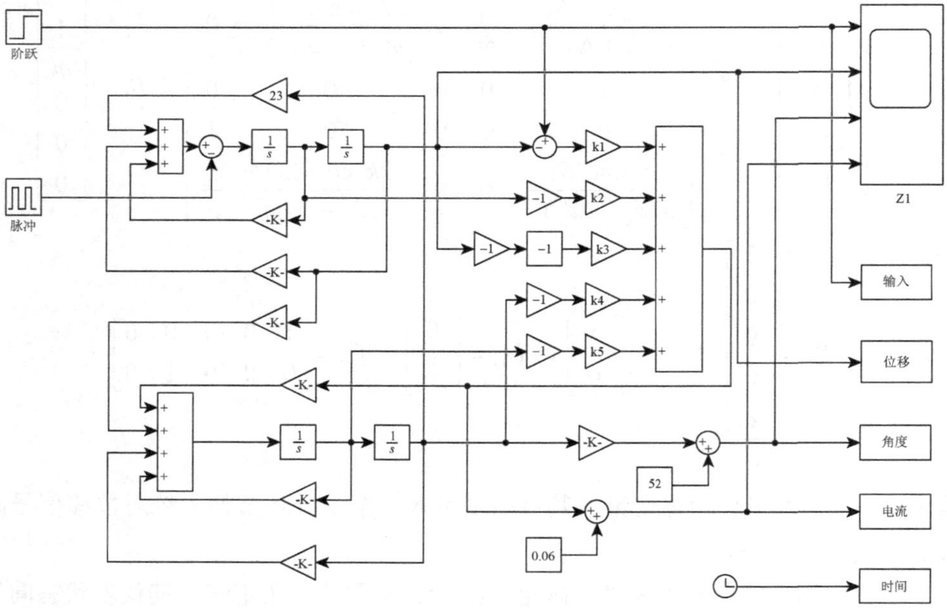

图 5.8 模型优化鲁棒控制仿真框图

在位移阶跃跟踪仿真过程中，分别对悬浮物偏离平衡位置的位移 z、永磁体的转角 θ 、电机输入电流 i 进行跟踪，得到的仿真结果如图 5.9 所示。

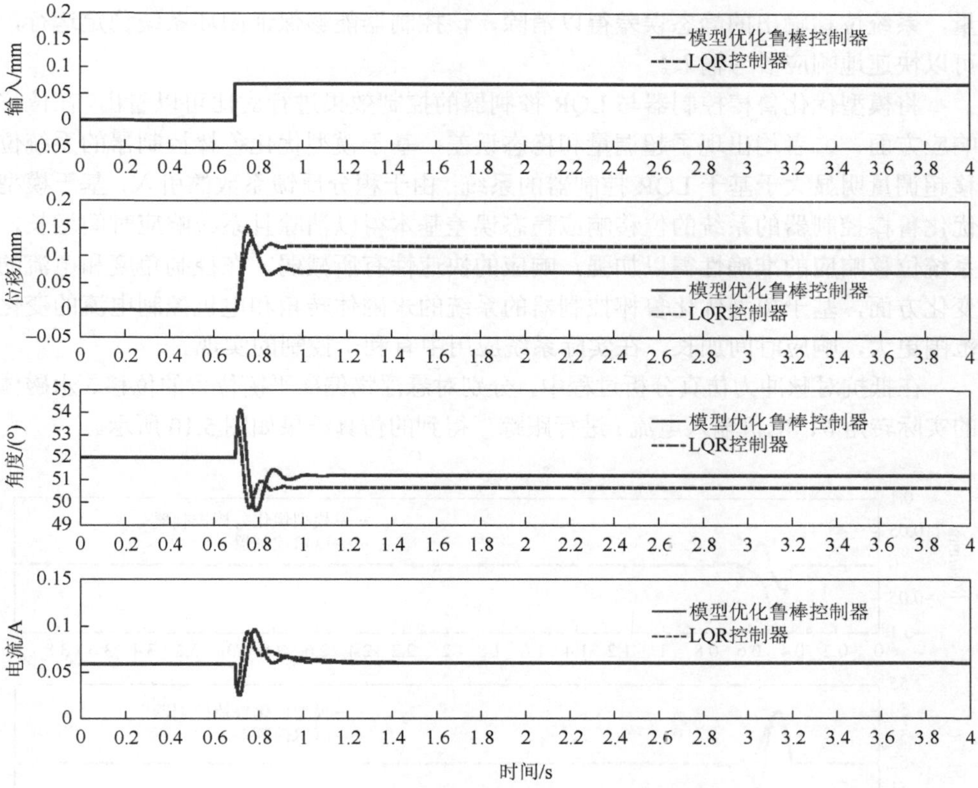

图 5.9　位移阶跃跟踪仿真分析结果（模型优化）

初始时，悬浮物处于稳定悬浮状态。0.7s 时，在位移参考输入端加载 0.07mm 位移阶跃信号，悬浮物的位移开始增大，经过短暂调节，悬浮物到达新的平衡位置，此时，稳态稳定悬浮气隙小于系统初始值。

在位移响应的初始阶段，永磁体的转角增大以使导磁体为悬浮物提供更大的悬浮力，从而使悬浮物的位移增大；在悬浮物即将到达目标平衡位置时，永磁体的转角迅速减小以使系统保持稳定，在悬浮物的位移达到稳定状态时，永磁体的转角保持不变，此时，永磁体转角小于在原平衡位置时的转角。

由负载转矩与永磁体的转角的关系可知，在选定的平衡位置附近，电机负载转矩始终为负值，其绝对值随转角的增加而减小，随悬浮气隙的增大而减小。在响应的初始阶段，为了得到更大的转角，电机的输入电流开始减小，此时，悬浮物的位移没有明显增长；当悬浮物的位移明显增加时，为了维持系统稳定，转角必须减小，此时电机的控制电流增大，控制电流的终值大于初始状态值。

位移阶跃跟踪仿真分析结果表明，位移在整个响应过程中出现了很大的超调量，系统位移输出的静态误差得以消除，该控制器能够保证闭环系统稳定运行，可以快速地响应参考输入。

将模型优化鲁棒控制器与 LQR 控制器的控制效果进行对比可以看出，在位移响应方面，二者均出现了超调量和稳态误差，基于模型优化鲁棒控制器的系统位移超调量明显大于基于 LQR 控制器的系统；由于积分反馈系数的引入，基于模型优化鲁棒控制器的系统的位移响应稳态误差基本得以消除且系统响应时间增长，系统位移响应的准确性得以加强，响应的快速性有所减弱。在控制角度和电流的变化方面，基于模型优化鲁棒控制器的系统的永磁体转角和电机控制电流的变化范围更大，响应时间加长，在实际系统应用中有利于控制的实现。

在抵抗对脉冲力仿真分析过程中，分别对悬浮物偏离平衡位置的位移、永磁体的实际转角 θ、电机输入电流 i 进行跟踪，得到的仿真结果如图 5.10 所示。

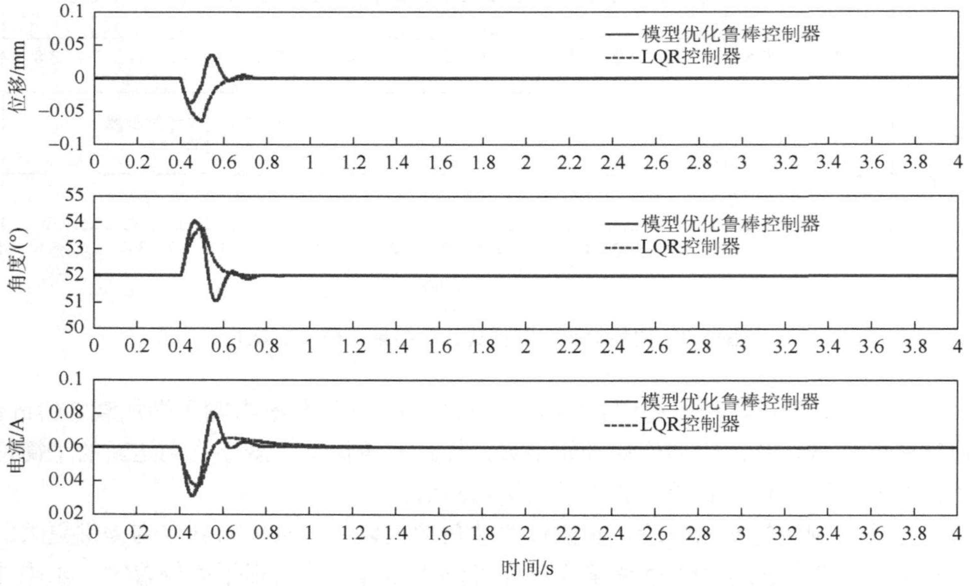

图 5.10　抗外扰力仿真分析结果（模型优化）

初始时，悬浮物处于稳定悬浮状态。0.4s 时，对悬浮物施加大小为 0.127N 的脉冲力信号，时间为 0.1s、方向与位移 z 相反。在脉冲力施加的初始阶段，由于悬浮物受到向下的作用力，悬浮物的位移开始减小，当脉冲力撤除后，悬浮物的位移开始增大，经过调节，恢复到原来的稳定值，在该过程中，出现了反向的超调量。

在脉冲力施加的初始阶段，为了增大导磁体对悬浮物的悬浮力使系统保持稳定，永磁体的转角随着悬浮物位移的减小（悬浮气隙的增大）而增大；当脉冲力撤除后，为了减小导磁体对悬浮物的悬浮力，永磁体的转角开始减小，经过调节，永磁体的转角回到初始状态。

在该过程中，伺服电机的控制电流减小以使永磁体的转角增大；伺服电机的控制电流增大以使永磁体的转角减小。

脉冲响应仿真结果表明，悬浮物在受到脉冲力扰动的情况下，系统经过调节可以很快地恢复到平衡位置，但是在调节过程中出现了反向的位移超调量；该控制器能够保证闭环系统稳定运行，可以使闭环系统在受到外扰的情况下保持一定的稳定性。

从该模型优化鲁棒控制器的控制效果与 LQR 控制器的控制效果对比可以看出，在脉冲力加载的初始阶段，由于积分项反馈的存在，模型优化鲁棒控制器可以使系统拥有更快的响应速度，悬浮物经过调整迅速回到平衡位置；当脉冲力撤出后，悬浮物的位移出现了正向的超调；经过调节，悬浮物再次回到原来的平衡状态；基于 LQR 控制器的系统，在脉冲力加载和撤除的整个过程中，位移一直在变化，系统始终没有在原平衡位置的时刻；当扰动力撤除后，虽然系统再次回到平衡状态，但是整个位移响应过程与模型优化鲁棒控制器相比，响应速度更慢一点，悬浮物的位移变化范围更大一点。基于模型优化鲁棒控制器的系统的稳定性得到提高，其抗干扰性能得到提升。此外，永磁体的角度的响应和控制电流的输入均较 LQR 控制器加快，其变化的幅值增大，系统响应的快速性变慢，系统内部响应变差。

5.7　基于模型优化鲁棒控制器的系统控制性能实验验证

为了验证该模型优化鲁棒控制器的控制效果，采用同仿真分析中一样的控制器参数，对悬浮进行位移阶跃跟踪实验和抵抗外力冲击实验。

在位移阶跃跟踪实验过程中，分别对悬浮物位移、永磁体的转角、电机输入电流进行跟踪，图 5.11 为系统对位移阶跃跟踪实验结果。其中，位移值为传感器距离悬浮物的实际距离值。实验结果与仿真分析结果在位移超调量、稳态误差方面基本一致。初始时，悬浮物处于稳定悬浮状态。当 0.07mm 位移阶跃参考信号加载后，悬浮物的位移开始增大，经过调节后到达新的平衡位置，过程中出现了位移超调，没有出现稳态误差。在该过程中，永磁体的转角先增大后减小，经过调节到达新的平衡位置。伺服电机的输入电流先减小后增大，经过调节到达新的平衡位置。由于整个系统的平衡状态是动态平衡的，系统位移、角度输出量均在平衡位置处小范围振荡。由于滑块副的引入，在位移响应过程中受到摩擦力的影响，系统响应时间有所延长。

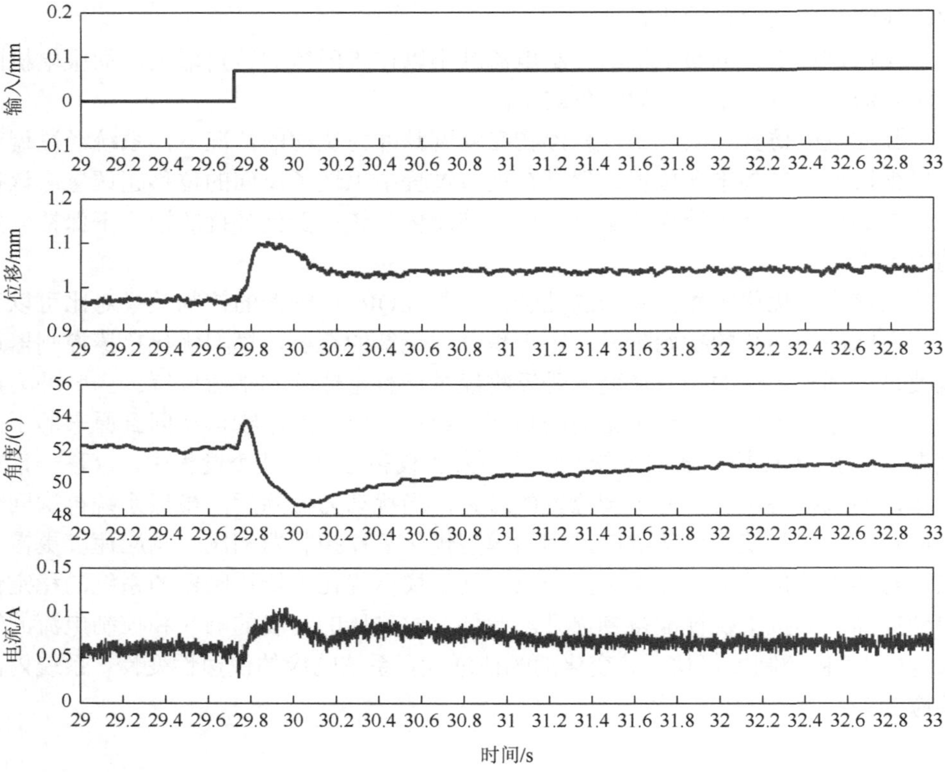

图 5.11　位移阶跃跟踪实验结果（模型优化）

位移阶跃跟踪实验结果表明该控制器能够保证闭环系统稳定运行，可以快速地响应参考输入。在系统参数不确定时，具有一定的鲁棒性。

将该控制器的实验结果与 LQR 控制器的实验结果进行对比，结果表明：在位移响应方面，其稳态误差被消除，响应时间略微被延长；在转角响应方面，前者响应速度变慢。系统阶跃响应的准确性能得到了改善。

由于实验条件的限制，在进行系统抵抗外扰力冲击的实验时无法准确地加载脉冲力。本节中，采用质量为 3g 的物体从距离悬浮物 20mm 处坠落撞击悬浮物然后被弹开的方法进行类比实验。

在抗外扰力的实验过程中，分别对悬浮物位移、永磁体的转角、电机输入电流进行跟踪，得到如图 5.12 所示的结果。初始时，悬浮物处于稳定悬浮状态。当重物撞击到悬浮物时，悬浮物位移开始减小（稳定气隙增大），重物被弹开后，悬浮物的位移经过调节恢复到平衡状态；在此过程中，永磁体的转角先增大后减小，经过调节到达平衡位置；伺服电机的输入电流先变小然后增大最终到达平衡位置。由于悬浮物的稳定悬浮状态为动态平衡过程，在实验过程中，系统输出量均在平衡位置处小范围振荡。此外，由于位移积分反馈系数的引入，悬浮物最终回到初始平衡位置，永磁体回到原位置。实验结果表明，当有外扰力时，该控制器可以使闭环系统在受到外扰力后恢复到平衡状态，具有一定的抗干扰能力。

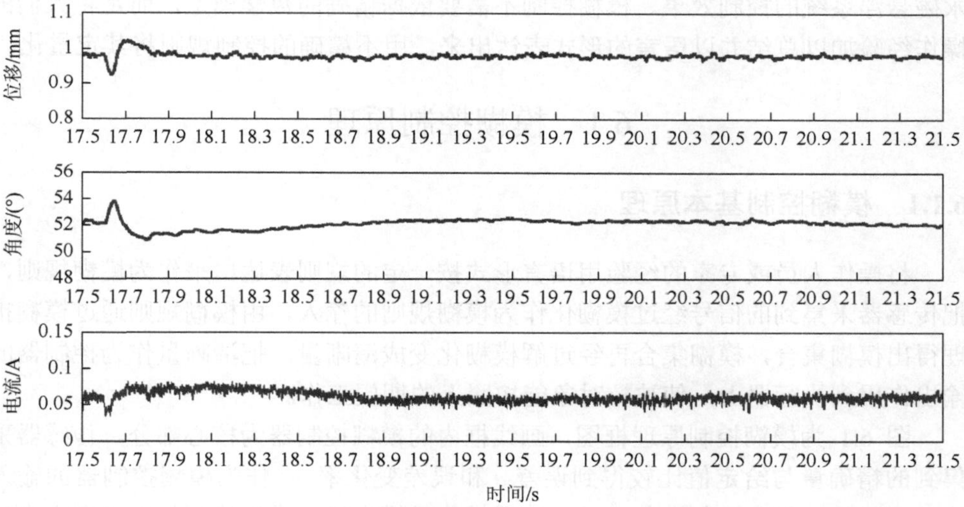

图 5.12　抗外扰力实验结果（模型优化）

将该控制器的实验结果与 LQR 控制器的实验结果进行对比，结果表明：在位移响应方面，前者的位移变化量较小，位移的稳态误差被消除；在角度变化方面，后者的角度变化量较小。采用鲁棒控制器的系统稳定性和准确性得到了改善。

第 6 章　可变磁路式永磁悬浮系统的模糊控制

通过第 3 章 PID 控制仿真和实验可知，PID 控制可使永磁悬浮系统实现闭环稳定，在外界扰动时有较好的鲁棒性，但其响应速度较慢，动态性能比较差，不能同时满足稳定跟踪及抑制扰动的要求。永磁悬浮系统是一种典型的非线性系统，PID 控制器主要针对线性系统能产生良好的控制效果，本章研究模糊控制方法对永磁悬浮系统的控制效果。模糊控制不需要依据精确的数学模型，而是将人们的操作经验加以总结并以语言的形式表达出来，用不精确的控制规则将其定量化。

6.1　模糊控制原理

6.1.1　模糊控制基本原理

将操作人员或专家的经验用语言形式按一定的规则表达出来作为模糊规则，把传感器采集到的信号经过模糊化作为模糊规则的输入，由模糊规则通过模糊推理得出模糊集合，模糊集合再经过解模糊化变成清晰量，把清晰量作为控制器的输出作用到执行器上，使被控对象能按照人的期望工作。

图 6.1 为模糊控制原理框图，画线框内的模糊控制器为核心部分，传感器采集到的精确量与给定值比较得到误差 e 和误差变化率 e_c 作为模糊控制器的输入量。把误差 e 和误差变化率 e_c 的精确量转化成模糊量，模糊量用相应的语言进行表示，再由模糊集合和模糊关系 R 根据推理得到的模糊规则进行模糊决策，得到模糊控制量 u，再经过解模糊化得到精确控制量输入到执行机构。

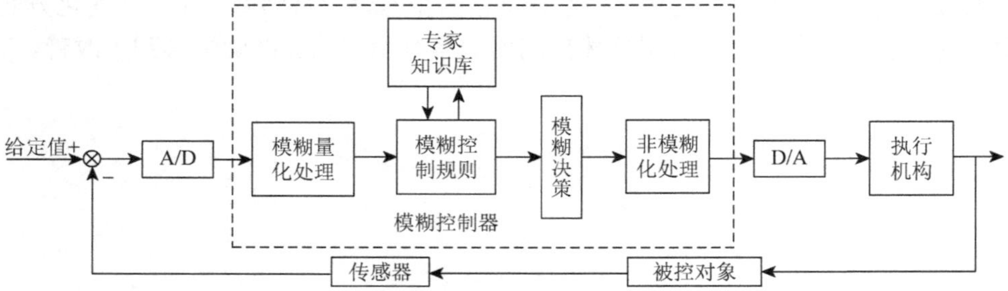

图 6.1　模糊控制原理框图

6.1.2　模糊控制器基本结构

如图 6.2 所示，模糊控制器主要由模糊化接口、知识库、模糊推理、解模糊化接口四个模块组成。

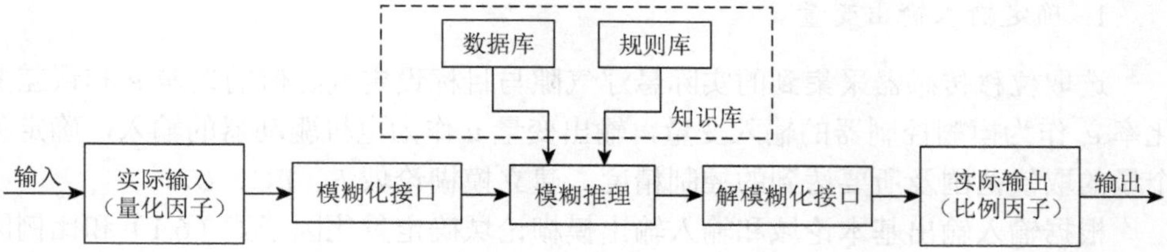

图 6.2　模糊控制器结构图

1. 模糊化接口

输入的精确量须经过模糊化接口，把精确量模糊化，才能被模糊控制器识别。模糊化包括两个过程：一是量化过程，将精确输入量进行尺度变换，转换到模糊论域；二是模糊处理过程，对变换后的输入量进行模糊处理，根据隶属度函数将其转换为模糊量。

2. 知识库

知识库有数据库和规则库两部分，所有输入、输出变量的隶属度向量值存放在数据库中。规则库是指把专家知识或操作人员对被控对象长期操作积累的经验通过语言表达形式，设定成一定的规则。

3. 模糊推理

模糊推理是通过对模糊输入进行识别和认知，按照一定的准则推理计算出输出量，是模糊控制器的核心，得到一个模糊的输出量。

4. 解模糊化接口

通过模糊推理得到的量是个模糊量，无法对被控对象精确控制，需要一个解模糊化的过程，把模糊量转化成计算机能识别的数字量，然后输入到被控对象实现实时控制。

6.2 模糊控制器设计过程

可变磁路式永磁悬浮系统模糊控制器的作用是根据系统误差和误差变化率调节永磁体的转角，使悬浮力和悬浮物重力在不同位置都能相等，设计步骤如下所述。

1. 确定输入输出变量

选取位移传感器采集到的实际悬浮气隙与目标设定气隙值的误差 e 和误差变化率 e_c 作为模糊控制器的输入变量，输出变量 u 作为电机驱动器的输入，确定各个量的取值范围及所要达到的控制精度，建立模糊论域 E、EC、U。

根据输入输出基本论域和输入输出模糊论域确定量化因子式（6.1）和比例因子式（6.2）。确定模糊集，如可将 E、EC、U 划分为{正大（PB），正中（PM），正小（PS），零（ZO），负小（NS），负中（NM），负大（NB）}。挡级越多，规则越灵活、越细致，但复杂性和计算难度增大；挡级少，规则制定和实现方便，但挡级过少，控制作用变差达不到预想效果。

$$k_e = \frac{E_{\max} - E_{\min}}{e_{\max} - e_{\min}}, \qquad k_{ec} = \frac{\mathrm{EC}_{\max} - \mathrm{EC}_{\min}}{e_{c\max} - e_{c\min}} \tag{6.1}$$

$$k_u = \frac{u_{\max} - u_{\min}}{U_{\max} - U_{\min}} \tag{6.2}$$

2. 确定模糊变量的隶属度函数

隶属度函数是对输入量进行模糊化处理的过程，用来计算元素属于模糊集合的程度：

$$\mu_A(x) = \begin{cases} 1, & x \in A \\ [0,1], & x\text{属于}A\text{的程度} \\ 0, & x \notin A \end{cases} \tag{6.3}$$

式中，$\mu_A(x)$ 表示元素 x 属于模糊集合 A 的程度，取值范围[0, 1]，称 $\mu_A(x)$ 为 x 属于模糊集合 A 的隶属度。

模糊集合表示为

$$A = \mu_1 / x_1 + \mu_2 / x_2 + \cdots + \mu_i / x_i \tag{6.4}$$

当模糊集合 A 由连续函数构成时，元素的隶属度就变成了隶属度函数，此时模糊集合 A 可表示为

$$A = \int \mu_A(x) / x \tag{6.5}$$

MATLAB 工具箱共有 11 种隶属度函数，隶属度函数的选择会影响模糊子集

的分辨率，隶属度函数曲线的变化趋势会影响模糊子集的分辨率，同时也会影响控制的灵敏度，变化趋势越陡，分辨率越高，控制灵敏度越高；反之，灵敏度低，控制平稳。最常用的隶属度函数包括正态分布、矩形分布、梯形分布、三角形分布，本章中使用三角形隶属度函数表示为

$$f(x,a,b,c)=\begin{cases}0, & x<a \\ \dfrac{x-a}{b-a}, & a\leqslant x\leqslant b \\ \dfrac{c-x}{c-b}, & b<x\leqslant c \\ 0, & x>c\end{cases} \tag{6.6}$$

式中，参数 a 和 c 分别是三角形的左端点和右端点；参数 b 是三角形的顶点。

3. 模糊控制规则及模糊推理

在磁悬浮系统控制中控制目标是悬浮物，控制的目的是悬浮物能稳定在设定点，因此把气隙误差 e 和误差变化率 e_c 作为模糊控制的输入。

4. 解模糊化

经过模糊推理得到的控制量是模糊量，需要经过去模糊化处理成执行器能识别的精确量，这个过程称为解模糊化，常用方法有 3 种。

1）最大隶属度

选取模糊推理结果中隶属度最大的元素作为输出值，即

$$v_0=\max\mu_v(v),\quad v\in V \tag{6.7}$$

若最大隶属度的输出值不止一个，则取所有具有最大隶属度输出的平均值，即

$$v_0=\frac{1}{N}\sum_{i=1}^{N}v_i,\quad v_i=\max_{v\in V}(\mu_v(v)) \tag{6.8}$$

式中，N 为最大隶属度值的个数。

这种方法与输出隶属度函数的形状无关，只考虑最大隶属度的输出值，会丢失信息。

2）重心法

重心法是取横坐标与隶属度函数曲线围成面积的重心，作为模糊推理的最终输出值，即

$$v_0=\frac{\int_V v\mu_v(v)\mathrm{d}v}{\int_V \mu_v(v)\mathrm{d}v} \tag{6.9}$$

3）加权平均法

加权平均法是工业控制中常采用的反模糊算法，输出值 v_0 如式（6.10）所示：

$$v_0 = \frac{\sum_{i=1}^{N} v_i k_i}{\sum_{i=1}^{m} k_i} \tag{6.10}$$

6.3　模糊 PID 控制器设计

模糊控制有许多优点，如能够直接根据操作者的经验进行归纳，适应能力强，但模糊控制输入量本身就是模糊量，输出也是大约量，是根据经验对系统的定性描述而不是定量描述，不能消除静态误差，无法实现精确控制。PID 控制仍是工业控制中的主要控制方法，综合了比例、积分、微分三种调节优点，根据调节规律特性能取长补短，但缺点是自适应能力差。模糊 PID 控制器依据系统误差大小及变化趋势经过模糊决策，自动在线整定 PID 参数，综合两种控制器的优点，弥补彼此的不足，许多学者把模糊 PID 控制器应用于磁悬浮系统中。

根据模糊控制原理，本章设计了永磁悬浮模糊 PID 控制系统。如图 6.3 所示，气隙环采用模糊 PID 控制器，角度环采用 PID 控制器 G_{C2}。虚线框内为模糊 PID 控制器，能根据气隙误差 e 和气隙误差变化率 e_c，实时调整模糊控制器的输出 Δk_{p1}、Δk_{i1}、Δk_{d1}，对 PID 的控制参数进行补偿。u_1 为气隙环模糊 PID 控制器的输出，u_2 为角度 PID 控制器的输出，u 为被控对象的输入。

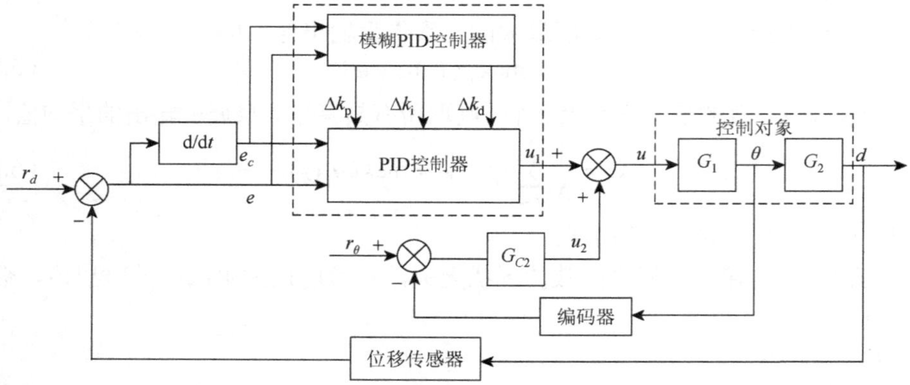

图 6.3　永磁悬浮模糊 PID 控制系统原理框图

1. 确定输入输出变量

将气隙误差 e 和气隙误差变化率 e_c 作为输入，将 PID 的三个控制量 K_{p1}、K_{i1}、K_{d1} 的补偿量 Δk_{p1}、Δk_{i1}、Δk_{d1} 作为输出。表 6.1 为系统的输入输出语言变量、基本论域、模糊论域、量化/比例因子、模糊子集关系。

表 6.1　系统输入输出变量的模糊参数表

变量	语言变量	基本论域	模糊论域	量化/比例因子	模糊子集
e	E	[−0.0015 0.0015]	[−6 6]	4000	[NB NM NS ZO PS PM PB]
e_c	EC	[−0.1 0.1]	[−6 6]	60	
Δk_{p1}	ΔK_{p1}	[−200000 200000]	[−10 10]	20000	
Δk_{i1}	ΔK_{i1}	[−200000 200000]	[−10 10]	20000	
Δk_{d1}	ΔK_{d1}	[−600 600]	[−10 10]	60	

2. 模糊化

对气隙误差 e、气隙误差变化率 e_c 和控制器的输出 Δk_{p1}、Δk_{i1}、Δk_{d1} 进行模糊化，将这些精确量做尺度变化，使其转换为模糊语言变量 E、EC、ΔK_{p1}、ΔK_{i1}、ΔK_{d1}，这些变量均采用三角形隶属度函数进行模糊处理（图 6.4～图 6.8）。

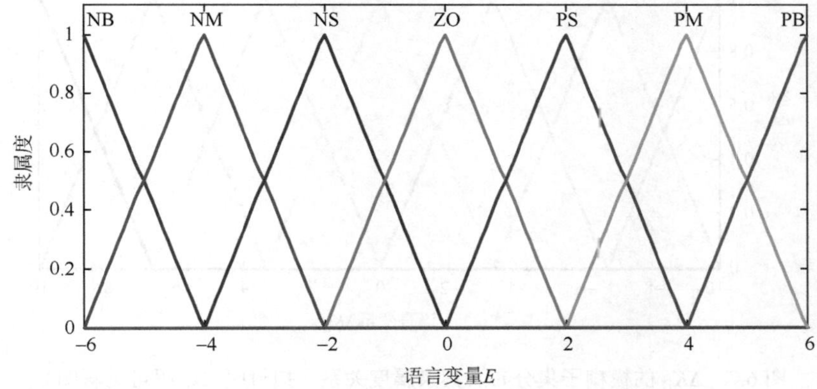

图 6.4　E 的模糊子集分布及其隶属度关系（扫封底二维码可见彩图）

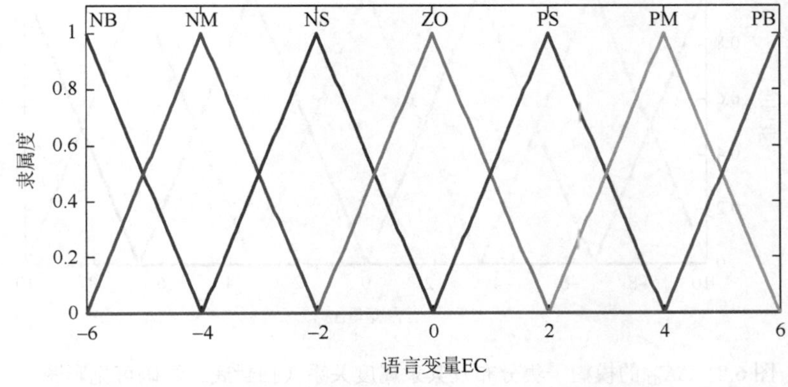

图 6.5　EC 的模糊子集分布及其隶属度关系（扫封底二维码可见彩图）

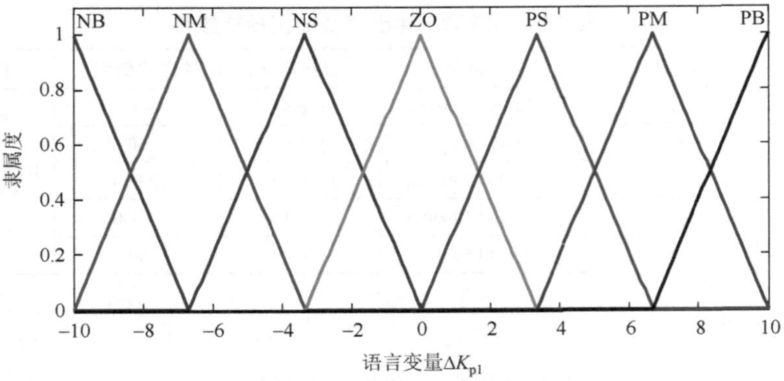

图 6.6　ΔK_{p1} 的模糊子集分布及其隶属度关系（扫封底二维码可见彩图）

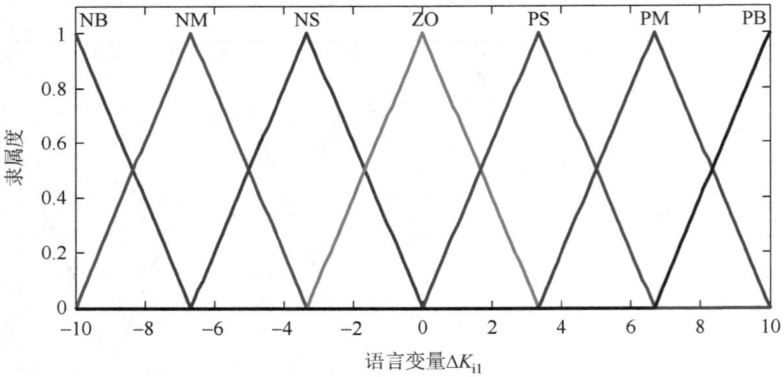

图 6.7　ΔK_{i1} 的模糊子集分布及其隶属度关系（扫封底二维码可见彩图）

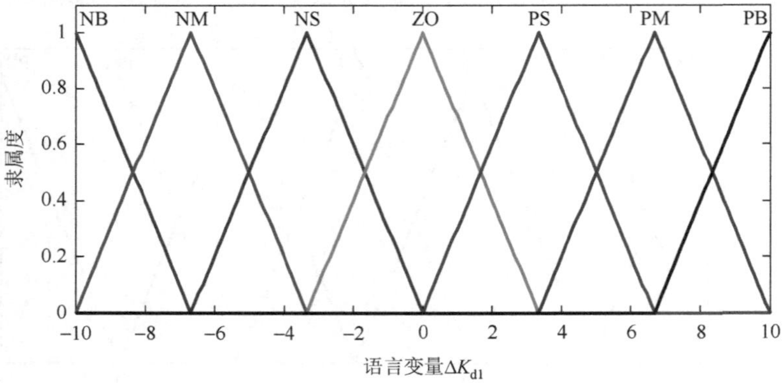

图 6.8　ΔK_{d1} 的模糊子集分布及其隶属度关系（扫封底二维码可见彩图）

3. 建立模糊规则

控制的对象是悬浮物，控制的目标是悬浮气隙，因此需要根据气隙误差 e 和误差变化率 e_c 建立如下模糊规则。

（1）当悬浮物偏离平衡位置较远时，即悬浮气隙的误差的绝对值$|e|$较大时，应增大比例系数 K_p，以加快系统的响应速度；同时，应取较小的微分系数 K_d，以避免由于开始时$|e|$的瞬时变大可能出现的微分过大而提前制动。为防止出现较大超调，产生积分饱和，应对积分加以限制；为避免系统在响应初期产生积分饱和而出现过大的超调量，应对积分系数 K_i 加以限制，取 K_i 为零。

（2）当悬浮气隙的误差的绝对值$|e|$为中等大小时，应该减小比例系数 K_p，以减小超调量，积分系数 K_i 大小要适当。为了加快系统响应速度，微分系数 K_d 应根据误差变化率绝对值$|e_c|$的大小设定，当$|e_c|$较小时，应取较小的 K_d；当$|e_c|$处于中等大小时，K_d 的取值要大小适中；当$|e_c|$较大时，应取较大的 K_d。

（3）当悬浮气隙的误差的绝对值$|e|$较小，即接近平衡位置时，为使系统有良好的稳态性能，应该增大比例系数 K_p 和积分系数 K_i。考虑到系统抗干扰性能及要避免系统在设定值附近出现振荡，此时，微分系数 K_d 要根据$|e_c|$来确定，$|e_c|$越大微分系数取值越小，$|e_c|$越小微分系数取值越大。

一般系统响应过程如图 6.9 所示，B 和 D 表示平衡位置，A、C、E 表示远离平衡位置。结合磁悬浮系统进一步分析不同误差 e 和误差变化率 e_c 时，控制参数 K_p、K_i、K_d 的设定要求。AC 段为悬浮物上升运动阶段，包括 AB 段和 BC 段，AB 段（$e \cdot e_c < 0$），悬浮力大于悬浮物重力，悬浮物向上运动，系统有向稳态变化的趋势，系统响应初始阶段应取较大的比例系数 K_p 以加快系统响应速度，同时减小微分和积分的作用，当接近平衡点时，再加大积分作用；BC 段（$e \cdot e_c > 0$），系统出现了超调，此时悬浮物开始偏离平衡位置，积分作用需要减小，微分作用需要适当增大，比例作用应随气隙增大而增大。CE 段为悬浮物下降阶段，包括

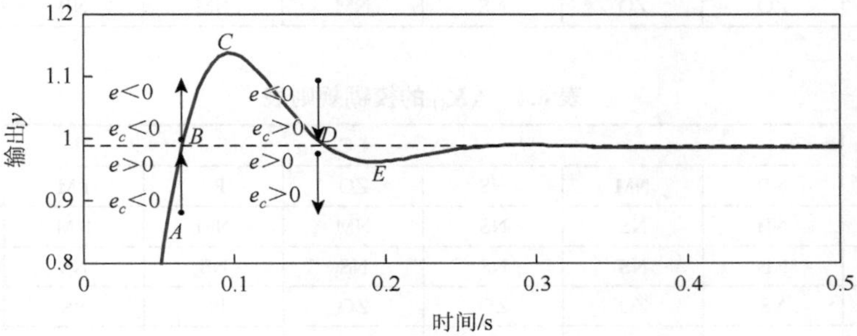

图 6.9　系统响应过程

CD 段和 *DE* 段，*CD* 段（$e \cdot e_c < 0$），系统有向稳态变化的趋势，随误差减小，减小比例作用和微分作用，增强积分作用；*DE* 段（$e \cdot e_c > 0$），悬浮物再次偏离平衡位置，应加强比例和微分作用，减小积分作用。

4. 建立模糊规则表

根据以上模糊规则分析，建立 ΔK_{p1}、ΔK_{i1}、ΔK_{d1} 模糊规则表，如表 6.2～表 6.4 所示。

表 6.2 ΔK_{p1} 的模糊规则表

E	EC						
	NB	NM	NS	ZO	PS	PM	PB
NB	NB	NB	NM	NM	NS	ZO	ZO
NM	NB	NB	NM	NS	NS	ZO	PS
NS	NM	NM	NM	NS	ZO	PS	PS
ZO	NM	NM	NS	ZO	PS	PM	PM
PS	NS	NS	ZO	PS	PM	PM	PM
PM	NS	ZO	PS	PM	PM	PB	PB
PB	ZO	ZO	PM	PM	PM	PB	PB

表 6.3 ΔK_{i1} 的模糊规则表

E	EC						
	NB	NM	NS	ZO	PS	PM	PB
NB	PB	PB	PM	PM	PS	ZO	ZO
NM	PB	PB	PM	PS	PS	ZO	ZO
NS	PB	PM	PS	PS	ZO	NS	NS
ZO	PM	PM	PS	ZO	NS	NM	NM
PS	PS	PS	ZO	NS	NS	NM	NB
PM	ZO	ZO	NS	NS	NM	NB	NB
PB	ZO	ZO	NS	NM	NM	NB	NB

表 6.4 ΔK_{d1} 的模糊规则表

E	EC						
	NB	NM	NS	ZO	PS	PM	PB
NB	NB	NS	NS	NM	NM	NM	NB
NM	NB	NS	NS	NS	NS	NS	NB
NS	NS	ZO	ZO	ZO	PS	PS	ZO
ZO	ZO	PS	PS	PS	PM	PM	ZO
PS	ZO	PS	PS	PM	PM	PS	PS

续表

E	EC						
	NB	NM	NS	ZO	PS	PM	PB
PM	ZO	PS	PM	PM	PB	PS	NS
PB	NS	PM	PB	PB	PB	PS	NS

5. 解模糊化

永磁悬浮系统的模糊输出量经加权平均值法转换成精确的输出量，再将精确量经过尺度变换（比例因子）变成实际输出量 ΔK_{p1}、ΔK_{i1}、ΔK_{d1} 输出。

6.4 模糊 PID 控制仿真分析与实验验证

6.4.1 模糊 PID 控制仿真分析

本节在 MATLAB/Simulink 环境中使用 MATLAB 模糊控制工具箱搭建磁悬浮模糊 PID 控制系统，并对系统进行位移阶跃仿真分析和抵抗外扰力仿真分析。

位移阶跃仿真分析结果如图 6.10 所示，分别对悬浮气隙 d、永磁体转角 θ、输入电流 i 进行仿真分析。调节时间为 0.8s，超调量为 175%。

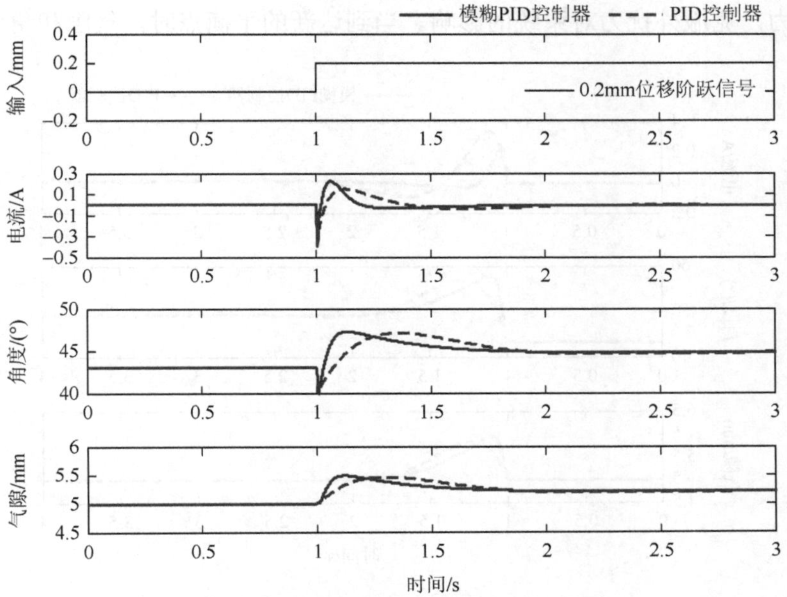

图 6.10 位移阶跃仿真分析结果

在系统稳定后，1s 时，加入 0.2mm 的位移阶跃信号，方向与悬浮气隙变大的方向一致。当加入位移阶跃时，悬浮气隙先变大且出现了超调，经过 0.8s 的调节，系统达到稳定，悬浮气隙稳定在 5.2mm。与 PID 控制器相比，模糊 PID 控制器响应速度较快，响应曲线较为平滑。

在位移阶跃响应过程中，响应初始时，永磁体转角迅速减小以减小悬浮力，使悬浮气隙增大。响应阶跃过程，当靠近新的平衡位置时，为使系统稳定在目标位置，永磁体转角开始增大以增大悬浮力，阻止悬浮物继续下落，在积分作用下经过微调到达稳定点，最终角度大于初始角度。

输入电机的电流与永磁体转角变化一致，响应初始时，为使永磁体转角减小，电机的输入电流为负值，使永磁体逆时针旋转。当悬浮气隙变大靠近新的平衡位置时，为了使系统保持稳定，须增大永磁体转角，此时电机的输入电流为正值，使永磁体顺时针旋转，经过调节系统达到稳定，输入电机的电流值变化量为零。

在位移阶跃仿真中，通过对比模糊 PID 控制器和 PID 控制器的控制效果可知，前者响应速度更快，调节时间更短。

图 6.11 为模糊 PID 控制器与 PID 控制器的抗外扰力仿真对比分析。调节时间为 0.7s，气隙最大变化量为 0.9mm。

在系统稳定后，1s 时，给系统输入 0.6N 的外扰力阶跃信号，方向与气隙变大的方向相同。在刚加入外扰力时，系统产生向下的合外力，悬浮物下落悬浮气隙开始变大。为使系统稳定，悬浮气隙变大的同时永磁体转角也迅速变大，以增大悬浮力，克服外扰力对系统的影响。当到达新的平衡点时，气隙和角度不再增

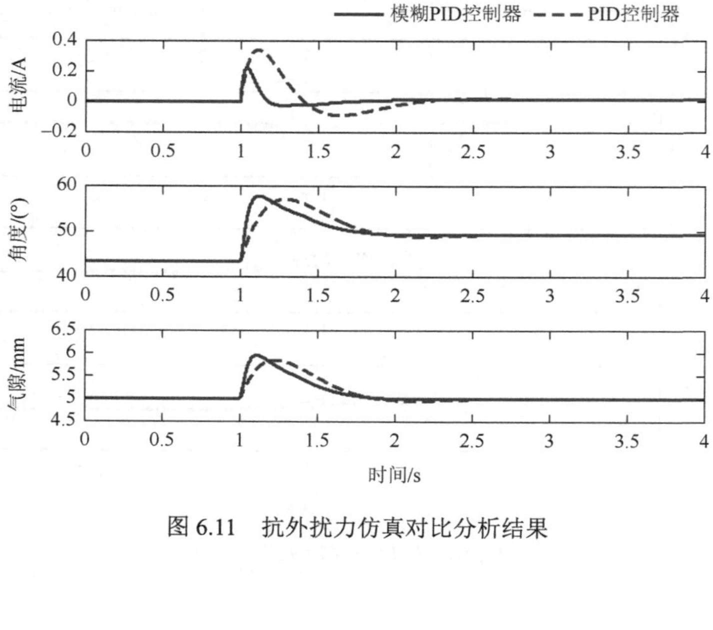

图 6.11　抗外扰力仿真对比分析结果

大，在气隙环积分作用下，气隙开始减小直到回到初始状态，为保持悬浮力不变使系统稳定，角度也慢慢变小，最终在外扰力作用下，永磁体转角大于初始状态。

通过对模糊 PID 控制器与 PID 控制器的控制效果仿真对比可知，模糊 PID 控制器在受到外扰力时，超调量上略大些，但系统的响应速度快，上升时间短。在调节时间上模糊 PID 控制比 PID 控制快 0.3s。

6.4.2　模糊 PID 控制实验验证

为验证该模糊 PID 控制器的控制效果，采用与仿真同样的控制参数对悬浮系统进行位移阶跃实验和抗外扰力实验。

模糊 PID 控制器和 PID 控制器位移阶跃实验对比结果如图 6.12 所示。调节时间为 0.7s，超调量为 500%。

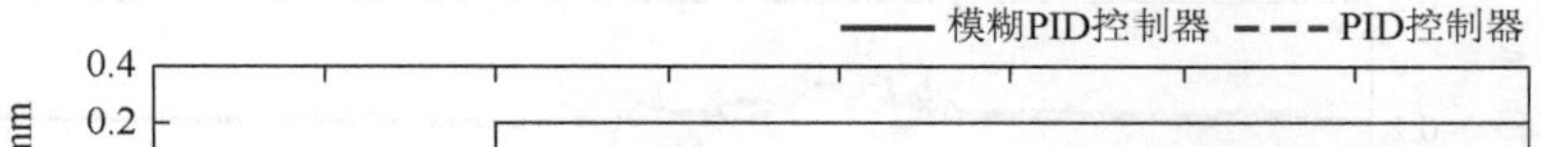

图 6.12　模糊 PID 控制器和 PID 控制器位移阶跃实验对比结果

当悬浮物稳定悬浮后，5s 时，在气隙参考输入端加入 0.2mm 的位移阶跃信号，方向与悬浮气隙变大的方向一致。在刚加入阶跃时，永磁体转角减小，悬浮力减小，使悬浮物下落，悬浮气隙开始变大。在响应过程中悬浮气隙逐渐增大，产生 1mm 超调量，为使超调减小永磁体转角迅速变大，当到达新的平衡点时，悬浮气隙和永磁体转角不再增大。在气隙环积分作用下悬浮气隙开始减小，为使系统稳定，随着悬浮气隙减小永磁体转角减小，直到气隙稳态误差消失，系统达到新的稳定，悬浮气隙稳定在 5.5mm，永磁体转角大于初始角度。在位移阶跃响应过程中，系统响应速度较快，响应曲线较为平滑，未出现振荡。

输入电机的电流在位移阶跃响应过程中，随角度的变化而波动，当达到新的稳定后，电流的变化也趋于稳定，由于要克服永磁体产生的转矩作用，因此稳定后的电流始终为负值。

在位移阶跃实验中，通过对比模糊 PID 控制器和 PID 控制器的控制效果可知，模糊 PID 控制比 PID 控制时超调量略大，但前者响应速度更快，响应过程更平滑，调节时间比后者短 0.3s。

在抗外扰力实验过程中，分别对悬浮气隙 d、永磁体转角 θ、输入电流 i 进行跟踪实验，模糊 PID 控制器和 PID 控制器抗外扰力实验对比结果如图 6.13 所示。

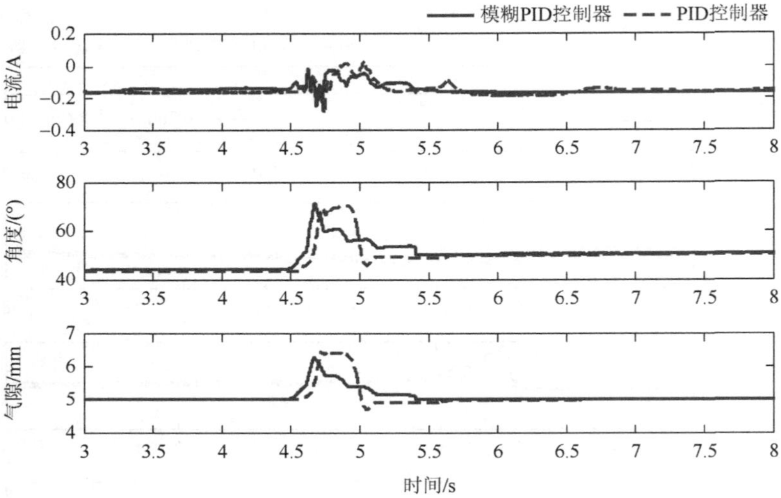

图 6.13　模糊 PID 控制器和 PID 控制器抗外扰力实验对比结果

当悬浮物稳定悬浮后，4.5s 时，给系统加入 0.6N 的外扰力，方向与气隙变大的方向相同。当外扰力刚施加到悬浮物上时，系统产生向下的合外力，悬浮气隙开始变大，为使系统稳定，永磁体转角迅速变大，增大悬浮力以克服外扰力对系统的影响。当到达新的平衡点时气隙和角度不再增大，在气隙环积分作用下，悬浮气隙开始减小直到回到初始状态，为保持悬浮力不变、维持系统稳定，永磁体转角也慢慢减小，直到气隙稳态误差消失，系统达到新的稳定。最终，悬浮气隙稳定在 5.2mm，由于外扰力作用永磁体转角大于初始状态。在位移阶跃响应过程中，响应速度较快，响应曲线较为平滑，未出现振荡。

抗外扰力实验结果表明，闭环系统在受到外扰的情况下，可以使系统有良好的鲁棒性，气隙最大位移量为 1.1mm，调节时间为 0.85s。

通过对比模糊 PID 控制器的控制效果与 PID 控制器的控制效果可以看出，采用模糊 PID 控制器时，系统响应速度快，上升时间短。在调节时间上，模糊 PID 控制比 PID 控制快 0.35s。

第 7 章　可变磁路式永磁悬浮系统的自适应控制

自适应控制系统通过检测被控系统在运行时的输入、输出状态来计算性能指标，与期望达到的性能指标进行比较，按一种特定的设计方法做出控制决策以调节控制器参数、结构或根据自适应律来改变控制作用，确保系统的控制性能达到最优或次优。自适应控制鲁棒性强，具有自学习能力，可适应系统内部参数变化和外部环境变化。

由于自适应控制良好的控制效果，其被应用于许多复杂的控制系统，也促使了自适应控制理论与技术的发展。相关专家学者提出多种自适应控制率，且还在不断地创造，其中比较成熟的自适应控制系统为模型参考自适应控制和自校正自适应控制。具有性能检测和根据性能指标偏离预定值的偏差实施反馈也属于自适应控制范畴，如自整定 PID 控制、增益调度、非线性自适应控制。

7.1　永磁悬浮系统辨识

永磁悬浮系统的数学模型是用数学对实际过程的描述，是进行设计和研究的基础，在控制过程中，只有建立一个能反映本质特征、形式简洁的数学模型，才可以获得良好的控制效果。永磁悬浮系统辨识是根据实际获得模型结构和参数的一种常用方法。

7.1.1　悬浮力参数辨识

选择 ARX 模型作为参数模型，该模型基于系统实际响应来表述其动态特性，能较好地描述非线性系统的动态特征，其基本结构为

$$A(z^{-1})z(k) = z^{-1}B(z^{-1})u(k-d) + \xi(k) \tag{7.1}$$

式中

$$A(z^{-1}) = 1 + a_1 z^{-1} + a_2 z^{-2} + \cdots + a_{n_a} z^{-n_a} \tag{7.2}$$

$$B(z^{-1}) = b_0 + b_1 z^{-1} + b_2 z^{-2} + \cdots + b_{n_b} z^{-n_b} \tag{7.3}$$

$u(k)$为系统输入，即伺服电机的控制电流；$z(k)$为系统输出量，即悬浮物位移和永磁体转角；$\xi(k)$ 为白噪声；z^{-1} 为后移算子；d 为纯延时。

可得输入输出模型：

$$z(k)=-a_1z(k-1)-a_2z(k-2)-\cdots-a_{n_a}z(k-n_a)$$
$$+b_0u(k-d)+b_1u(k-d-1)+\cdots+b_{n_b}u(k-d-n_b)+\xi(k) \tag{7.4}$$

转换成最小二乘法格式：

$$z(k)=h^{\mathrm{T}}(k)\theta+\xi(k) \tag{7.5}$$

式中，$h^{\mathrm{T}}(k)=[-z(k-1)-z(k-2)-\cdots-z(k-n_a)u(k-d)\,u(k-d-1)\cdots u(k-d-n_b)]$ 为观测向量；$\theta^{\mathrm{T}}=[a_1\ a_2\cdots a_{n_a}\ b_0\ b_1\cdots b_{n_b}]$ 为待估计参数向量。

当采集 N 次观测数据组且 $N\gg n_a+n_b+1$ 时，得到矩阵方程：

$$Z_L=H_L\theta+V_L \tag{7.6}$$

式中

$$Z_L=\begin{bmatrix} z(1)\\ z(2)\\ \vdots\\ z(N)\end{bmatrix},\quad H_L=\begin{bmatrix} h^{\mathrm{T}}(1)\\ h^{\mathrm{T}}(2)\\ \vdots\\ h^{\mathrm{T}}(N)\end{bmatrix},\quad V_L=\begin{bmatrix} \xi(1)\\ \xi(2)\\ \vdots\\ \xi(N)\end{bmatrix}$$

由批处理法可得系统参数的最小二乘法估计值 $\hat{\theta}$ 为

$$\hat{\theta}=(H_L^{\mathrm{T}}H_L)^{-1}H_L^{\mathrm{T}}Z_L \tag{7.7}$$

由式（7.1）悬浮力函数推导可得

$$d=\frac{\sqrt{k_m}}{\sqrt{F}}\sin\theta-\Delta d_f \tag{7.8}$$

另外

$$Z_L=[d_1\ d_2\cdots d_N]^{\mathrm{T}} \tag{7.9}$$

$$H_L=\left[\frac{\sin\theta_1}{\sqrt{F}}-1\ \frac{\sin\theta_2}{\sqrt{F}}-1\cdots\frac{\sin\theta_N}{\sqrt{F}}-1\right] \tag{7.10}$$

$$\theta^{\mathrm{T}}=\left[\sqrt{k_m}\ \Delta d_f\right] \tag{7.11}$$

采集实验数据如表 7.1 所示，包括永磁体转角 θ 和悬浮气隙 d，通过 MATLAB 语言编程得到系统参数 $k_m=1.78\times10^{-4}\,\mathrm{N\cdot m^2}$，$\Delta d_f=0.909\mathrm{mm}$。根据辨识的参数可以较精确地计算出任意气隙位置的悬浮力，为自适应控制做基础。

表 7.1　实验数据

序号	角度/(°)	气隙/mm	序号	角度/(°)	气隙/mm
1	49.46	5.346	5	37.2	4.160
2	44.58	4.868	6	52.54	5.698
3	41.54	4.555	7	49.9	5.332
4	37.96	4.190	8	56.28	6.055

续表

序号	角度/(°)	气隙/mm	序号	角度/(°)	气隙/mm
9	52.8	5.730	15	36.8	3.964
10	49.9	5.332	16	30.7	3.389
11	31.44	3.395	17	35.96	3.919
12	44.8	4.843	18	30.98	3.365
13	43.12	4.631	19	51.42	5.534
14	40.26	4.324			

7.1.2 悬浮系统结构辨识

输入输出数据是系统辨识的三要素之一，直接关系到辨识的精确程度。数据必须是清晰可牵引的，能反映出系统的特性。磁悬浮系统无法进行开环辨识，需在控制器作用下对输入输出数据进行采集。当系统达到稳定状态时，在悬浮气隙参考输入端加入–0.1mm 的阶跃扰动，通过控制器调节，系统达到新的稳定。通过多次实验数据采样，并对数据进行平稳化处理，得到系统阶跃实验响应结果，如图 7.1 所示，系统从悬浮稳定到阶跃响应完成，再达到新的稳定，采集了 2000 个数据。将输入电机的电流作为系统辨识的输入 $U(k)$，悬浮物的位移和永磁体转角作为系统辨识的输出 $Y(k)$。

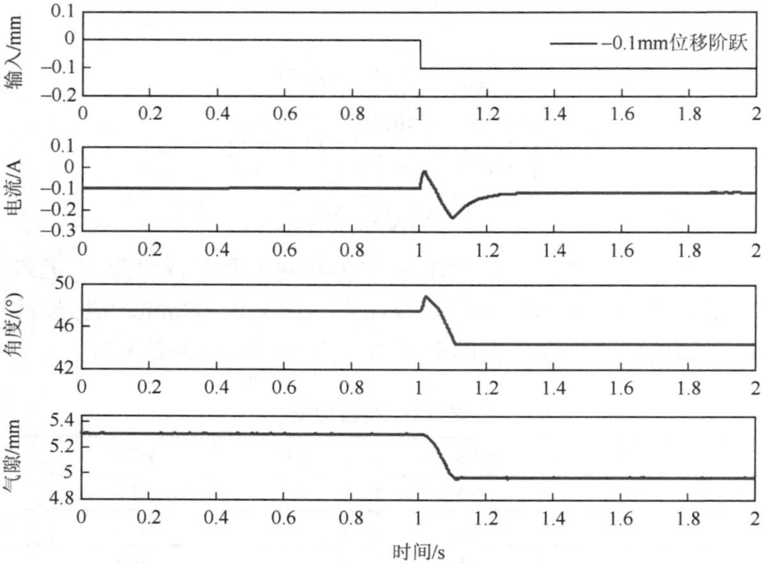

图 7.1 系统阶跃实验响应结果

由单输入单输出系统最小二乘法辨识方法推广到多输入多输出系统辨识可得

$$A(z^{-1})Y(k) = B(z^{-1})U(k) \tag{7.12}$$

式中

$$A(z^{-1}) = I + \sum_{i=1}^{n_a} A_i z^{-i}, \quad B(z^{-1}) = \sum_{i=1}^{n_b} B_i z^{-1} \tag{7.13}$$

其中，I 为 $n_y \times n_y$ 的单位阵，n_y 为输出向量的个数；A_i、B_i 分别为 $n_y \times n_y$、$n_y \times n_u$ 的矩阵，n_u 为输入向量的个数。

根据系统阶次辨识，当选定模型阶次为 $n_a = 2$、$n_b = 2$、$d = 0$ 时，辨识效果较好，该永磁悬浮系统为单输入双输出系统，系统参数如式（7.14）所示：

$$\begin{bmatrix} y_1(k) \\ y_2(k) \end{bmatrix} = A_1 \begin{bmatrix} -y_1(k-1) \\ -y_2(k-1) \end{bmatrix} + A_2 \begin{bmatrix} -y_1(k-2) \\ -y_2(k-2) \end{bmatrix} + B_1(u(k-1)) + B_2(u(k-2)) \tag{7.14}$$

式中，$y_1(k)$为永磁体转角；$y_2(k)$为悬浮物位移；$u(k)$为输入电机的电流。

利用 MATLAB 最小二乘法编程得到模型结构参数为

$$A_1 = \begin{bmatrix} -1.9439 & 2.7368 \\ -0.0004 & -1.8109 \end{bmatrix}, \quad A_2 = \begin{bmatrix} 0.9446 & -2.8495 \\ 0.0004 & 0.8068 \end{bmatrix}, \quad B_1 = \begin{bmatrix} 0.0221 \\ 0 \end{bmatrix},$$

$$B_2 = \begin{bmatrix} -0.0219 \\ 0.01 \end{bmatrix}$$

通过变换可得到状态空间方程。

7.2　模型参考自适应控制

7.2.1　模型参考自适应控制原理

模型参考自适应控制作为应用最为广泛的自适应控制方法，其典型结构如图 7.2 所示。该控制方法的核心在于依据被控对象的结构特征与控制目标要求，

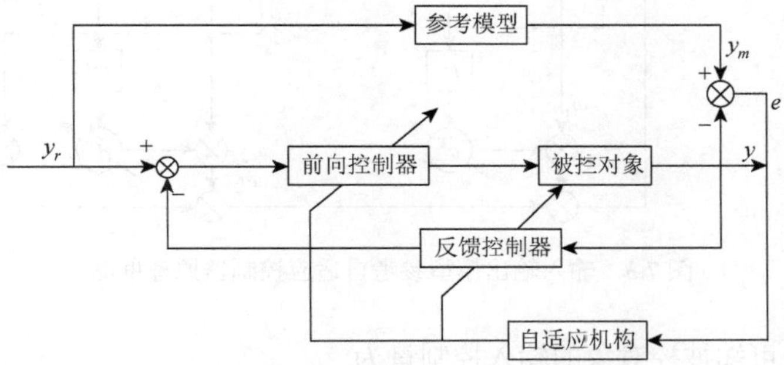

图 7.2　模型参考自适应控制系统框图

精心设计参考模型，通过构建这一理想化的模型框架，旨在引导被控对象的输出能够精准契合预设的期望值，从而实现对系统动态性能的有效调控与优化。因此需要利用被控对象输出与参考模型输出的差值来调整控制参数，使差值最终趋于零，即使被控对象接近参考模型。

7.2.2　模型参考自适应控制器设计

由系统辨识可知，当阶次选为 2 阶时，系统辨识程度较好，因此可将角度环传递环函数 $G_1(s)$简化成增益 K，以电机的输入电流 I_c为输入、悬浮物的位置经传感器检测后得到的电压 U_0为输出，建立永磁悬浮系统的输入输出函数为

$$W_p(s)=\frac{k_pN_p(s)}{M_p(s)}=\frac{20.5K}{s^2+100s-2755} \tag{7.15}$$

式中，$k_p = 20.5K$；$N_p(\mathrm{s}) = 1$。

因此可以建立相对阶为 2 的输入输出模型参考自适应控制器，输入输出模型参考自适应控制器原理框图如图 7.3 所示。y_r、y、y_m分别为参考输入、被控对象输出、参考模型输出，u 为被控对象的控制量，e_y为自适应控制误差（广义输出误差），k_0、c^{T}、d_0和 d^{T}为可调参数，F_1和 F_2为辅助信号发生器。

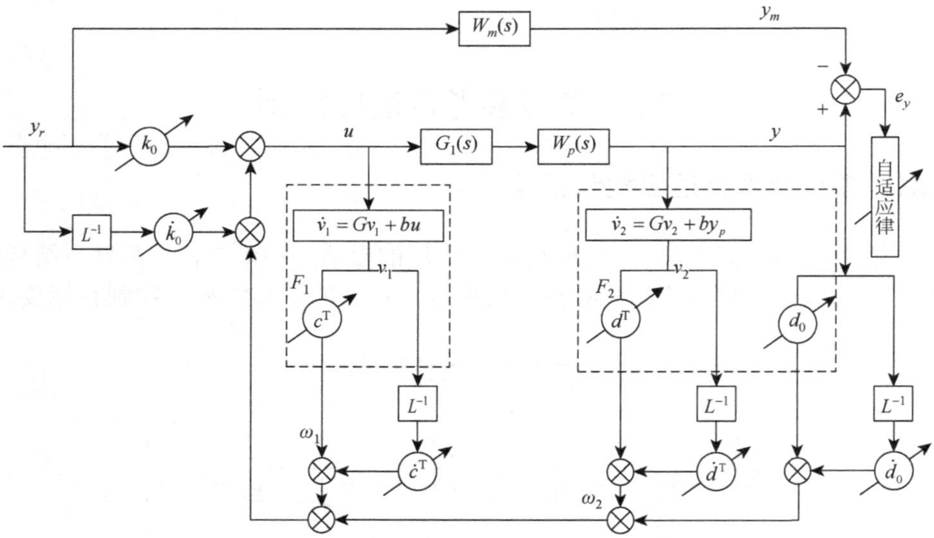

图 7.3　输入输出模型参考自适应控制器原理框图

由图 7.3 可知被控对象的输入控制量为

$$u=[\theta^{\mathrm{T}}(t)+\dot{\theta}^{\mathrm{T}}(t)L^{-1}(s)]^{\mathrm{T}}\phi^{\mathrm{T}}(t) \tag{7.16}$$

式中，$\phi^{\mathrm{T}}=[y_r \quad v_1^{\mathrm{T}} \quad y \quad v_2^{\mathrm{T}}]$为信号向量；$\theta^{\mathrm{T}}=[k_0 \quad c^{\mathrm{T}} \quad d_{\mathrm{c}} \quad d^{\mathrm{T}}]$为可调参数。

可调参数调节规律：

$$\dot{\theta}=-e_y R\xi \tag{7.17}$$

式中，R 为整定对角矩阵；$\xi=L^{-1}(s)\phi$。

式（7.16）可转化为

$$u=\theta^{\mathrm{T}}(t)\phi(t)+\dot{\theta}^{\mathrm{T}}(t)\xi(t)=\theta^{\mathrm{T}}(t)\phi(t)-e_z\xi^{\mathrm{T}}R\xi \tag{7.18}$$

辅助信号发生器 F_1 状态空间和传递函数分别为

$$\begin{cases}\dot{v}_1=Gv_1+bu\\ \omega_1=c^{\mathrm{T}}v_1\end{cases} \tag{7.19}$$

$$W_1(s)=\frac{C(s)}{F(s)} \tag{7.20}$$

式中，$c=[c_1 \quad c_2 \quad \cdots \quad c_{n-1}]^{\mathrm{T}}$为可调参数向量；$F(s)$为 n–1 阶首一多项式；$C(s)$为不高于 n–2 阶首一稳定多项式。

辅助信号发生器 F_2 状态空间和传递函数分别为

$$\begin{cases}\dot{v}_2=Gv_2+by_p\\ \omega_2=d^{\mathrm{T}}v_2+d_0\end{cases} \tag{7.21}$$

$$W_2(s)=\frac{D(s)}{F(s)}+d_0 \tag{7.22}$$

式中，$d=[d_1 \quad d_2 \quad \cdots \quad d_{n-1}]^{\mathrm{T}}$ 为可调参数向量；$D(s)$为不高于 n–2 阶首一稳定多项式。

选取参考模型为

$$W_m(s)=\frac{k_m N_m(s)}{M_m(s)}=\frac{40}{s^2+13s+40} \tag{7.23}$$

式中，$k_m=40$；$N_m(s)=1$；$M_m(s)=s^2+13s+40$。

此模型 $\xi=1.028$，$\omega_n=6.32$，系统无振荡，调节时间短。由式（7.15）可知被控对象的相对阶为 2，为保证 $W_m(s)$严格正实，引入稳态多项式 $L(s)$使 $L(s)W_m(s)$严格正实，$L(s)$为

$$L(s)=s+5 \tag{7.24}$$

可得两个辅助信号发生器的特征多项式为

$$F(s)=L(s)N_m(s)=s+5 \tag{7.25}$$

将式（7.25）代入辅助信号发生器的传递函数式（7.19）～式（7.22）可得

$$\dot{v}_1=-5v_1+u \tag{7.26}$$

$$\dot{v}_2=-5v_2+y \tag{7.27}$$

$$W_1 = \frac{c_1}{s+5} \tag{7.28}$$

$$W_2 = \frac{d_1}{s+5} + d_0 \tag{7.29}$$

$$\begin{bmatrix} \xi_1 \\ \xi_2 \\ \xi_3 \\ \xi_4 \end{bmatrix} = \frac{1}{s+5}[y_r(t) \;\; v_1^{\mathrm{T}}(t) \;\; y_{\mathrm{p}}(t) \;\; v_2^{\mathrm{T}}(t)]^{\mathrm{T}} \tag{7.30}$$

选取对角正定矩阵 R 为

$$R = \begin{bmatrix} r_1 & 0 & 0 & 0 \\ 0 & r_2 & 0 & 0 \\ 0 & 0 & r_3 & 0 \\ 0 & 0 & 0 & r_4 \end{bmatrix} \tag{7.31}$$

式中，r_i 为实数，是一个可调节的量。

$$\begin{bmatrix} \dot{k}_0 \\ \dot{c}_1 \\ \dot{d}_0 \\ \dot{d}_1 \end{bmatrix} = \begin{bmatrix} r_1 & 0 & 0 & 0 \\ 0 & r_2 & 0 & 0 \\ 0 & 0 & r_3 & 0 \\ 0 & 0 & 0 & r_4 \end{bmatrix} \begin{bmatrix} \xi_1 \\ \xi_2 \\ \xi_3 \\ \xi_4 \end{bmatrix} e_y \tag{7.32}$$

式中，$e_y = y - y_m$ 为参考模型与被控对象的差值；k_0、c_1、d_0、d_1 分别为可调参数向量。

$$\begin{aligned} u &= \theta^{\mathrm{T}}\phi - e_y \xi^{\mathrm{T}} R \xi \\ &= k_0 y_r + c_1 v_1 + d_0 y + d_1 v_2 - (r_1 \xi_1{}^2 + r_2 \xi_2{}^2 + r_3 \xi_3{}^2 + r_4 \xi_4{}^2) e_y \end{aligned} \tag{7.33}$$

取 $r_1 = r_2 = r_3 = r_4 = 10$，可得

$$\begin{aligned} u &= k_0 y_r + c_1 v_1 + d_0 y + d_1 v_2 - \frac{10}{(s+5)^2}(y_r^2 + (v_1^{\mathrm{T}})^2 + y_p^2 + (v_2^{\mathrm{T}})^2) e_y \\ &= k_0 y_r + c_1 v_1 + d_0 y + d_1 v_2 - \frac{10}{(s+5)^2}(y_r^2 + v_1^2 + y_p^2 + v_2^2) e_y \end{aligned} \tag{7.34}$$

根据式（7.15）和式（7.23）可得

$$\dot{x}_p = \begin{bmatrix} \dot{x}_{p1} \\ \dot{x}_{p2} \end{bmatrix} = \begin{bmatrix} 0 & 1 \\ -a_{p0} & -a_{p1} \end{bmatrix} x_p + \begin{bmatrix} 0 \\ 20.5K \end{bmatrix} u = \begin{bmatrix} 0 & 1 \\ 2755 & -100 \end{bmatrix} \begin{bmatrix} x_{p1} \\ x_{p2} \end{bmatrix} + \begin{bmatrix} 0 \\ 20.5K \end{bmatrix} u \tag{7.35}$$

$$y = [1 \quad 0] \begin{bmatrix} x_{p1} \\ x_{p2} \end{bmatrix} = x_{p1} \tag{7.36}$$

$$\dot{x}_m = \begin{bmatrix} \dot{x}_{m1} \\ \dot{x}_{m2} \end{bmatrix} = \begin{bmatrix} 0 & 1 \\ -a_{m0} & -a_{m1} \end{bmatrix} x_m + \begin{bmatrix} 0 \\ 40 \end{bmatrix} y_r = \begin{bmatrix} 0 & 1 \\ -40 & -13 \end{bmatrix} \begin{bmatrix} x_{m1} \\ x_{m2} \end{bmatrix} + \begin{bmatrix} 0 \\ 40 \end{bmatrix} y_r \tag{7.37}$$

$$y_m = [1 \quad 0]\begin{bmatrix} x_{m1} \\ x_{m2} \end{bmatrix} = x_{m1} \tag{7.38}$$

计算可调参数初始值：

$$k_0 = \frac{k_m}{k_\mathrm{p}} = \frac{40}{20.5K} = 0.0976 \tag{7.39}$$

式中，取增益 K 的值为 20。

$$d_0 = \frac{-a_{\mathrm{p}0} - a_{m0} - a_{m1}a}{k_\mathrm{p}} = 6.4634 \tag{7.40}$$

$$c_1 = -a_{m1} = -13 \tag{7.41}$$

$$d_1 = \frac{-a_{\mathrm{p}0}(a - c_1) - d_0 k_\mathrm{p} a - a_{m0}a}{k_\mathrm{p}} = 54.549 \tag{7.42}$$

7.2.3　模型参考自适应控制仿真分析

根据被控对象、参考模型的传递函数及积分关系在 MATLAB/Simulink 环境中搭建仿真框图进行位移阶跃仿真分析（图 7.4）。当系统稳定后，在 1s 时，加入 0.2mm 的位移阶跃信号，悬浮气隙的超调量为 5%，调节时间为 0.3s，稳态误差为 0.05mm。系统的稳定性较好，但是存在振荡。

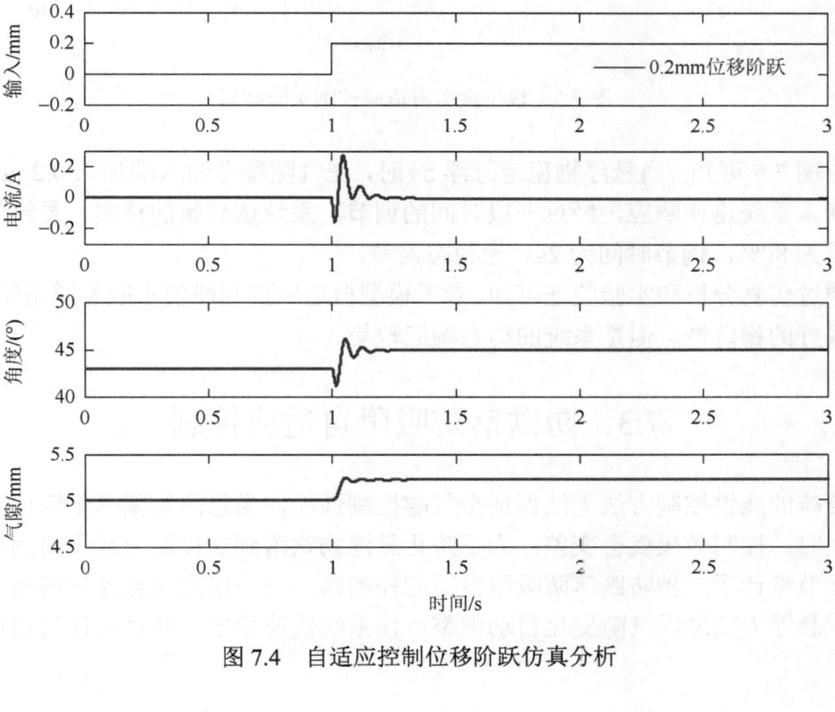

图 7.4　自适应控制位移阶跃仿真分析

7.2.4　模型参考自适应控制实验验证

为了验证模型参考自适应控制的控制效果，采用和仿真中相同的控制参数对永磁悬浮系统实验台进行实验验证，模型参考自适应控制实验结果如图 7.5 所示。

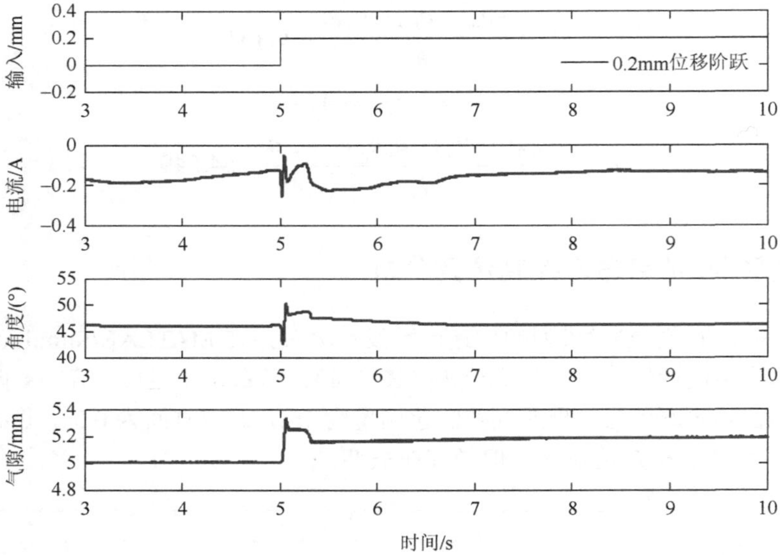

图 7.5　模型参考自适应控制实验结果

由图 7.5 可知，当悬浮物稳定悬浮 5s 时，在气隙参考输入端加入 0.2mm 的位移阶跃，系统迅速响应，经过一段时间的调节，系统达到新的稳定，悬浮气隙的超调量为 80%，调节时间为 2s，无稳态误差。

通过仿真分析和实验验证可知，参考模型自适应控制能使永磁悬浮系统稳定，且有很好的稳定性，但是系统的动态响应较差。

7.3　防跌落防吸附自适应控制

传统的线性控制方法无法保证全气隙控制性能，当悬浮物偏离平衡位置位移量较大时，控制效果就会变差。为了防止悬浮物跌落到支撑架上或吸附到导磁体上，本节设计了一种防跌落防吸附自适应控制器，当外扰力使悬浮物偏离平衡位置时，悬浮力随悬浮气隙变化自动调整，使系统快速稳定。通过设计气隙点的悬浮力控制规律，根据外扰力的作用自动调节系统的 PID 参数，不仅可以更好地兼顾防跌落性能和防吸附性能，还考虑了在平衡位置的缓和冲击作用。当悬浮物偏离量过大、超过稳定区（接近支撑架或导磁体）时，悬浮力会根据悬浮规律的设置达到极值，使悬浮物回到稳定区，保证悬浮物不能与支撑架和导磁体碰撞。

7.3.1　防跌落防吸附自适应控制器设计

首先，分析 PD 控制器在受负载作用时的性能，用传递函数理论分析来证明，以干扰力 $f_d(s)$为输入，以悬浮物的位移量 $d(s)$为输出，系统传递函数可表示为

$$\frac{d(s)}{f_d(s)}=\frac{Js^2+c_1s-a_{43}}{(Js^2+c_1s-a_{43})(ms^2+c_2s-k_x)+k_t(ms^2+c_2s-k_x)(K_{\mathrm{p1}}+K_{\mathrm{d1}}s)+k_tk_\theta(K_{\mathrm{p2}}+K_{\mathrm{d2}}s)} \tag{7.43}$$

当干扰力为单位阶跃信号时，即 $f_d(s)=1/s$，由拉普拉斯变换终值定理可得

$$\lim_{t\to\infty}d(t)=\lim_{s\to 0}sd(s)=\frac{a_{43}}{K_{\mathrm{p1}}k_xk_t-K_{\mathrm{p2}}k_\theta k_t-a_{43}k_x} \tag{7.44}$$

由式（7.44）可知，当有外扰力输入时，悬浮物会偏离原来的平衡位置，而其偏离量的程度不仅与干扰力的大小有关，还与控制参数 K_{p1}、K_{p2} 有关，通过调节控制参数可以使系统达到新的稳定。

由第 3 章分析可知，气隙 d 和角度 θ 在增益 K_{p1} 和 K_{p2} 控制下是线性关系，而悬浮力 F 和悬浮物重力在增益 K_{p1} 和 K_{p2} 控制下是非线性关系，当有外扰动时就会出现振荡不稳定，甚至出现悬浮物跌落或吸附到导磁体上的情况。

通过 7.1.1 节悬浮力参数辨识得到了悬浮力函数中的具体参数，可精确计算每一点的悬浮力，因此设计了一种悬浮力的自适应律，以此规律为参考，使永磁悬浮系统的永磁体转角和悬浮气隙自动调整。

把外载荷作为研究的首要对象，当加入外载荷 f_d 时得到式（7.45）所示的悬浮力 F 的表达式：

$$F=mg+f_d=k_m\frac{\sin^2(\theta_0+\Delta\theta)}{(d_0+\Delta d+\Delta d_f)^2} \tag{7.45}$$

结合式（3.20）和式（7.45）可得

$$F=mg+f_d=k_m\frac{\sin^2(\theta_0+K_{\mathrm{p1}}\Delta d/K_{\mathrm{p2}})}{(d_0+\Delta d+\Delta d_f)^2} \tag{7.46}$$

由式（7.46）可知，悬浮力仅由控制参数和气隙变化量 Δd 就可以唯一确定，因此通过调节控制参数 K_{p1} 和 K_{p2} 可以设计任意气隙位置处的悬浮力。悬浮力的自适应律的具体设计规则如式（7.47）所示，取 δ 为平衡位置附近的小位移，把悬

浮力 F 设计为气隙的函数。气隙变小时，悬浮物有向磁铁吸附的趋势，设置悬浮力为 $F_1(d)$，$F_1(d)$随气隙变小而变小；气隙在稳定点附近变化时，设置悬浮力为 $F_2(d)$；气隙变大时，悬浮物向远离磁体的方向运动，有跌落的趋势，设置悬浮力为 $F_3(d)$，$F_3(d)$随气隙变大而变大。

$$F=\begin{cases}F_1(d), & d<d_0-\delta\\ F_2(d), & d_0-\delta<d<d_0+\delta\\ F_3(d), & d>d_0+\delta\end{cases} \tag{7.47}$$

根据永磁体工作原理，当转角 $\theta=90°$时，有最大悬浮力 F_{max}；当转角 $\theta=0°$时，产生最小悬浮力 F_{min}。图 7.6 为系统产生的合外力示意图，当悬浮物下落时，永磁体转角变大，当永磁体旋转到 90°时，产生向上的最大合外力 $f_1=F_{max}-mg$。同理，当悬浮物吸附时永磁体转角变小，当永磁体旋转到 0°时，有向下的最大合外力 $f_2=mg-F_{min}$。

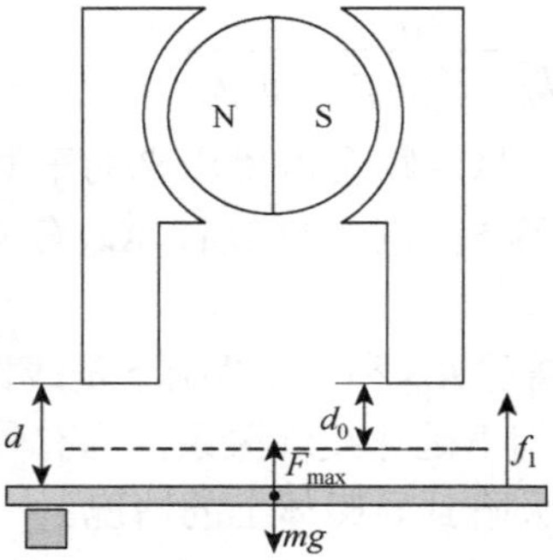

(a) 向上的合外力

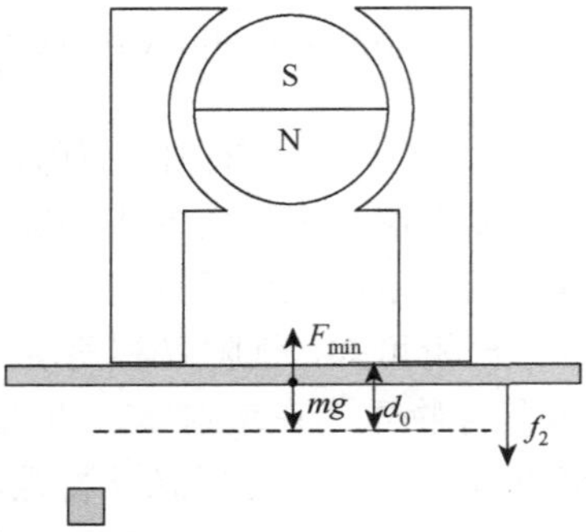

(b) 向下的合外力

图 7.6　系统合外力

根据表 3.2 的数据可以得出，$F_{max}=3.83\text{N}$，$F_{min}=0\text{N}$，$f_1=1.23\text{N}$，$f_2=2.6\text{N}$，结合式（7.46）和式（7.47）悬浮力 F 的设计规则，可以得到所设置的悬浮力的最大值为 3.7N，最小值为 0N。根据所设的悬浮力 F，逆推导出控制参数 K_{p1} 与 K_{p2}，由于无法取尽所有的点设置悬浮力，需做插值处理，对未取到的点做悬浮力补偿。在气隙 2.5～6.5mm 范围内得到完整的悬浮力 F 的自适应律 $k(d)$：在平衡点附近悬浮力变化量小，缓和冲击减小系统振荡；在远离平衡点位置，当气隙变大时，悬浮力迅速变大，提高系统抗载荷能力防止悬浮物跌落；当气隙变小时，悬浮力迅速变小，提高系统的防吸附能力，防止系统吸附到导磁体上。通过多次设置并实验分析，得到一个较好的控制率，使系统能够缓和冲击，提高系统的防吸附和防跌落性能。

PD 控制作用下得到的悬浮力和所设计的悬浮力对比如图 7.7 所示。

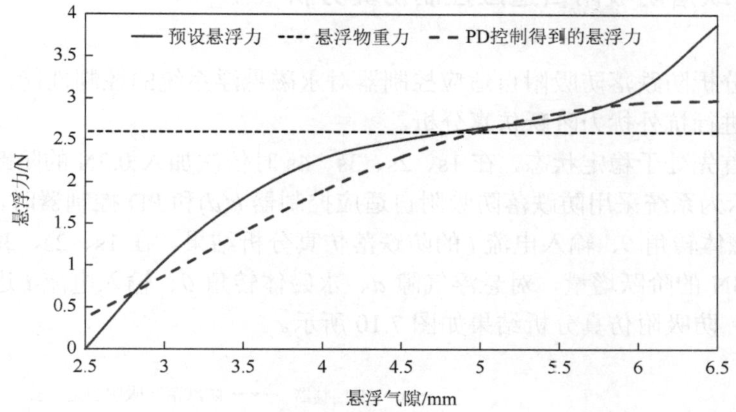

图 7.7　悬浮力对比

本节所设计的悬浮力规律，在稳定点（5mm, 43°）附近，悬浮力 F 和重力 mg 的差值变小，提高了系统的平稳性。在气隙 $d = 6.5\text{mm}$ 处，悬浮力变大，能起到防跌落的作用；在气隙 $d = 2.5\text{mm}$ 处，悬浮力 $F = 0$，能够在重力作用下防止悬浮物吸附到导轨上。

图 7.8 为防跌落防吸附自适应控制系统结构框图，当有外扰力作用时，首先，通过位移传感器检测悬浮物与导磁体之间的气隙，把气隙的变化量传递到所设计的悬浮力规律中，进行控制器参数调节。

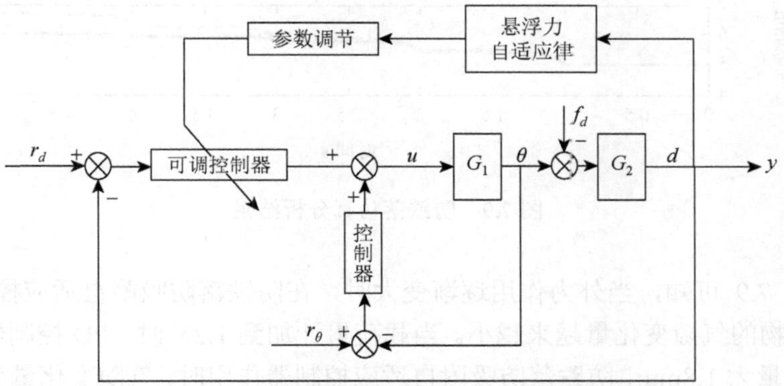

图 7.8　防跌落防吸附自适应控制系统结构框图

控制量 $u(t)$ 可表示为

$$u(t) = k(d)\cdot\Delta d + K_{\mathrm{p2}}\Delta\theta + K_{\mathrm{d2}}\Delta\dot{\theta} \tag{7.48}$$

7.3.2　防跌落防吸附自适应控制仿真分析

为了分析防跌落防吸附自适应控制器对永磁悬浮系统的控制性能，下面对磁悬浮系统进行抗外扰力阶跃仿真分析。

系统首先处于稳定状态，在 1s、2s、3s、4s 时依次加入 0.3N 的阶跃增量，如图 7.9 所示为系统采用防跌落防吸附自适应控制器 $k(d)$和 PD 控制器时，对悬浮气隙 d、永磁体转角 θ、输入电流 i 的防跌落仿真分析结果。在 1s、2s、3s、4s 时依次减去 0.3N 的阶跃增量，对悬浮气隙 d、永磁体转角 θ、输入电流 i 进行防吸附仿真分析，防吸附仿真分析结果如图 7.10 所示。

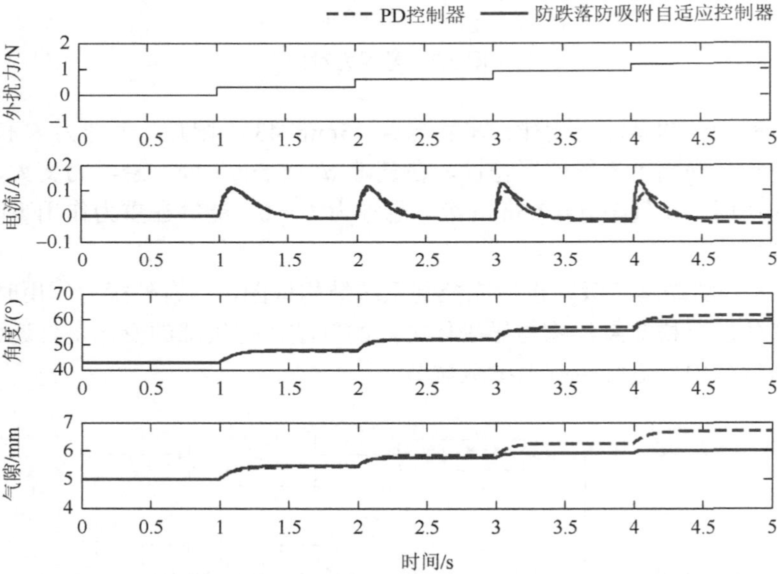

图 7.9　防跌落仿真分析结果

由图 7.9 可知，当外力作用逐渐变大时，在防跌落防吸附自适应控制器作用下，悬浮物的气隙变化量越来越小。当载荷累计加到 1.2N 时，PD 控制器作用下，气隙变化量为 1.8mm，防跌落防吸附自适应控制器作用时，气隙变化量为 1.1mm，变化量减小了 0.7mm。图 7.10 中，当载荷累计减到 1.2N 时，两种控制器作用时的气隙总变化量相同。但 PD 控制器在每次载荷作用下，气隙的变化量不变，而在防跌落防吸附自适应控制器作用时，在平衡点附近气隙变化量大，随着气隙远离平衡点，气隙变化量越来越小。

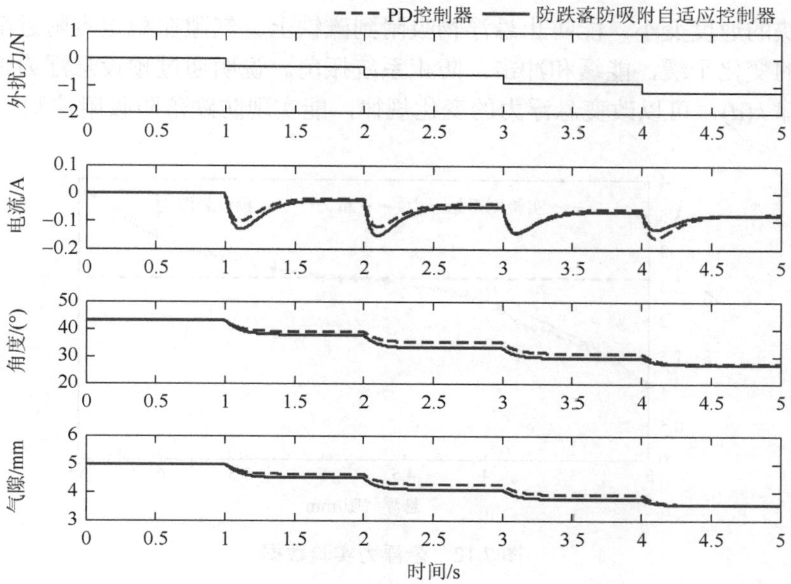

图 7.10　防吸附仿真分析结果

7.3.3　防跌落防吸附自适应控制实验验证

为验证防跌落防吸附自适应控制器作用下的悬浮力变化规律，搭建实验装置对悬浮力进行测量，图 7.11 为测力实验装置图，图 7.12 为测量的悬浮力实验数据结果。

图 7.11　测力实验装置图

由图 7.12 分析可得，预设的悬浮力和实验测量得到的悬浮力的变化趋势相同：气隙变大时，悬浮力以更快的速度变大，能防止悬浮物跌落；气隙变小时，悬浮力以更快的速度变小，能防止悬浮物吸附到磁铁上。气隙在稳定点附近变化时，悬浮力的变化平缓，能缓和冲击，防止系统振荡。说明通过预设悬浮力逆推得到控制规律 $k(d)$，可以改变悬浮力的变化规律，能实现防跌落防吸附控制。

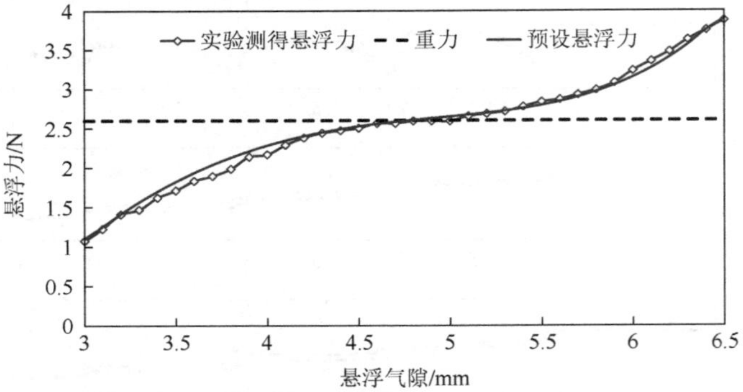

图 7.12　悬浮力实验数据

为了进一步验证控制器的控制效果，采用与仿真分析相同的控制量，在系统稳定后，在不同的时间分别加入 0.3N 的载荷增量，图 7.13 为防跌落实验结果。由实验结果分析可知，采用 PD 控制器时，当载荷增加到 0.6N 时，悬浮物已经跌落。采用防跌落防吸附自适应控制器时，随着载荷的增加，悬浮物气隙的变化量越来越小，起到了缓和冲击和防止跌落的作用。

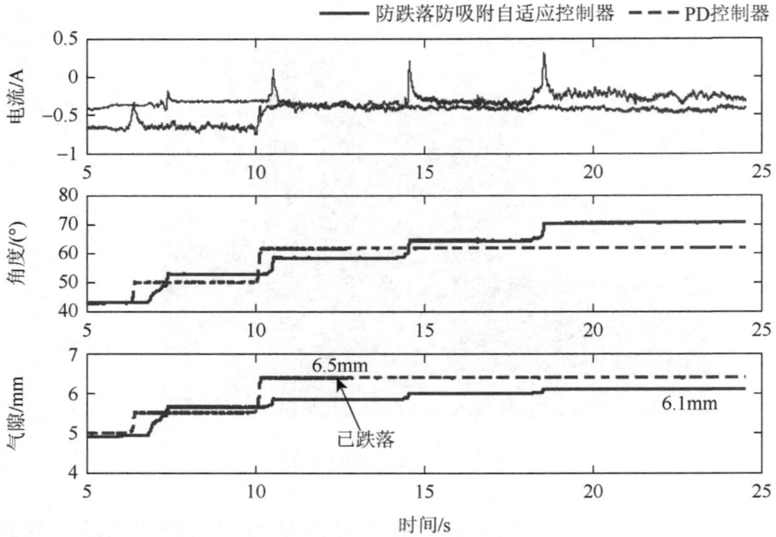

图 7.13　防跌落实验结果

采用钢丝绳和滑轮反向拉悬浮物，加入载荷时使悬浮物受到向上的外力，模拟减载荷实验。图 7.14 为防吸附实验结果，采用与仿真分析相同的控制量，系统稳定后，在不同的时间分别减去 0.3N 的载荷增量。

由图 7.14 可知，PD 控制作用时，在图中 1、2、3 点处（在减去载荷瞬间）出现轻微的振荡和小的超调。防跌落防吸附自适应控制作用时，在靠近平衡点处气隙变化量大，远离平衡点处气隙变化量小，起到了缓和冲击的作用，能防止悬浮物由于振荡吸附到导磁体上。

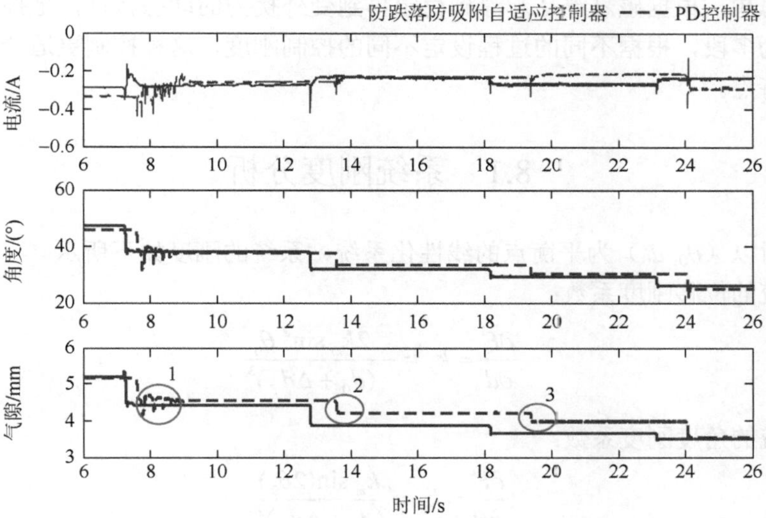

图 7.14　防吸附实验结果

综上分析，当磁悬浮系统受到载荷作用时，难免有冲击作用的影响，防跌落防吸附自适应控制器提高了系统的鲁棒性，起到了缓和冲击和防跌落防吸附的作用。防跌落防吸附自适应控制规律根据实验数据并结合设计要求来确定，实验数据中包含了不同系统和环境的问题，将不同系统和环境的数据按设计要求进行处理，可反推出相应的控制规律。

第 8 章　可变磁路式永磁悬浮系统的变刚度控制

通过前面对永磁悬浮的控制研究，结合采用 PID 控制器、模糊控制器、自适应控制器对永磁悬浮系统作了仿真分析和实验验证的控制经验，本章提出变刚度控制的思想，根据磁悬浮从起浮到稳定再到受外扰力的动态特性，把控制过程相应地分为多段，根据不同的过程设定不同的控制刚度，这种控制更适合于非线性控制的特点。

8.1　系统刚度分析

针对以（θ_0, d_0）为平衡点的线性化系统，系统的刚度如下所示。

系统的位移刚度系数：

$$\frac{\partial F}{\partial d} = k_x = -\frac{2k_m \sin^2 \theta_0}{(d_0 + \Delta d_f)^3} \tag{8.1}$$

系统的角度刚度系数：

$$\frac{\partial F}{\partial \theta} = k_\theta = \frac{k_m \sin(2\theta_0)}{(d_0 + \Delta d_f)^2} \tag{8.2}$$

系统的静刚度可表示为

$$\begin{aligned} k &= k_x + k_\theta \cdot \frac{\Delta\theta}{\Delta d} \\ &= -\frac{2k_m \sin\theta_0^2}{(d_0 + \Delta d_f)^3} + \frac{k_m \sin(2\theta_0)}{(d_0 + \Delta d_f)^2} \cdot \frac{\Delta\theta}{\Delta d} \end{aligned} \tag{8.3}$$

根据式（8.1）可得，位移刚度系数 k_x 部分由系统的结构和永磁体转角决定；由式（8.3）可知，$k_\theta \cdot \dfrac{\Delta\theta}{\Delta d}$ 部分除了与系统的结构和永磁体转角有关外，还与控制作用下永久磁铁的转角和气隙的相对变化率有关，$\Delta\theta$ 对 Δd 的相对变化率越大，系统静刚度 k 越大。当系统没有控制器时 $\Delta\theta/\Delta d = 0$，系统刚度小于零，系统不能稳定，系统实现稳定的必要条件是要求系统有正的悬浮刚度，即 $k > 0$，因此可得

$$\frac{\Delta\theta}{\Delta d} > -\frac{k_x}{k_\theta} \tag{8.4}$$

8.1.1　基于结构的刚度分析

为了便于分析系统结构对悬浮力的影响，文献[48]将磁路可变永磁悬浮系统等效为磁势可变的永磁悬浮系统，等效模型如图 8.1 所示。

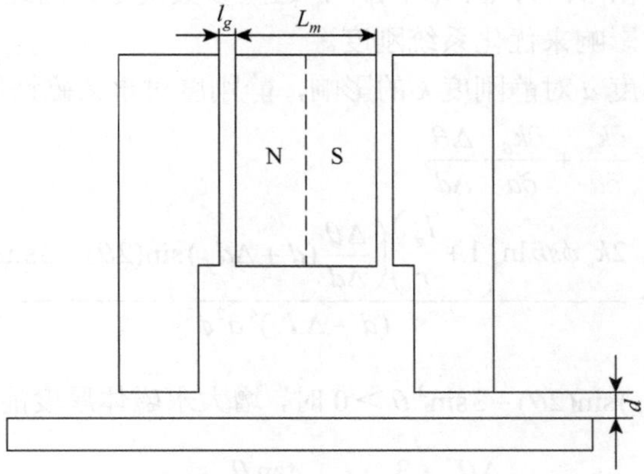

图 8.1　系统等效模型

图中，l_g 为弧形气隙的长度，L_m 为等效磁体厚度，d 为导磁体和悬浮物的气隙。求得悬浮力系数 k_m 和漏磁补偿系数 Δd_f 如下面公式所示：

$$k_m = \frac{U^2 u_0 sb}{4\sigma_1^4 \sigma_2^4} \tag{8.5}$$

$$\Delta d_f = \frac{u_0 sb}{G_g} = \frac{sb \ln\left(\dfrac{r + l_g}{r}\right)}{a\phi} \tag{8.6}$$

式中，U 为永磁体的最大磁势；u_0 为空气磁导率；s 为导磁体的厚度；b 为导磁体的腿宽；σ_1、σ_2 分别为导磁体和永磁体以及悬浮物之间的空气漏磁；a、r 分别为永磁体的厚度和半径；ϕ 为弧形气隙所对应的角度；G_g 为永磁体和导磁体对应的弧形气隙磁导，其可具体表示为

$$G_g = u_0 \frac{a\phi}{\ln\left(\dfrac{r + l_g}{r}\right)} \tag{8.7}$$

由式（8.5）和式（8.6）可知悬浮力 F 可具体表示为

$$
\begin{aligned}
F &= k_m \frac{\sin^2\theta}{(d+\Delta d_f)^2} \\
&= \frac{U u_0 s b}{4\sigma_1^4 \sigma_2^4} \cdot \frac{\sin^2\theta}{(d+u_0 sb/G_g)^2}
\end{aligned} \tag{8.8}
$$

根据式（8.1）、式（8.2）和式（8.8）可得，当系统的总磁势、漏磁不变时，系统的静刚度主要由 s、b、a、ϕ、l_g、r 这些参数决定。因此，可通过分析这些参数变化对刚度的影响来优化系统刚度。

分析永磁体厚度 a 对静刚度 k 的影响，静刚度对永久磁铁厚度求偏导得

$$
\begin{aligned}
\frac{\partial k}{\partial a} &= \frac{\partial k_x}{\partial a} + \frac{\partial k_\theta}{\partial a} \cdot \frac{\Delta\theta}{\Delta d} \\
&= \frac{2k_m \phi s b \ln\left(1+\frac{l_g}{r}\right)\left(\frac{\Delta\theta}{\Delta d}(d+\Delta d_f)\sin(2\theta) - 3\sin^2\theta\right)}{(d+\Delta d_f)^4 a^2 \phi^2}
\end{aligned} \tag{8.9}
$$

当 $\frac{\Delta\theta}{\Delta d}(d+\Delta d_f)\sin(2\theta) - 3\sin^2\theta > 0$ 时，增大永磁体厚度能提高悬浮刚度，即

$$
\frac{\Delta\theta}{\Delta d} > \frac{3}{2} \frac{\tan\theta}{d + \frac{sb\ln(1+l_g/r)}{a\phi}} \tag{8.10}
$$

由式（8.10）可知，当永磁体厚度 a 增大时，系统悬浮刚度变大；同理可得，当弧形对应的角度 ϕ 增大时，系统的静刚度增大。

分析导磁体宽度 b 对静刚度 k 的影响，静刚度对导磁体宽度求偏导得

$$
\begin{aligned}
\frac{\partial k}{\partial b} &= \frac{\partial k_x}{\partial b} + \frac{\partial k_\theta}{\partial b} \cdot \frac{\Delta\theta}{\Delta d} \\
&= \frac{\partial k_x}{\partial k_m} \cdot \frac{\partial k_m}{\partial b} + \frac{\partial k_x}{\partial \Delta d_f} \cdot \frac{\partial \Delta d_f}{\partial b} + \left(\frac{\partial k_\theta}{\partial k_m} \cdot \frac{\partial k_m}{\partial b} + \frac{\partial k_\theta}{\partial \Delta d_f} \cdot \frac{\partial \Delta d_f}{\partial b}\right) \cdot \frac{\Delta\theta}{\Delta d} \\
&= \frac{2U^2 u_0 s \sin\theta\left((d+\Delta d_f)\cos\theta \cdot \frac{\Delta\theta}{\Delta d} - \sin\theta\right)}{4\sigma_1^4 \sigma_2^4 (d+\Delta d_f)^3} \\
&\quad + \frac{2k_m s \ln(1+l_g/r)\sin\theta\left(3\sin\theta - 2(d+\Delta d_f)\cos\theta \cdot \frac{\Delta\theta}{\Delta d}\right)}{a\phi(d+\Delta d_f)^4}
\end{aligned} \tag{8.11}
$$

当 $(d+\Delta d_f)\cos\theta \cdot \frac{\Delta\theta}{\Delta d} - \sin\theta > 0$ 且 $3\sin\theta - 2(d+\Delta d_f)\cos\theta \cdot \frac{\Delta\theta}{\Delta d} > 0$ 时，系统静刚度随导磁体腿部宽度 b 单调递增，即

$$\frac{3\tan\theta}{2(d+\Delta d_f)} > \frac{\Delta\theta}{\Delta d} > \frac{\tan\theta}{d+\Delta d_f} \tag{8.12}$$

由式（8.12）可知，导磁体腿部宽度 b 在一定的范围内增大时，能提高系统悬浮刚度；同理可得，导磁体厚度 s 在一定的范围内增大时，也能提高系统悬浮刚度。

根据上面的分析，在设计永磁悬浮系统结构时，可以选择合理的永久磁铁厚度、直径、导磁体厚度和腿部宽度以及合理的弧形角以提高磁路特性。当结构设计确定后，系统设计刚度就成为固定值。

8.1.2　基于控制的刚度分析

在永磁悬浮系统结构确定后，悬浮物与导磁体之间的气隙和永磁体的转角成为影响悬浮力的主要因素。

通过分析得出，当永磁体转角在 20°～60°时，悬浮力 F 与转角线性度最好，再结合式（8.3）分析气隙和角度（20°～60°）对位移刚度 k_x 的影响，如图 8.2 所示，图中纵坐标为位移刚度，横坐标为永磁体转角，从上到下依次为 d_0 = 6.5mm、5.5mm、4.5mm、3.5mm、2.5mm 时位移刚度随转角变化的曲线。

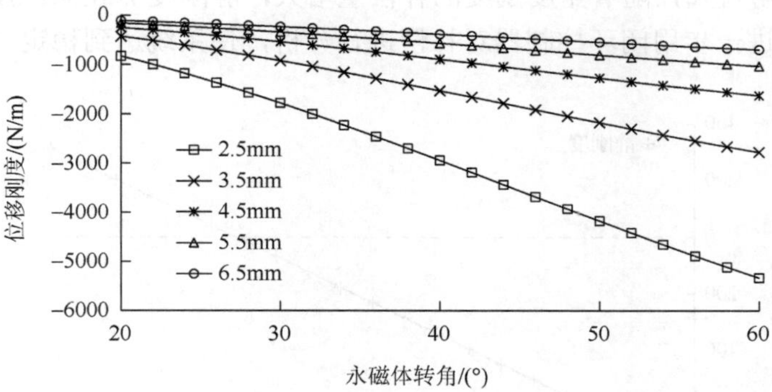

图 8.2　位移刚度与永磁体转角的关系

由图 8.2 可知，在不同转角时，气隙在 6.5～2.5mm 位移刚度都是负值，随气隙的减小或随角度的增大负值量都有递增趋势。

进一步分析不同转角情况下角度刚度大小与悬浮气隙、永磁体转角的关系，如图 8.3 所示。

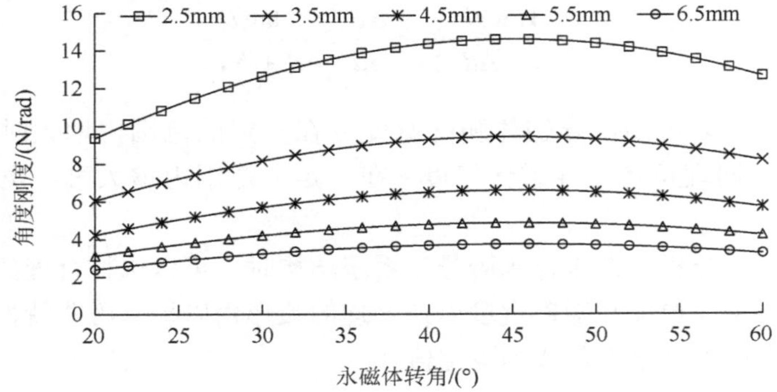

图 8.3　角度刚度与永磁体转角的关系

由图 8.3 可得，气隙不变时角度刚度在 40°～50°有极值点。对比图 8.2 和图 8.3 可知，位移刚度和角度刚度与气隙的变化量都是非线性关系，位移刚度始终是负值，角度刚度始终是正值。仅有悬浮物位移变化时，系统只有负刚度不能自稳定，需要有角度进行刚度补偿，才能保证系统达到稳定。

基于前面分析可知，永磁体转角在 40°～50°刚度最好，平衡点在这个范围内取值能够减少角度补偿量，本节选取平衡点（气隙 $d_0 = 5\text{mm}$，角度 $\theta_0 = 43.5°$）进行分析。

由图 8.4 可知，随着角度刚度的补偿量增大，静刚度 k 由负刚度逐渐变为正刚度，下面进一步用闭环控制器对补偿进行分析，使系统达到稳定。

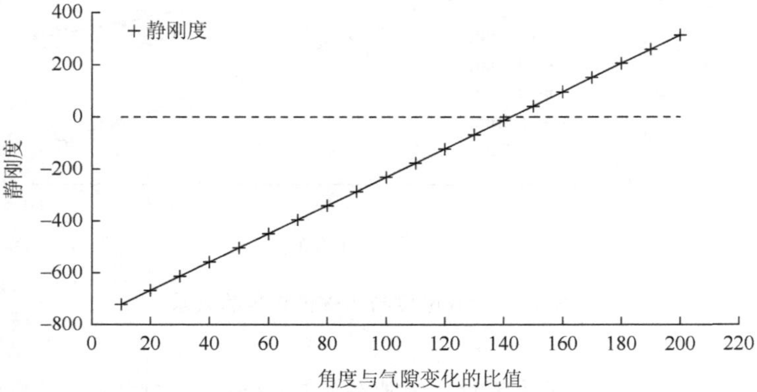

图 8.4　角度刚度补偿

变刚度控制器采用如图 8.5 所示的双闭环控制原理，G_{k1}、G_{k2} 为控制器，G_1、G_2 为系统传递函数。

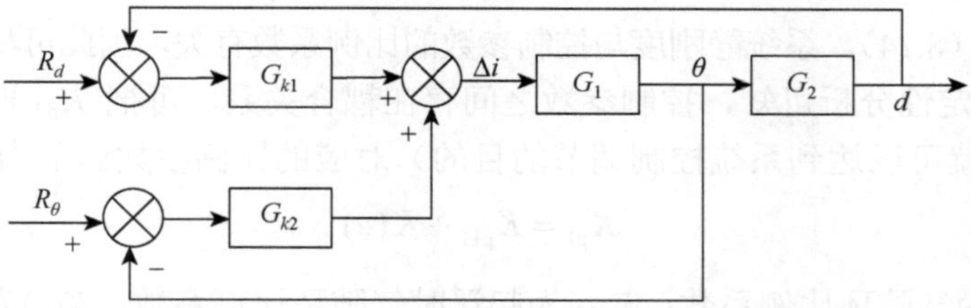

图 8.5　双闭环控制原理

根据第 3 章的推导得

$$\frac{\Delta\theta}{\Delta d}=\frac{K_{p1}}{K_{p2}} \tag{8.13}$$

将式（8.13）代入式（8.3）得到系统静刚度 k：

$$k=k_x+k_\theta\cdot\frac{K_{p1}}{K_{p2}} \tag{8.14}$$

控制参数与系统静刚度有直接关系，通过调节控制参数能改变系统的静刚度。

8.2　变刚度控制器设计

位移刚度 k_x、转角刚度 k_θ 与气隙 d 是非线性关系，根据式（8.3）得到，对于结构参数和控制器参数不变的系统，不同的悬浮位置对应的系统静刚度 k 也不同，通过选择合理的系统状态反馈系数，可以优化系统的静刚度。

结合式（8.4）和式（8.13）进一步优化得

$$\frac{\Delta\theta}{\Delta d}>\frac{\tan\theta_0}{d_0+\Delta d_f}\Rightarrow\frac{K_{p2}}{K_{p1}}>\frac{\tan\theta_0}{d_0+\Delta d_f} \tag{8.15}$$

根据对刚度的定义，系统的变形量与刚度有直接关系，刚度越大，系统在外力作用下的变形量越小。磁悬浮系统刚度越大载荷能力越强，但由于永磁悬浮系统存在强非线性，当系统刚度大时，从起浮位置到稳定位置悬浮力的变化幅度会增大，导致悬浮物起浮时出现超调和振荡。另外，考虑到本书研究的永磁悬浮系统由电流量到转角再到输出量，经过多个积分环节，系统有较大的滞后性，因此本章提出了变刚度控制方法，磁悬浮系统刚度变化如式（8.16）所示：

$$k=k_1+k(e) \tag{8.16}$$

式中，k_1 为起浮时系统的刚度；$k(e)$为稳定后系统的静刚度，它随悬浮气隙偏差量变化。

根据式（8.14），系统静刚度与控制参数的比例系数有关，因此可将（由第 3 章闭环系统稳定性分析可知，控制参数之间存在耦合关系，可把 K_{p2} 取固定值，只需调整 K_{p1} 就可以达到系统控制调节的目的）对应的比例参数调节为

$$K_{p1} = K_{p11} + K(e) \tag{8.17}$$

式中，K_{p1} 为气隙环比例系数；K_{p11} 为起浮时气隙环比例系数；$K(e)$为外扰力作用时气隙环比例系数。

将控制参数分为两部分设计，既能保证系统起浮时的稳定性，又能提高系统的抗外载荷能力。

在起浮阶段应该使系统既有足够的响应速度，又不会有大的超调量，因此，在保证静刚度 k 为正的情况下，尽量取小的刚度，以减小系统超调和振荡。用试凑法取 $K_{p2} = 1180$，此时，转角响应速度较好，气隙反馈增益 K_{p11} 可以进一步表示为

$$K_{p11} > \frac{1180 \cdot \tan\theta_0}{d_0 + \Delta d_f} \approx 173186 \tag{8.18}$$

当系统稳定后，通过控制系统的参数改变系统静刚度，以提高系统的抗载荷能力，减小外载荷作用下的位移变形量。按承载外载荷力 1.2N 悬浮物位移变化量最大 1mm 的指标来设计此控制器。

如图 8.6 所示，悬浮物在偏离平衡位置时的合外力 f_1 可以用静刚度 k 表示，如式（8.19）所示。

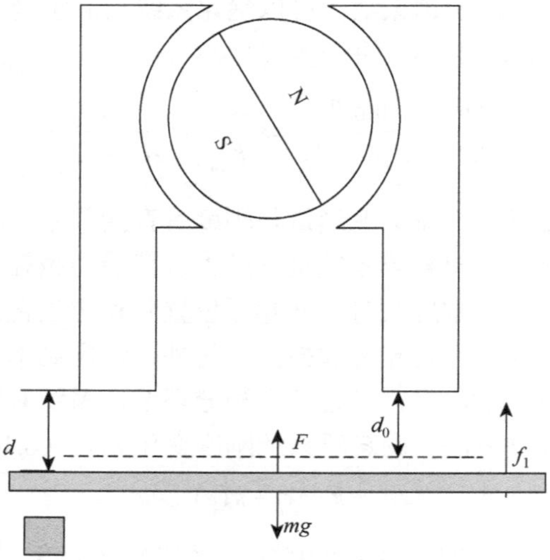

图 8.6　悬浮系统合外力

$$f_1 = F - mg = k \cdot \Delta d \tag{8.19}$$

在加入外载荷 f_d 时，悬浮物会偏离给定的平衡位置，当 $f_d = f_1$ 时，达到新的平衡，因此可以得到

$$\begin{aligned} f_d = k \cdot \Delta d &= \left(k_x + k_\theta \cdot \frac{K_{p1}}{K_{p2}} \right) \cdot \Delta d \\ &= \left(k_x + k_\theta \cdot \frac{K_{p11} + K(e)}{K_{p2}} \right) \cdot \Delta d \end{aligned} \tag{8.20}$$

由式（8.20）可知，通过系统静刚度 k，可以调整位移量 Δd，再结合前面的分析，通过选择合理的系统状态反馈系数，实现系统的刚度控制，减小外力作用下系统的位移变形量。

将设计指标代入式（8.20）可得

$$\frac{K_{p11} + K(e)}{K_{p2}} = 354 \tag{8.21}$$

$$173186.6 < K_{p11} + K(e) < 417720 \tag{8.22}$$

由式（8.22）得到 $K(e)$ 的变化范围：

$$173186.6 - K_{p11} < K(e) < 417720 - K_{p11} \tag{8.23}$$

系统刚度越大，外扰力对系统的冲击就会越大，适当地减小刚度会缓和外扰力的冲击，因此，系统的静刚度应该随着悬浮物位移变化而变化，位移变化量变大时，系统静刚度变化更大。$K(e)$ 采用如下变化规律：

$$K(e) = k_a \cdot e^2 \tag{8.24}$$

式中，$k_a = 417720 - K_{p11}$；e 为悬浮物的位移变化量。

变刚度控制原理如图 8.7 所示。

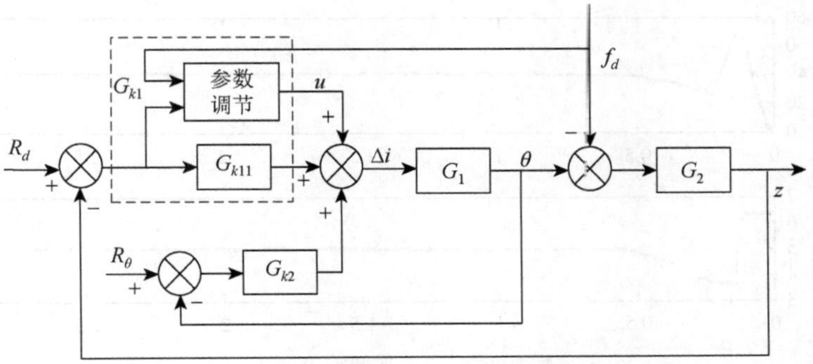

图 8.7　变刚度控制原理

控制量 u 随位移变化量 e 的变化趋势如图 8.8 所示，位移变化量越大，控制效果越显著。

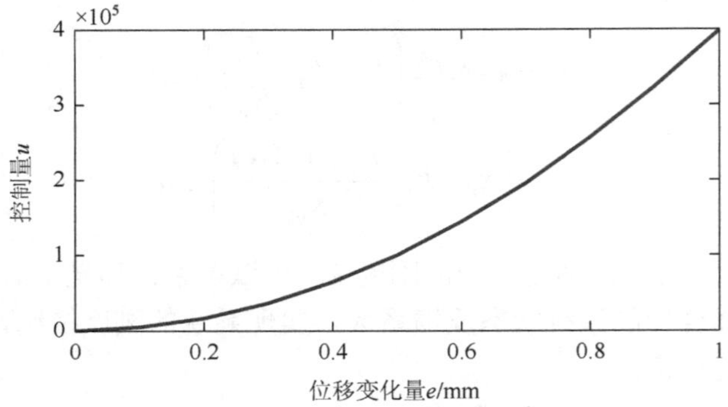

图 8.8　控制量 u 随位移变化量 e 的变化趋势

8.3　变刚度控制仿真分析和实验验证

8.3.1　变刚度控制起浮实验

取 $K_{p11} = 273186$，得到实验结果如图 8.9（a）所示，响应时间为 0.5s，最大超调量 1.2mm；取 $K_{p11} = 303186$，得到的实验结果如图 8.9（b）所示，响应时间为 0.45s，最大超调量 2.5mm。

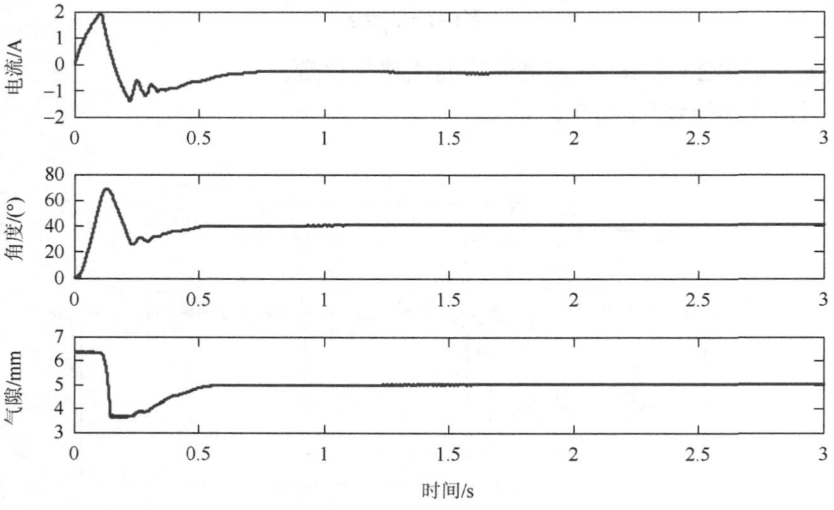

(a) $K_{p11} = 273186$

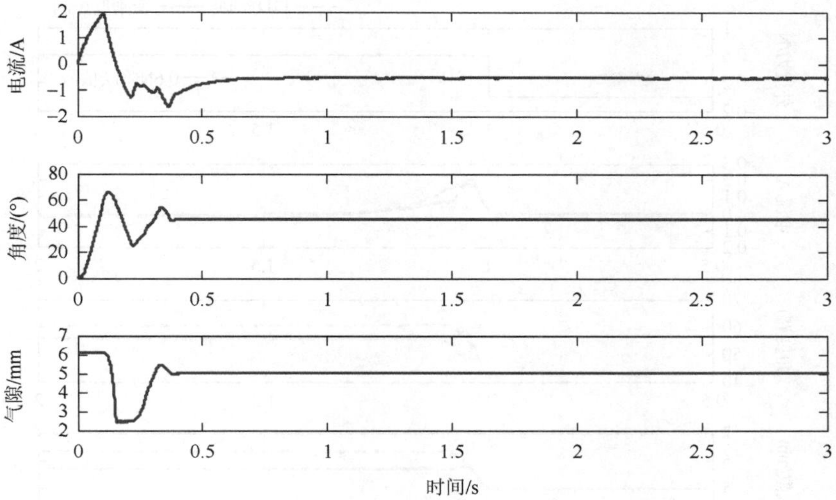

(b) $K_{p11} = 303186$

图 8.9　起浮实验结果

对比图 8.9（a）和图 8.9（b）可知，K_{p11} 取值变大时超调量会变大，系统出现振荡。因此在本章和仿真分析中取 $K_{p11} = 273186$。

8.3.2　变刚度控制抗外扰力仿真分析

为了进一步验证变刚度控制器的控制效果，利用 MATLAB/Simulink 模块搭建仿真框图并仿真分析。本节分别对系统在外扰力为 0.6N 和 1.2N 时进行仿真分析，并将控制效果与 PID 控制效果作比较。

如图 8.10 所示为在外扰力为 0.6N 时，采用变刚度控制器以及 PID 控制器，系统的气隙 d、永磁体转角 θ、电流 i 的响应结果。图 8.11 为在外载荷外扰力为 1.2N 时的响应结果。悬浮物首先处于稳定状态，在 1s 时加入外扰力，在外力作用下悬浮物迅速下降，由于位移刚度为负值，悬浮物向平衡点下方偏离导致系统悬浮力减小，为了保持悬浮物的悬浮状态，角度迅速变大。采用变刚度控制器时由于对位移的变化更敏感，系统变形量比采用 PID 控制器小。

对比图 8.10 和图 8.11 可知，随着外载荷扰力变大，变刚度控制器的控制效果更加明显。外载荷为 0.6N 时，采用变刚度控制器位移减小量为 0.6mm；外扰力变为 1.2N 时，采用变刚度控制器位移减小量为 1.64mm。

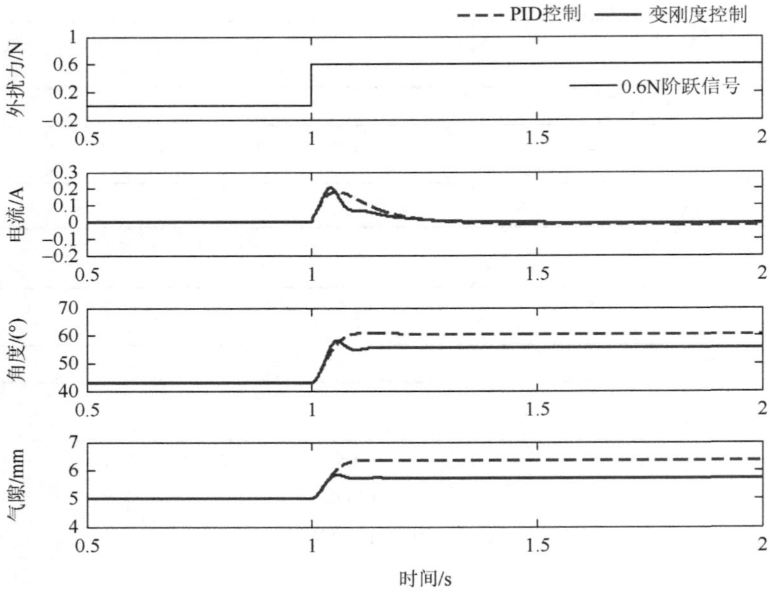

图 8.10　外扰力为 0.6N 时仿真对比

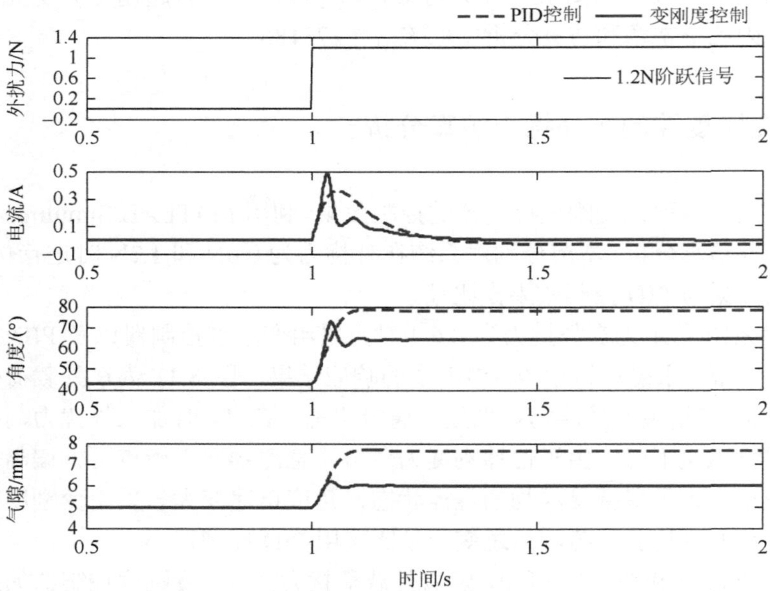

图 8.11　外扰力为 1.2N 时仿真对比

8.3.3 变刚度控制抗外扰力实验验证

为了进一步验证变刚度控制器的控制效果，采用与仿真分析中相同的控制参数，在系统稳定后，加入同等的载荷。系统处于稳定状态时，加入 0.6N 的载荷，PID 控制和变刚度控制对比实验结果如图 8.12 所示。PID 控制下的位移变形量为 1.162mm，变刚度控制下的位移变形量为 0.535mm，位移变形量相对于 PID 控制减小了约 50%。系统处于稳定状态时，加入 1.2N 的载荷，PID 控制和变刚度控制对比实验结果如图 8.13 所示。PID 控制下由于刚度不够已经跌落，变刚度控制下的位移变形量只有 0.89mm。

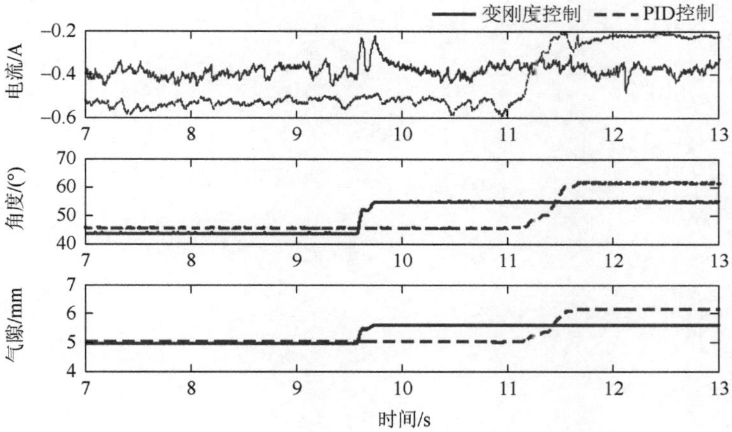

图 8.12　外扰力为 0.6N 时实验对比

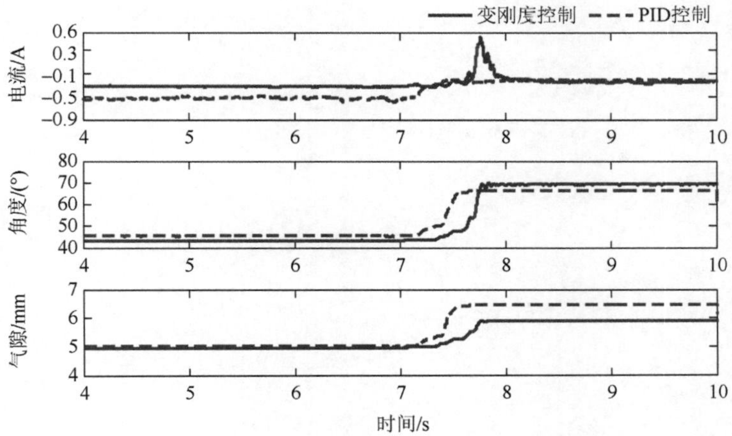

图 8.13　外扰力为 1.2N 时实验对比

通过两组实验对比，在相同外力作用时，PID 控制的悬浮物位移变化量明显比变刚度控制大，PID 控制随着载荷的增加位移变形量明显变大，而变刚度控制随载荷的增加变形量越来越小，这种控制既缓和载荷冲击又减小系统变形量。仿真结果和实验结果基本一致，且都达到预定的设计目标。

第9章 可变磁路式永磁悬浮系统的准零功率特性分析

在工业应用中，磁悬浮系统需要连续长时间地维持平衡状态，其悬浮功耗以及由此导致的发热量也是相关研究人员广泛关注的重要性能指标。在前面内容中，我们采用多种控制方法验证了可变磁路式永磁悬浮系统的可控性和系统的稳定性。电磁悬浮系统也同样具有很好的稳定性和可控性，相较于电磁悬浮系统，永磁悬浮系统的磁力不受电能功耗的限制，节能是永磁悬浮系统最大的特点。下面重点讨论可变磁路式永磁悬浮系统的节能特性。

9.1 准零功率悬浮系统概述

磁悬浮系统在长期运行条件下，高能耗和产生热是限制磁悬浮技术应用的重要问题。在磁悬浮系统中，降低能耗的关键是降低控制的稳态电流，许多学者采用超导悬浮技术取代电磁悬浮减少能耗。由于超导材料的限制，超导悬浮技术至今仍然不能得到真正的应用，如日本的超导悬浮列车虽然经过了实验验证，但是超导线圈需要保持极低的温度，维护很不方便，造价昂贵。

要降低悬浮系统的能耗，实现物体的零功率或准零功率悬浮，必须在磁悬浮系统中设置一个永磁体（permanent magnet，PM）。如图 9.1 所示在电磁悬浮系统中引入永磁体，在稳定悬浮状态下有永磁体产生悬浮力，而电磁（electromagnet，EM）线圈产生的磁力仅将悬浮物调整到重力被永久磁力抵消的平衡位置，当系统

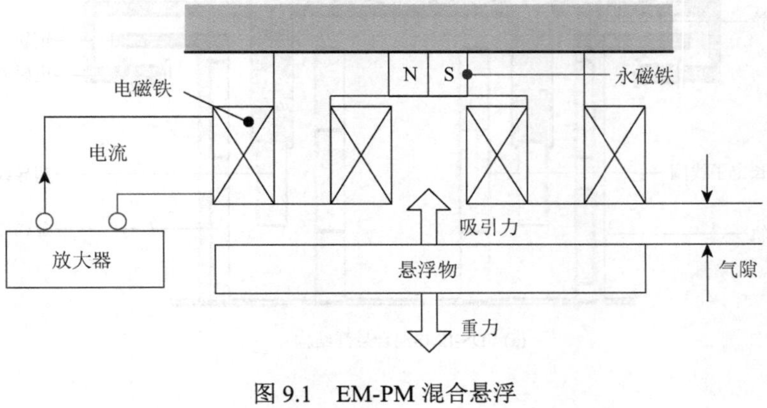

图 9.1 EM-PM 混合悬浮

悬浮时，线圈中的控制电流理论上应为零。磁悬浮系统通过引入电流积分的小反馈、电压积分的小反馈和悬浮物的速度反馈，可以实现磁悬浮系统的准零功率控制。图 9.1 所示的 EM-PM 混合悬浮系统能实现准零功率悬浮，然而其对于一定质量的悬浮物准零功率工作位置是固定的，即悬浮物重力与永磁体磁力平衡的位置。

悬浮系统中能耗与线圈的发热一直是棘手的问题，吸引了许多学者从磁悬浮结构和控制方法方面进行低能耗研究。当电磁线圈通入电流后会在悬浮物上感应出电涡流效应，相对变化速度越快时，电涡流效应就越明显，即悬浮体的平移速度越快，电磁力就会越小。国防科技大学的学者在高速磁悬浮系统中采用了 EDS-EMS 混合悬浮结构（图 9.2 所示结构），其中 EDS 悬浮采用超导线圈励磁，提供强磁场和大部分悬浮力，采用上下间隔分布的金属板感应轨，在竖直方向提供被动悬浮力，水平方向提供导向力。EMS 悬浮机构提供小部分悬浮力，可以减轻电磁铁重量，主要作用是通过主动控制，提高系统的悬浮性能。两者优势互补，互相配合，一方面，EMS 悬浮结构为 EDS 悬浮结构提供足够的阻尼和抗扰动能力；另一方面，EDS 悬浮结构为 EMS 悬浮结构提供足够的悬浮力，避免 EMS 悬浮系统结构复杂以及弥补涡流效应导致的悬浮力损失[52]。

孙凤等[35]在气隙控制式永磁悬浮系统中，尝试设计了准零功率控制器，该悬浮系统通过音圈电机（VCM）控制永磁体与铁磁材料之间的气隙，当磁力与悬挂体的重力相等时，能实现悬浮。本系统中的准零功率控制表示设备稳定时 VCM

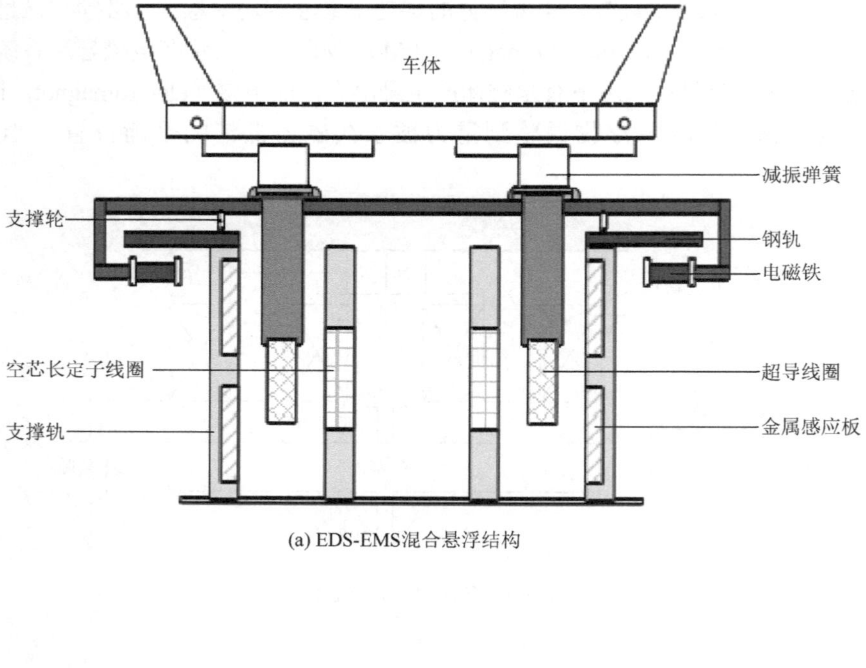

(a) EDS-EMS混合悬浮结构

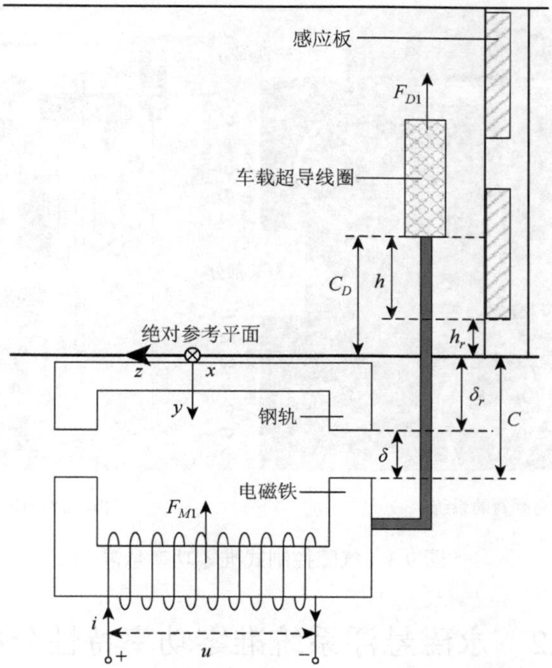

(b) EDS-EMS混合悬浮工作原理

图 9.2　EDS-EMS 混合悬浮结构及工作原理

电流为 0，在稳定的悬浮状态下，永磁体的磁力支撑着整个装置的重力，然而，框架部分的重力必须被传递到磁体中，如图 9.3（a）所示的装置中没有安装弹簧，则框架部分的重力必须通过 VCM 传递，这意味着 VCM 力不断地等于框架部分的重力，因此，不可能使 VCM 的力为零，即 VCM 的电流不能为零。但是，如果装置中安装了弹簧，如图 9.3（b）所示，一般来说，框架部分的重力可以通过弹簧而不是 VCM 传递到永磁体，而 VCM 只在瞬态条件下产生驱动永磁体的力，因此，在稳定的悬浮状态下，没有电流流过 VCM，理论上也不消耗功率。

悬浮系统的结构设计是实现准零功率稳定的关键，通过在电磁悬浮系统中加入永磁体也能实现低能耗悬浮，但是当悬浮物的质量改变或施加外部干扰力时，系统将调整以找到与准零功率悬浮对应的唯一气隙长度，对于多点磁悬浮运输平台，施加偏心荷载时，各点气隙长度不同，它会导致磁悬浮平台倾斜或失去平衡的问题，因此，永磁悬浮系统与传统的电磁悬浮系统相比，更具有零电势控制的优势。

本章推想，在该可变磁路式永磁悬浮系统中，可以实现准零功率或低功耗的控制，下面对系统的准零功率特性进行分析。

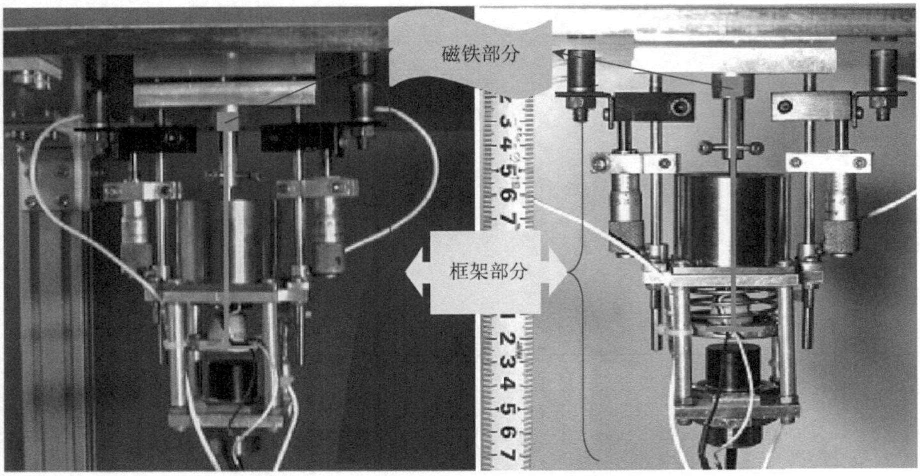

(a) 没有弹簧的系统　　(b) 加入弹簧的系统

图 9.3　气隙控制式准零功率悬浮

9.2　永磁悬浮系统准零功率特性分析

根据系统变磁路控制原理，电机驱动永磁体旋转改变通过悬浮物的磁通量，从而达到控制悬浮力的目的，其中对称布置的 F 形导磁体是通过机械结构固定在系统框架上的，理论上悬浮物的重力与外加的负载扰动力直接作用于系统的框架上，电动机不会承受力，所以电动机的输入电流不受影响。图 9.4 所示为永磁系统负载转矩（τ）产生的原理，当永磁体旋转到某一个角度后，永磁体的两个磁极与导磁体的接触面积不相等，则导磁体会沿着永磁体旋转方向吸引永磁体，因此导磁体的铁心与永磁体的磁芯之间会产生转矩（负载转矩），电机需要反向输入电流来抵抗这部分转矩。

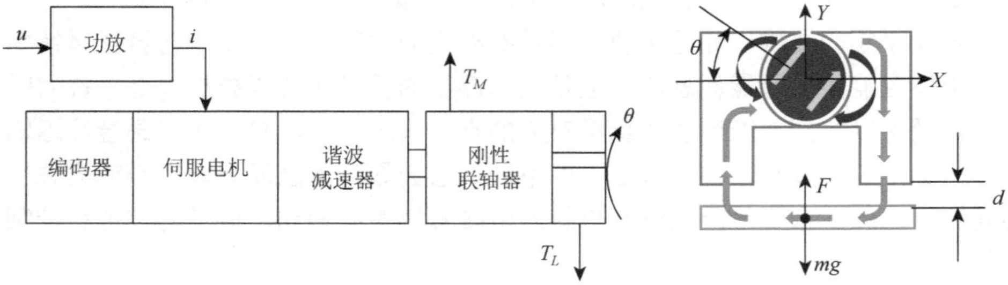

图 9.4　永磁系统负载转矩原理图

根据可变磁路式永磁悬浮单元工作原理，稳定悬浮时，状态稳定悬浮需满足悬浮物的力平衡及磁铁的力矩平衡两个条件，如式（9.1）所示。悬浮状态永磁体提供磁力，伺服电机需要输入电流维持永磁体的转角，该电流可作为衡量悬浮系统功耗的重要指标。在结构参数确定的条件下，可变磁路式永磁悬浮单元的功耗主要取决于平衡位置处的负载转矩。通过负载转矩表达式可以看出，负载转矩与平衡位置的气隙和角度相关，而平衡位置由磁力与重力相等这一前提决定。因此，稳态电流与悬浮质量、气隙长度、永磁体转角三个变化量之间具有复杂的关系。

$$\begin{cases} k_m \dfrac{\sin^2\theta}{(d+d_f)^2} - mg = 0 \\ k_\tau \dfrac{\sin(2\theta)}{d+d_\tau} - k_i i = 0 \end{cases} \tag{9.1}$$

系统在平衡位置（d_0, θ_0）满足如式（9.2）和式（9.3）所示的关系，该平衡位置稳态电流 i_0 如式（9.4）所示：

$$d_0 = \sqrt{\frac{k_m}{mg}} \sin\theta_0 - d_f \tag{9.2}$$

$$\theta_0 = \arcsin\left((d_0 + d_f)\sqrt{\frac{k_m}{mg}} \right) \tag{9.3}$$

$$i_0 = \frac{k_\tau}{k_i}\left(\frac{\sin(2\theta_0)}{d_0 + d_\tau} \right) \tag{9.4}$$

当悬浮气隙长度不变时，将式（9.2）代入式（9.4），得到稳态电流与悬浮质量和永磁体转角的非线性关系：

$$i = -\frac{k_\tau \sqrt{mg}\sin(2\theta_0)}{k_i(\sqrt{k_m}\sin\theta_0 - \sqrt{mg}(d_f + d_\tau))} \tag{9.5}$$

同样地，将式（9.3）和式（9.4）联立，得到稳态电流模型如式（9.6）所示，其中永磁体转角范围为（0°, 90°）。

$$i = -\frac{2mgk_\tau(d_0+d_f)}{k_m k_i(d_0+d_\tau)}\sqrt{\frac{k_m}{mg} - (d_0+d_f)^2} \tag{9.6}$$

由永磁悬浮单元的磁力特性可知，在设定范围内，磁力随永磁体转角增加而增大，随气隙长度增加而减小。当悬浮质量不变时，悬浮气隙长度随永磁体角度增大而减小。根据式（9.2）可绘制悬浮气隙随角度变化关系，如图 9.5 中曲线 1 所示；根据上述稳态电流的数学模型（9.6），可以绘制稳态电流随角度的变化关系，如图 9.5 中曲线 2 所示，理论上稳态电流为负值，为便于比较，在此取其绝对值进行分析。

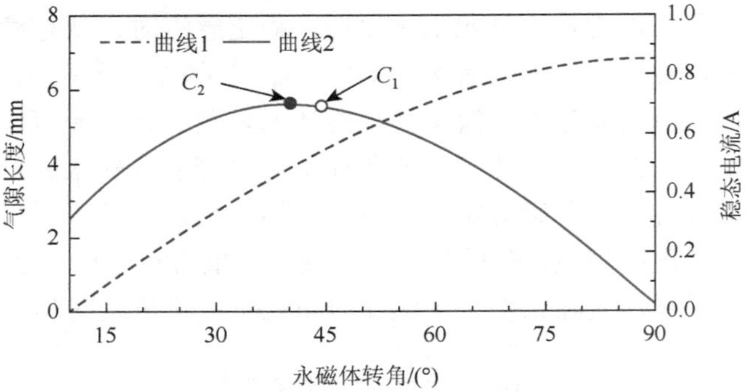

图 9.5　气隙长度和稳态电流随永磁体转角变化曲线

可以看出，满足平衡条件的前提下，稳态电流随永磁体转角呈现先增大后减小的变化趋势，对应角度为 40°时，稳态电流最大，约为 0.7A，如图 9.5 中点 C_2 所示。当永磁体转角达到 90°时，稳态电流最小，约为 0.02A。式（9.4）表明，永磁体受到的磁转矩随着气隙增大而减小，并与永磁体转角二倍值的正弦成正比，当气隙一定时，转矩达到最大值对应的永磁体转角为 45°，如图 9.5 中点 C_1 的位置。为了满足平衡条件，气隙会随着角度增大而增大，而稳态电流随着气隙增加而减小，因此导致稳态电流最大点前移，并且稳态电流曲线上升段斜率的绝对值大于下降段斜率的绝对值。综合来看，永磁体转角对稳态电流的影响较为显著，悬浮气隙对电流的影响较弱。

9.3　磁悬浮系统准零功率特性比较

磁悬浮系统的气隙长度为主要被控量，当系统悬浮质量变化或受到外扰时，要求气隙长度保持恒定值。为方便比较可变磁路式永磁（PM）悬浮系统、电磁（EM）悬浮系统和电磁-永磁混合（hybrid electromagnet-permanent magnet，HEM）磁悬浮系统的悬浮功耗，设定永磁体与电磁线圈具有相同体积，分别建立三种情况下的模型，并分析不同气隙作用下电磁力与电流的关系。在保持悬浮气隙不变的前提下，本节通过磁力模型分析比较三种磁悬浮系统中的稳态电流随悬浮物重力的变化关系。

9.3.1　可变磁路式永磁悬浮系统

当悬浮气隙长度一定时，永磁悬浮系统稳态电流主要取决于式（9.5）中永磁体转角和悬浮质量，而悬浮质量和永磁体转角之间满足式（9.3）的关系，由此可绘制稳态电流随悬浮物重力的变化曲线，如图 9.6 所示，图中七条曲线对应不同的悬浮气隙，最小设定气隙为 2mm，增量为 1mm。在气隙不变的情况下，转角会随着悬浮质量的增加而增大，以产生足够的悬浮力。设定气隙长度小于 6mm 时，随着悬浮重力的增加，永磁体角度最大不超过 40°，稳态电流随悬浮物重力增加而增大。当设定气隙为 6mm 时，稳态电流随角度增加呈现先增大后减小的趋势，最大值对应图中 6mm 曲线点 *C* 处，稳态电流最大约为 0.63A，悬浮物重力为 26N，此时平衡位置角度为 40°。同样地，7mm 曲线和 8mm 曲线最大稳态电流值分别对应点 *B* 和点 *A*。在永磁体转角不超过 40°并且悬浮质量相等的前提下，悬浮气隙越小对应稳态电流越小。

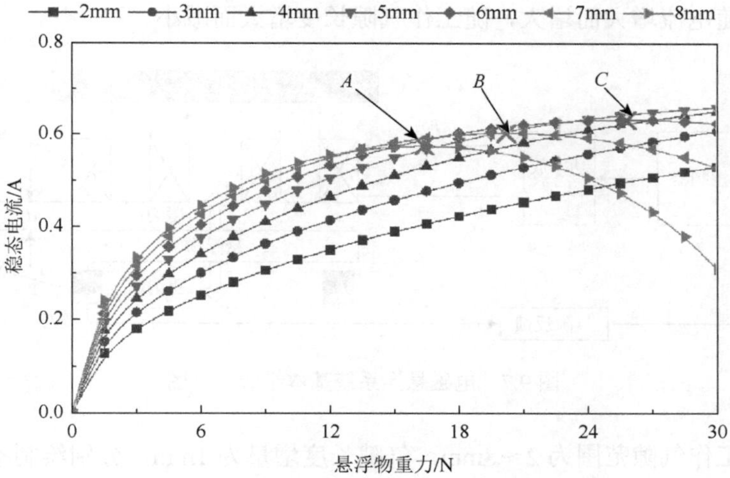

图 9.6　永磁悬浮系统稳态电流随悬浮物重力变化曲线

上述结果表明，根据悬浮物总质量合理设计平衡位置，具体措施包括使永磁体角度远离 40°或减小工作气隙长度，可以获得较低的稳态电流，从而使可变磁路式永磁悬浮系统具有一种准零功率特性。永磁系统在准功率悬浮位置可以维持长时间悬浮，其发热功耗远低于电磁悬浮系统，但会高于电磁-永磁混合磁悬浮系统。

9.3.2　电磁悬浮系统

电磁悬浮系统基本组成如图 9.7 所示，主要由电磁铁、悬浮物、控制器、功率放大器和位移传感器等组成，电磁铁包括铁心与电磁线圈。系统工作原理如下：稳定悬浮状态，悬浮气隙长度与参考气隙长度一致，磁力与重力大小相等。当悬浮物偏离平衡位置导致实际气隙增大时，控制器输出控制信号增大线圈电流，进而增大磁力使悬浮物回到设定参考气隙对应的位置；当悬浮物偏离平衡位置导致气隙减小时，通过减小线圈电流减小磁力，气隙恢复到参考气隙位置。电磁力与气隙长度的平方近似成反比，与电流的平方近似成正比，磁力模型如式（9.7）所示。在稳定悬浮状态，为了维持悬浮气隙不变，电磁线圈需要持续输入一定大小的电流以克服重力，该稳态电流是评价电磁系统稳态功耗的主要指标。

电磁悬浮系统中取线圈体积与可变磁路式永磁悬浮系统中永磁体体积相等，匝数为 180 匝，工作气隙截面尺寸为 20mm×20mm，近似磁力模型如下：

$$F_{\mathrm{EM}} = k_b \frac{i^2}{d^2} \tag{9.7}$$

式中，k_b 为悬浮力系数，$k_b = 8.14\times10^{-4}\,\mathrm{N\cdot m^2/A^2}$。结构参数确定时，电磁悬浮系统的磁力随电流增大而增大，随工作气隙长度增大而减小。

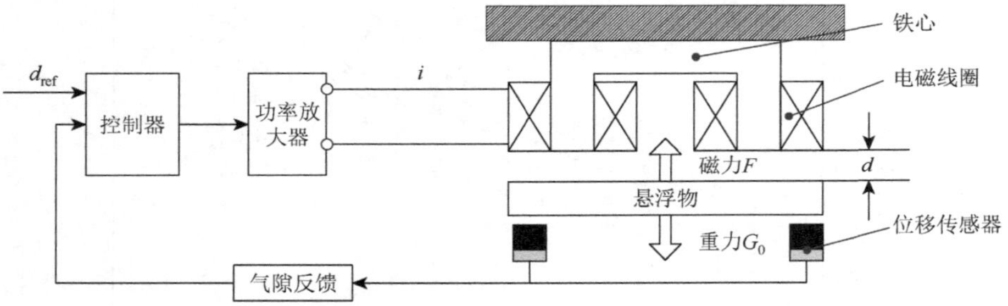

图 9.7　电磁悬浮系统基本组成示意图

设定工作气隙范围为 2～8mm，气隙长度增量为 1mm，分别绘制不同气隙下稳态电流随悬浮物总重力的变化曲线，如图 9.8 所示。从图中可以看出，稳态电

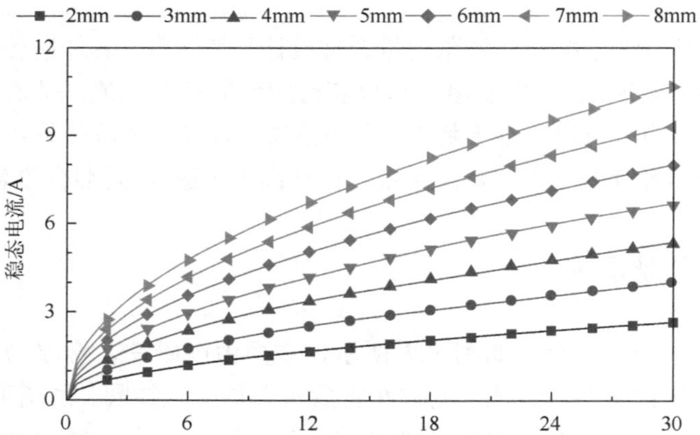

图 9.8　电磁悬浮系统稳态电流随悬浮物重力变化曲线

流随悬浮物重力增加而增加，当设定气隙长度越大时，曲线斜率越大。与永磁悬浮系统相比，在工作气隙和悬浮物重力均相同时，电磁悬浮系统稳态电流明显较大。以工作气隙 4mm 且悬浮物重力为 18N 为例，电磁悬浮系统稳态电流为 4.1A，约为永磁悬浮系统的 7.5 倍。

9.3.3　电磁-永磁混合磁悬浮系统

目前，降低电磁悬浮系统功耗的两种途径是恒流源偏置和永磁体偏置。采用恒流源偏置的电磁悬浮系统工作原理不变，其电磁线圈分为偏置线圈和控制线圈两部分，电磁线圈用于提供工作气隙处的偏置磁场，控制线圈用于实现气隙长度的主动控制。恒流源偏置电磁悬浮系统受到外部扰动时，仅通过调节控制电流即可维持稳定，相比传统电磁悬浮系统，由扰动引起电流波动的幅值明显降低，功率放大系统中的能量损耗问题得到改善[53, 54]。在永磁体偏置的电磁-永磁混合磁悬浮系统中，通过永磁体来提供平衡位置处的悬浮力 F，电磁铁仅用于调整悬浮位置并抵抗外部扰动，如图 9.9 所示。理想稳定悬浮状态，线圈输入电流 i 为零，系统具有准零功率特性，可以完成长时间连续运行任务。典型的准零功率控制方法是引入电流积分反馈或电压积分反馈，主动调节气隙长度 d 使悬浮物最终悬浮在准零功率状态对应位置[55-57]。

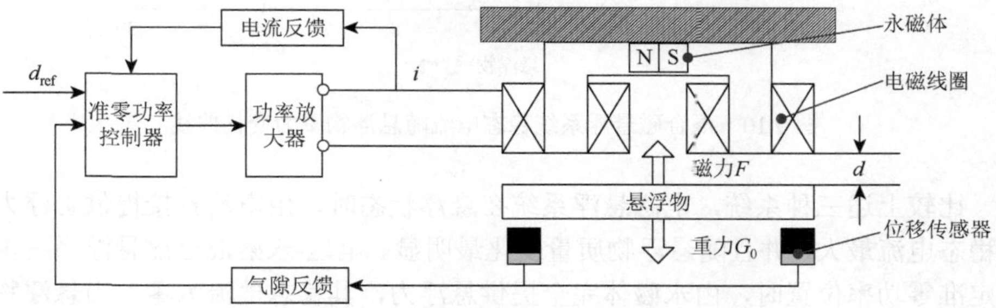

图 9.9　准零功率控制混合磁悬浮系统示意图

电磁-永磁悬浮系统等效磁力模型如式（9.8）所示：

$$F_{\mathrm{HEM}} = k_h \frac{(i+i_b)^2}{(d+d_c)^2} \tag{9.8}$$

式中，k_h 为悬浮力系数，$k_h = 1.85\times10^{-5}\mathrm{N\cdot m^2/A^2}$；$i_b$ 和 d_c 为永磁体对电流和气隙的等效偏置量，$i_b = 4.713\mathrm{A}$，$d_c = 1.3\times10^{-3}\mathrm{m}$。当线圈输入电流 $i = -i_b$ 时，电磁-永磁混合磁悬浮系统磁力为零；当线圈电流 $i = 0$ 时，由于永磁体的存在，系统磁力不为零，永磁体提供的磁力可由式（9.8）计算得出。

在不同悬浮气隙长度条件下，根据式（9.8）绘制稳态电流随悬浮物重力的变化曲线，如图 9.10 所示。由于永磁体的引入，在任一气隙下当永磁体提供的磁力大于悬浮物重力时，线圈电流为负，才能保持平衡。为了便于比较稳态功耗，图中稳态电流曲线均取绝对值，在曲线上稳态电流为零前的实际电流为负值，反之则稳态电流为正值。从图 9.10 中可以看出，稳态电流幅值随悬浮物重力的增加呈现先减小后增大的趋势。此外，在任意气隙长度对应的电流曲线上，均会出现稳态电流为零的点，该位置混合磁悬浮系统中完全由永磁体提供磁力，用以克服悬浮物重力实现稳定悬浮，因而该位置为准零功率悬浮点。

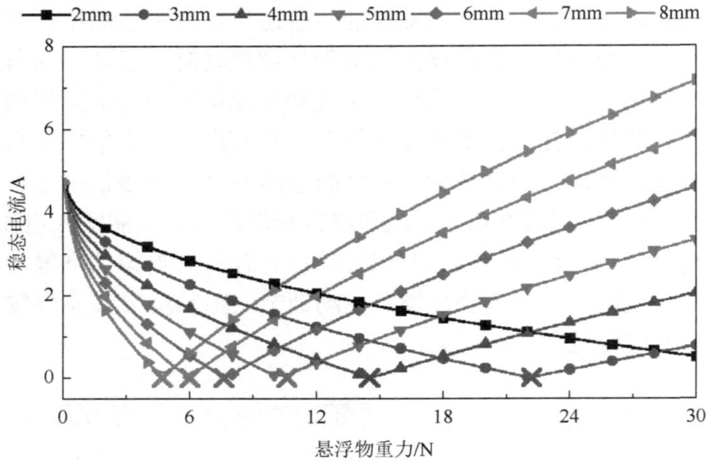

图 9.10　混合磁悬浮系统稳态电流随悬浮物重力变化曲线

比较上述三种系统，电磁悬浮系统在悬浮状态时，由电流直接提供悬浮力，其稳态电流最大，并且随悬浮物质量变化最明显。电磁-永磁混合磁悬浮系统仅在设定准零功率位置时，由永磁体完全提供悬浮力，其稳态电流为零。当悬浮物质量变化时，若不改变气隙长度，则准零功率悬浮状态被破坏，稳态电流绝对值将随悬浮物质量变化而增大。可变磁路式永磁悬浮系统不需要电流直接提供悬浮力，输入伺服电机的电流仅用于克服负载转矩，其稳态电流较低，并且悬浮物质量变化对其影响程度小。为了获得较低的悬浮功耗，通过设计初始平衡位置，可以实现稳态电流随悬浮物质量增加而减小的变化趋势。

9.4　可变磁路式永磁悬浮系统的准零功率控制

永磁悬浮单元的平衡位置由悬浮气隙和永磁体转角共同确立，因此在施加扰动力或悬浮质量变化时，系统在此稳定时有两种状态：一是稳态气隙不变，仅调整永磁体转角；二是永磁体转角保持不变，仅改变稳态气隙长度。本节将针对系统的这种特性分别采用恒气隙控制策略和恒角度控制策略，对系统的准零功率特性进行探究。

9.4.1　恒气隙准零功率控制策略

当悬浮物的气隙长度固定时，随着悬浮物质量的变化，会得到不同的永磁体转角，从而得到不同的稳态电流值。图 9.11 显示了电流随悬浮气隙的变化关系，永磁体转角调节范围设定在 5°～45°，当悬浮物的气隙长度固定时，随着永磁体转角的增加，电机的输入电流逐渐增大。气隙调节范围在 8mm 以内，当永磁体转角不变时，随着气隙长度的增加，电机的输入电流逐渐减小。气隙长度越小，电流曲线的倾斜度越大，电流对永磁体转角变化越敏感，为了避免因气隙长度过小而引起的吸附问题，本节设定气隙长度为 2mm。

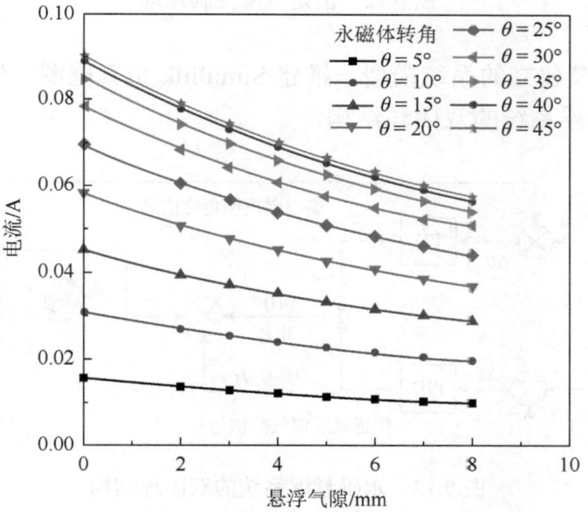

图 9.11　电流随悬浮气隙的变化关系（扫封底二维码可见彩图）

本节根据 PID 控制原理设计永磁系统恒定气隙控制器，即在气隙环中加入合适的积分值，消除气隙的稳态误差。永磁系统恒定气隙控制器如下：

$$\Delta i = -k_{\mathrm{p1}}\Delta z + k_{\mathrm{d1}}\Delta \dot{z} + k_{\mathrm{p2}}\Delta\theta + k_{\mathrm{d2}}\Delta\dot{\theta} + k_{\mathrm{i1}}\int(\Delta z)\mathrm{d}t \tag{9.9}$$

可变磁路式永磁系统恒定气隙控制原理如图 9.12 所示。系统在气隙长度为 z、

角度为 θ_1 处稳定悬浮时，随着悬浮物重力从 m_1g 增大至 m_2g，永磁体转角与气隙长度均会产生变化。随着控制信号的加入，系统再次达到稳态时的气隙长度仍为 z，永磁体转角由 θ_1 增大至 θ_2。

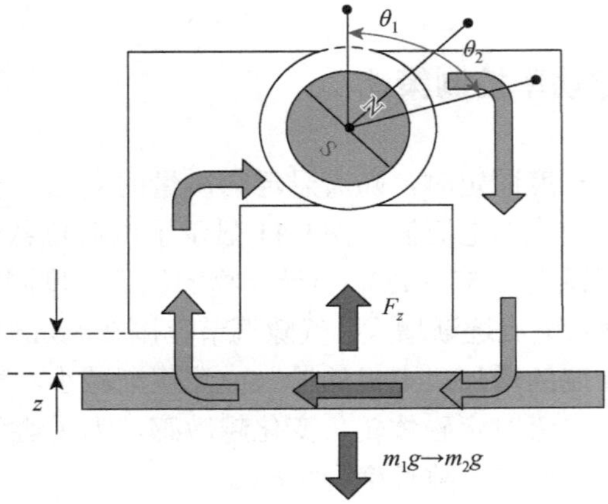

图 9.12　恒定气隙控制原理

根据前述章节建立的系统模型，搭建 Simulink 仿真框图，恒定气隙控制时，图 9.13 为永磁悬浮系统的双闭环结构。

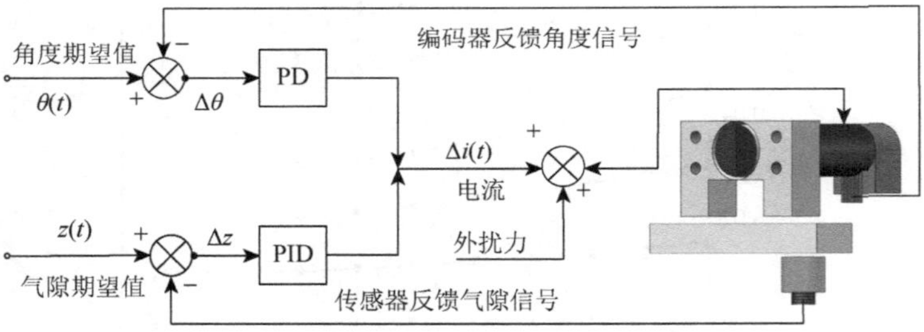

图 9.13　永磁悬浮系统的双闭环结构

设定悬浮气隙长度为 2mm，悬浮质量由 0.12kg 增加至 1.08kg，步长 0.12kg，图 9.14～图 9.17 为恒气隙条件下可变磁路式永磁悬浮系统的稳态电流、永磁体转角、永磁体转矩、电流与转矩的仿真结果。

从图 9.15 中可以看出，在气隙长度为 2mm 不变时，随着悬浮物质量的增加，为了满足悬浮力的要求，使系统能够稳定悬浮，永磁体转角逐渐增大。由图 9.15 与图 9.16 可知，在悬浮物质量变化过程中，永磁体与电机轴之间的转矩逐渐增大，为了抵消转矩的影响，系统稳定悬浮时的电流逐渐反向增大。当悬浮物质量为

1.08kg 时，永磁体转角为 36.6°，系统稳定悬浮时的电流大小为 0.096A，稳态电流很小且与负载转矩呈现出线性关系。

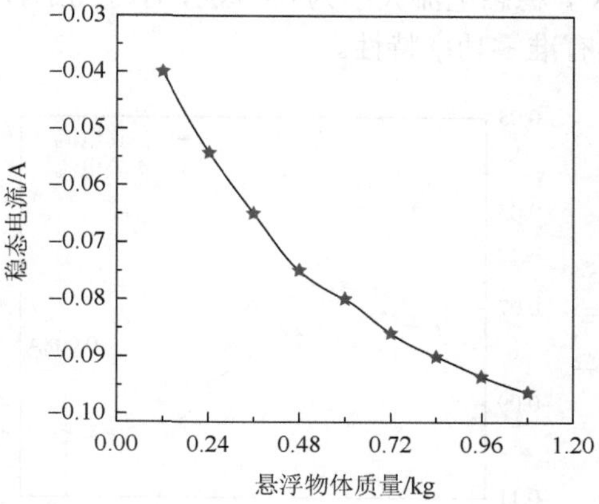

图 9.14　稳态电流变化图

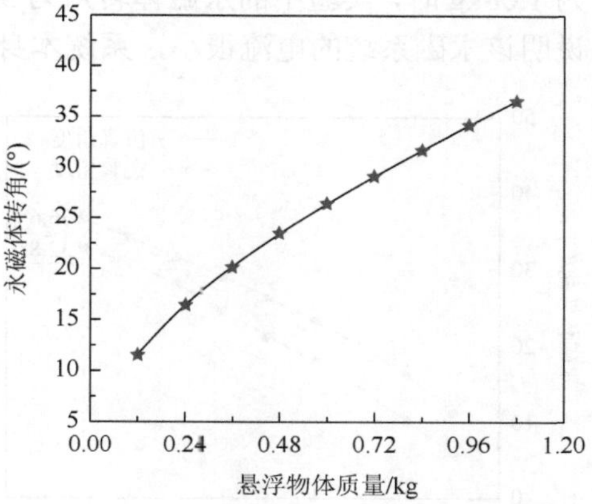

图 9.15　永磁体转角变化图

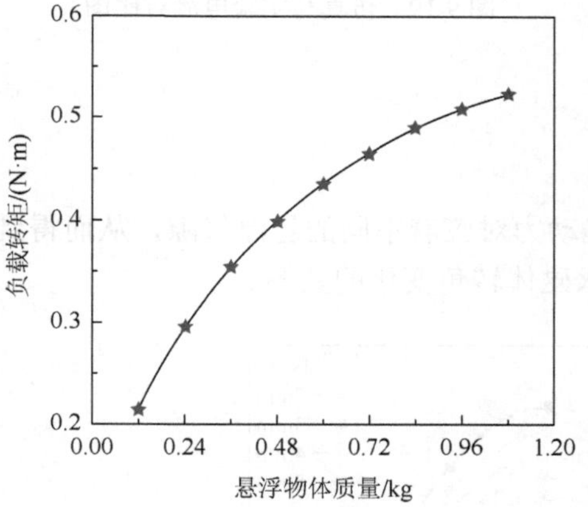

图 9.16　永磁体转矩变化图

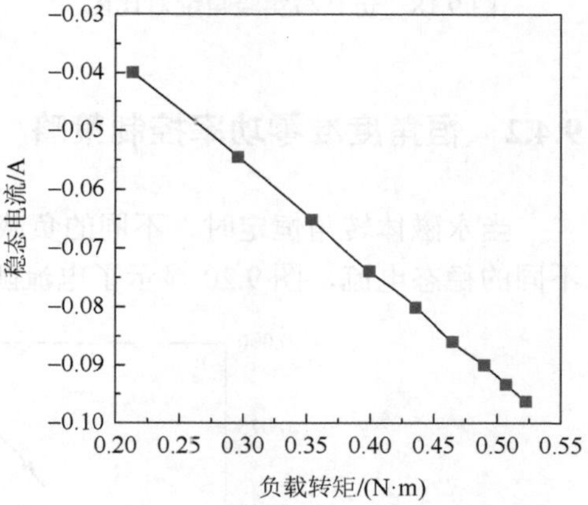

图 9.17　电流与转矩对应关系

为了进一步验证恒气隙控制下系统的准零功率特性，基于已搭建的实验平台进行加载实验，仿真与实验对比结果如图 9.18 和图 9.19 所示。实验过程中，当悬浮系统在气隙 z 为 2mm 位置达到稳定悬浮状态时，采集并记录永磁体转角和电机输入电流。

由图 9.18 可以看出，实验采集到的角度小于仿真角度，这是由于在实验过程中，永磁体的初始角度无法准确地设定在绝对零点位置，因此将会导致实验中采集的角度与仿真结果之间始终存在 4°左右的误差。径向充磁的永磁体两磁极垂直放置时漏磁最多，水平放置时漏磁最少，当设定气隙长度为 2mm 时的角度变化量较小（小于 9°），由于漏磁的影响，在图 9.19 的初始阶段，仿真与实验间电机的输入电流存在较大的误差。随着悬浮物质量的增加，永磁体漏磁减小，电机的输入电流反向增大，虽然电流变化略有波动，但总体变化趋势一致。当悬浮物质量为 1.08kg 时，实验中的永磁体转角为 32.8°，稳态电流大小为 0.098A，小于 0.1A，说明该永磁系统的电流很小，系统本身具有准零功率特性。

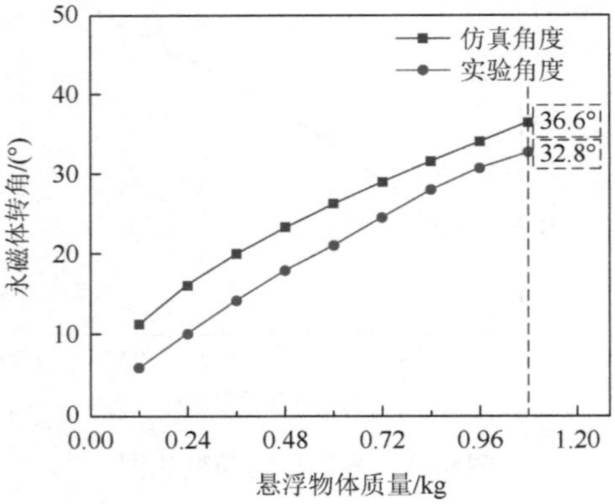

图 9.18　仿真与实验角度对比图

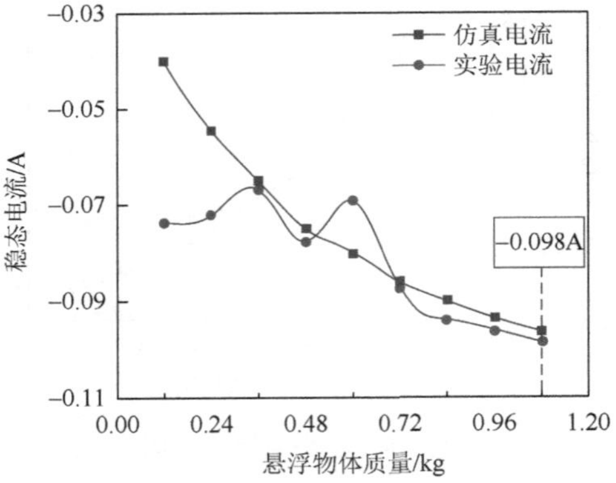

图 9.19　仿真与实验电流对比图

9.4.2　恒角度准零功率控制策略

当永磁体转角恒定时，不同的负载扰动力对应着不同的悬浮气隙，从而得到不同的稳态电流，图 9.20 显示了电流随永磁体转角变化的关系。

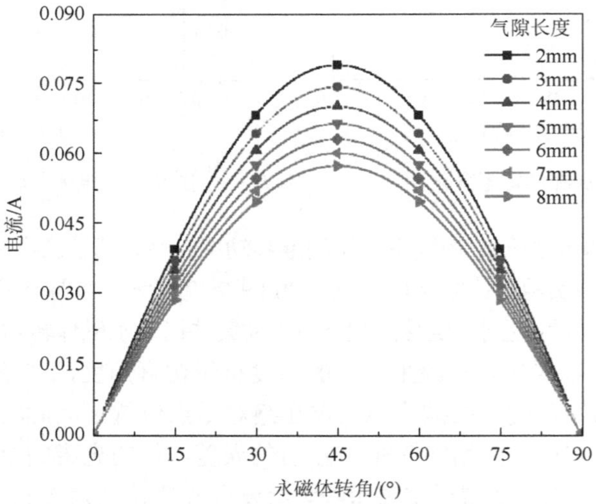

图 9.20　电流随永磁体转角变化关系

永磁体的转角从 0°变化至 90°，满足所需要的悬浮力。当悬浮气隙固定时，电流与永磁体的转角呈现出正弦规律变化。当永磁体转角达到 45°时，由于负载转矩的影响，电流会达到峰值；当永磁体的转角固定时，电流将随着气隙长度的减小而增加。当转角接近 45°时，可以看出电流对悬浮气隙的变化更为敏感，因此本章采用恒定角度的控制方法进行系统的准零功率特性研究。

恒定角度控制原理如图 9.21 所示，本节将外加负载力转变为悬浮物质量的变化，系统在角度为 θ、气隙为 z_1 处稳定悬浮时，随着负载的增加，角度与气隙均会产生变化，由于恒定角度控制器的作用使系统再次达到稳态时的角度仍为 θ，气隙变化至 z_2。

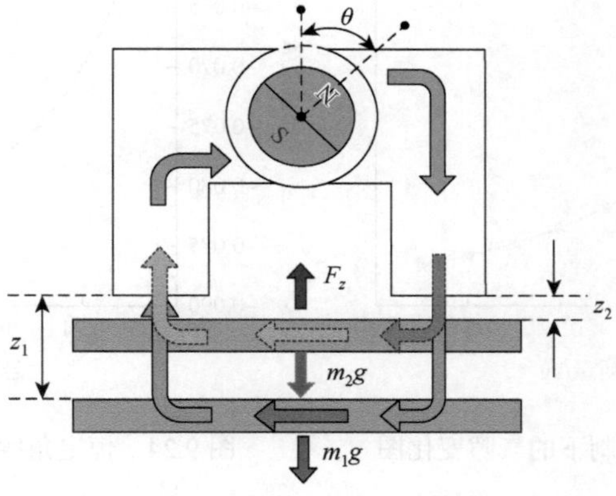

图 9.21　恒定角度控制原理

永磁系统恒定角度控制器表示为

$$\Delta i = -k_{\mathrm{p1}}\Delta z + k_{\mathrm{d1}}\Delta\dot{z} + k_{\mathrm{p2}}\Delta\theta + k_{\mathrm{d2}}\Delta\dot{\theta} + k_{\mathrm{i2}}\int(\Delta\theta)\mathrm{d}t \tag{9.10}$$

式中，k_{p1} 与 k_{d1} 分别为气隙环比例项和微分项；k_{p2} 与 k_{d2} 分别为角度环比例项和微分项；k_{i2} 表示角度环积分项；Δz 与$\Delta\theta$ 分别为气隙误差与角度误差。

恒定角度控制系统结构如图 9.22 所示。

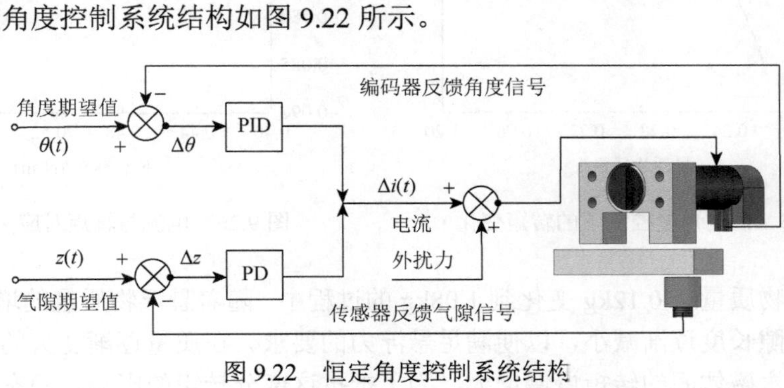

图 9.22　恒定角度控制系统结构

悬浮物质量变化范围从 0.12～1.08kg。当永磁体转角超过 45°时，电流呈现出减小趋势，为了方便阐述电流与气隙的关系，将角度的变化范围设定在 0°～45°，且为了避免小角度时悬浮力过小，以及大角度时能耗过高的问题，故设定稳定悬浮角度为 40°。

同样进行仿真分析，记录不同悬浮质量对应的气隙长度、稳态电流、负载转矩的变化如图 9.23～图 9.25 所示。稳态电流与负载转矩的变化关系如图 9.26 所示。

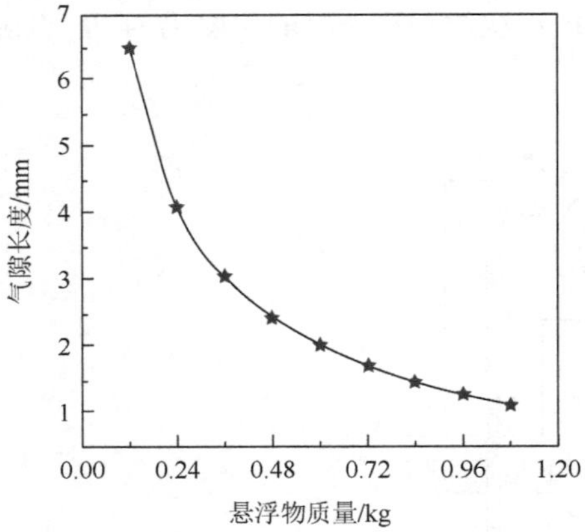

图 9.23　恒定角度控制下的气隙变化图

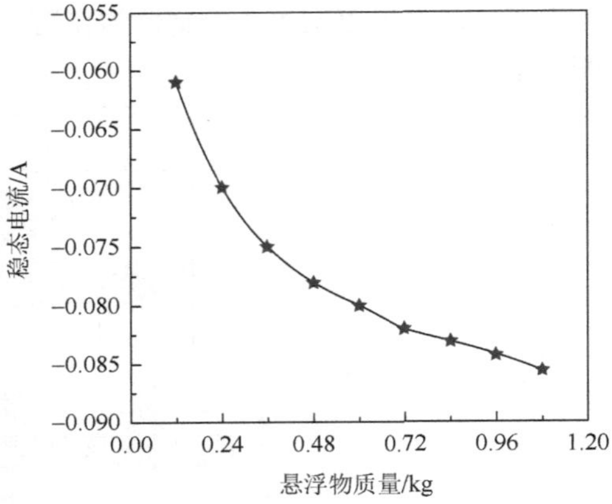

图 9.24　恒定角度控制下的电流变化

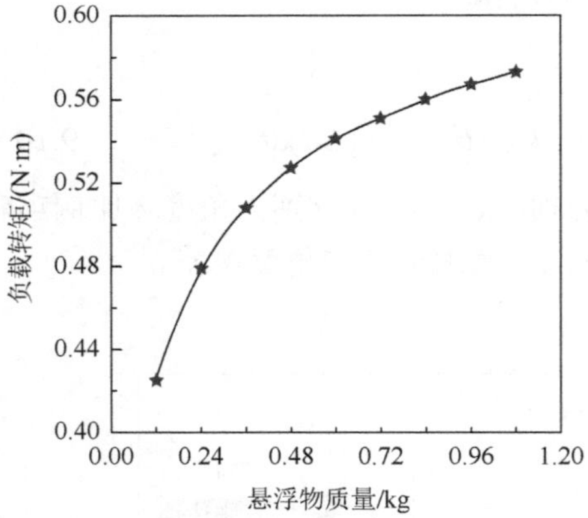

图 9.25　恒定角度控制下的转矩变化

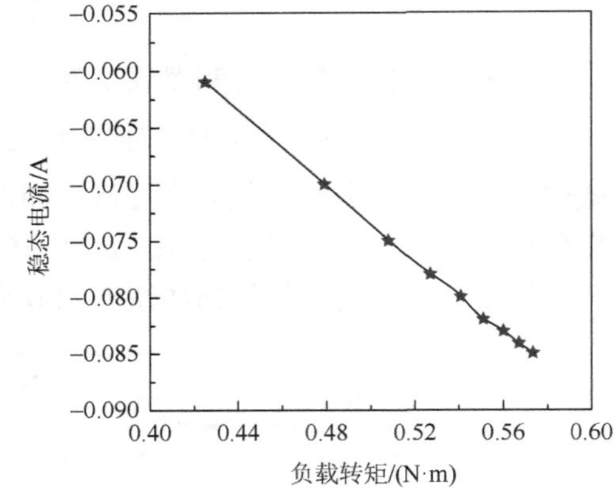

图 9.26　电流与转矩对应关系

悬浮物质量从 0.12kg 变化到 1.08kg 的过程中，随着悬浮物质量的增加，系统的稳态气隙长度逐渐减小，以便满足悬浮力的要求。在质量逐渐变大的过程中，电机轴与永磁体间的转矩慢慢增大，为了抵抗这部分转矩的影响，稳态电流逐渐反向增大。当悬浮物质量为 1.08kg 时，稳定气隙长度为 1.13mm，稳态电流的大小为 0.086A，小于 0.1A，稳态电流值很小，表明系统本身就具有准零功率节能特性。从图 9.26 中可以看出，随着永磁体转矩的增加稳态电流值逐渐反向增大，且呈现出线性关系，验证了稳态电流是由永磁体转矩产生的分析。

为了进一步验证恒气隙控制下永磁悬浮系统的准零功率特性，对其进行恒定角度控制实验，设恒定角度为 40°，实验结果如图 9.27 和图 9.28 所示。

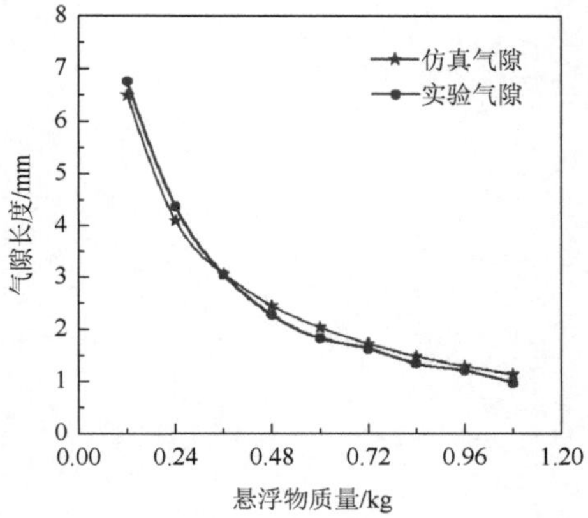

图 9.27　气隙长度对比图

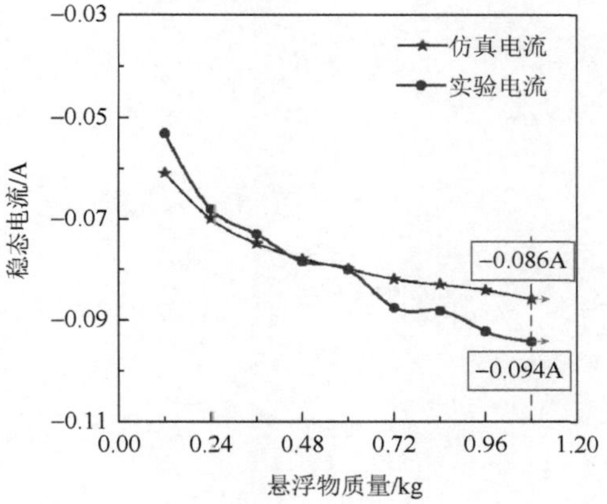

图 9.28　电流对比图

实验过程中，由于不方便直接测量稳态电流值，所以先确定电机驱动器中电压与电流的比例关系，通过测量某一悬浮物质量下驱动器中的电压值，再将其转变为稳态电流值。当悬浮物质量增大到 1.08kg 时，实验中的气隙长度逐渐减小至 0.96mm，以便提高悬浮力保持悬浮物稳定悬浮。

当悬浮物质量为 0.12kg 时，实验测得的电流大小略高于仿真结果。随着质量的逐渐增加，仿真和实验中的电流均逐渐反向增大，其增大的趋势保持一致，最终的实验值大于仿真值。悬浮物质量为 1.08kg 时，实验测得的电流大小为 0.094A，小于 0.1A，证明了系统的准零功率节能特性。在仿真过程中忽略了漏磁对系统的影响以及实验中的永磁体转矩明显增大，所以仿真与实验的电流误差逐渐增加。

由于上述两个实验中的控制器参数以及初始平衡位置是人为设置的，在相同悬浮质量下比较两种闭环控制系统的稳态电流数值不具有代表性。但是，恒气隙控制下永磁悬浮系统稳态电流较低，并且对质量变化不敏感，这与恒角度控制实验结果相同，证明了系统的准零功率特性。电磁-永磁混合磁悬浮系统准零功率控制器是电流积分反馈环节，当稳态电流不为零时，控制器始终输出控制信号调节气隙长度，直至系统在准零功率位置处稳定悬浮，此时系统悬浮力完全由永磁体提供，电磁线圈输入电流为零。当悬浮质量增加时，混合磁悬浮系统必须减小气隙才能维持准零功率悬浮；反之，系统必须增大气隙以实现准零功率悬浮。可见，电磁-永磁混合磁悬浮系统的悬浮刚度为负值，其悬浮气隙是随着悬浮质量变化而自动变化的。相比之下，恒气隙控制下可变磁路式永磁悬浮系统同时具备稳态气隙和低稳态电流的悬浮特性，应用于磁悬浮平台可实现固定气隙、低能耗、抗偏载等优良特性，若能进一步提高其闭环控制性能，在未来会具有更加广阔的前景。

第 10 章　可变磁路式永磁悬浮系统零功率结构优化

第 9 章分析了可变磁路式永磁悬浮系统的零功率特性，选择合适的永磁体转角区域能够降低功耗，通过恒气隙控制或恒角度控制可实现悬浮状态的稳定电流保持在较低水平。然而，其悬浮功耗还没有完全为零。因此，本章将对可变磁路式永磁悬浮系统的零功率悬浮机理进行探究，在保持该机构的磁力特性不变的基础上，对系统结构进行改进优化，进一步降低系统的悬浮功耗。

10.1　系统悬浮功耗优化方案

通过第 2 章永磁悬浮系统电磁力的仿真和永磁体转矩的计算，可知永磁体在旋转过程中和悬浮物之间有磁通量泄漏产生，漏磁的存在减小了系统的悬浮力。成对存在的 F 形导磁体及对称结构永磁体，使得永磁体转矩出现了周期性变化，永磁体转矩的存在必然需要电机提供转矩平衡，因此，电机存在静态功耗和电流。漏磁和周期性的转矩是系统无法实现真正零功率的主要因素。为了进一步确定永磁体转矩的变化，我们对转矩做了测量实验，测量装置如图 10.1 所示，包括永磁体、电机、转矩传感器，永磁体通过转矩传感器与电机连接。

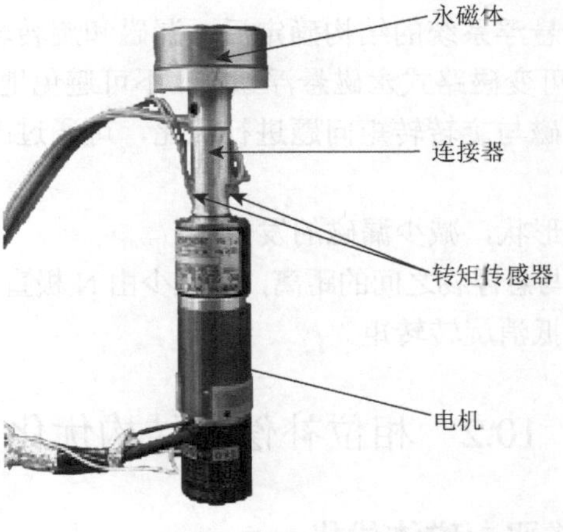

图 10.1　永磁体旋转转矩的测量装置

图 10.2 所示为永磁体以一步 10°旋转、悬浮物位移为 2～8mm、一步增加 1mm 的实验结果。旋转转矩由永磁体的角度和悬浮物的位移决定。

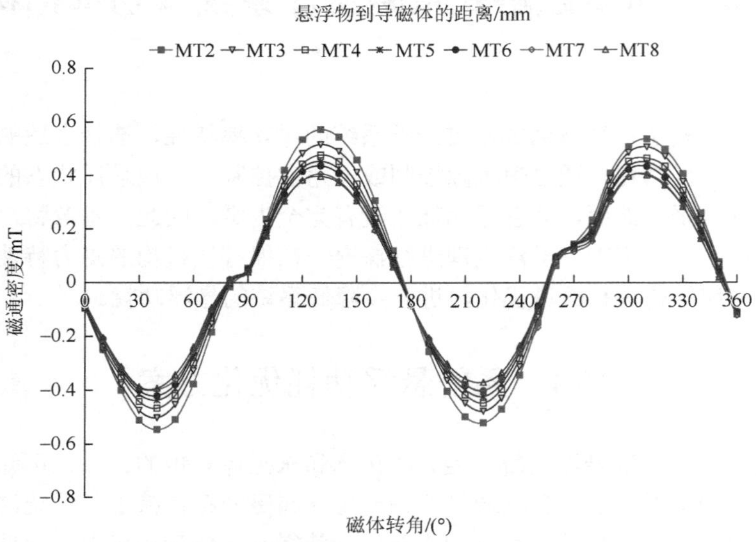

图 10.2　永磁体的旋转转矩（扫封底二维码可见彩图）

实验结果与仿真结果一致，转矩呈现周期性变化，悬浮力的大小由通过一对 F 形导磁体的磁通量决定，悬浮物的重力通过一对 F 形导磁体直接传递到框架中，永磁体和电机不支撑悬浮物的重力，但永磁体在旋转过程中产生旋转转矩，为了抵消旋转转矩，电机需要输入一个小电流，因此，可变磁路式永磁悬浮系统只具有准零功率特性。当悬浮系统的结构确定后，漏磁和旋转转矩成了系统的固有属性。前面章节设计的可变磁路式永磁悬浮系统，不可避免地存在漏磁和旋转转矩。若对系统中存在的漏磁与旋转转矩问题进行优化，可通过改进系统结构实现，具体有以下三种方案：

（1）改变永磁体形状，减少漏磁的发生；

（2）延长永磁体与悬浮物之间的距离，以减少由 N 极直接回到 S 极的磁通量；

（3）相位补偿式抵消旋转转矩。

10.2　相位补偿式结构优化

10.2.1　相位补偿式双永磁体优化

采用特殊形状的永磁体和延长导磁体长度这两种结构方案，目的都是减少永磁体的漏磁通，进而提高悬浮力。由磁力仿真可知，改进后的两种结构漏磁通减少，此时，可以提高准零功率的悬浮力，但旋转转矩依然存在。

下面对可变磁路式永磁系统进行基于电机轴转矩特性的结构优化。如图 10.3 所示，当永磁体在伺服电机驱动下旋转时，顺时针和逆时针转矩值都为正弦值，根据正弦值的波形特性，采用两个永磁体与两对 F 形导磁体之间的转矩相互偏移的方法，以消除电机的驱动能耗。设想在框架两侧安装两个径向磁化永磁体，两个永磁体的磁极交错 90°，如图 10.4 所示。

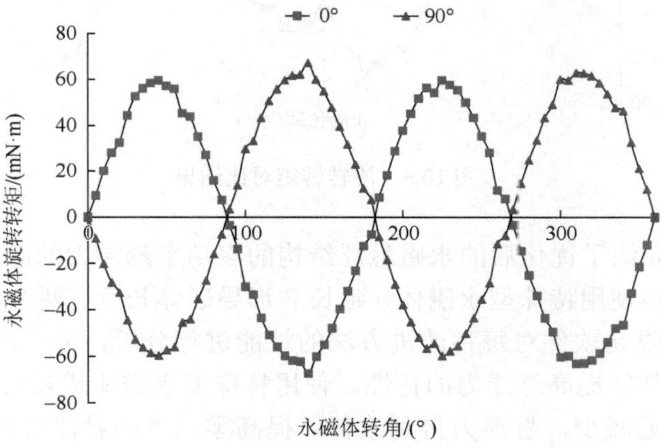

图 10.3　不同角度的转矩

如图 10.5 所示，采用两对 F 形导磁体，两个交错成 90°的永磁体，叠加到一起，根据研究问题，假设采用永磁悬浮装置的磁驱动装置的有限元模型忽略了装置的泄漏和摩擦对装置的影响，用有限元法对原始结构、优化结构以及带有隔磁板的优化结构的转矩进行了比较。如图 10.6 所示，可以看到，永磁体的旋转转矩正弦波改变，优化后结构的旋转转矩降低，两个永磁体的旋转转矩相互抵消，叠加后的转矩趋近于零。

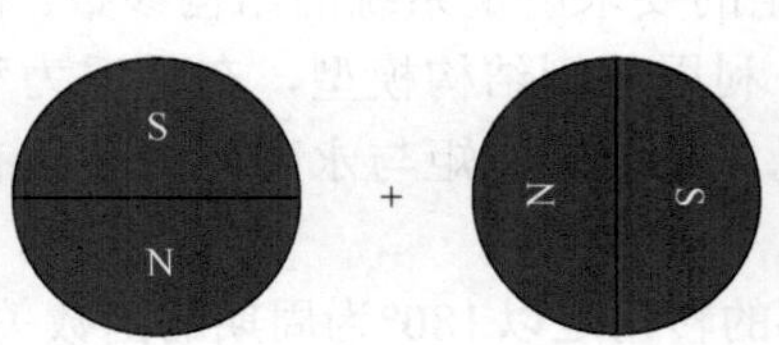

图 10.4　两个交错 90°的永磁体

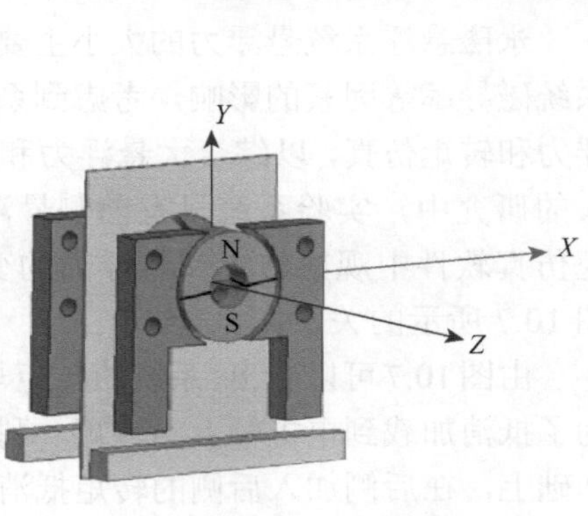

图 10.5　有限元分析模型

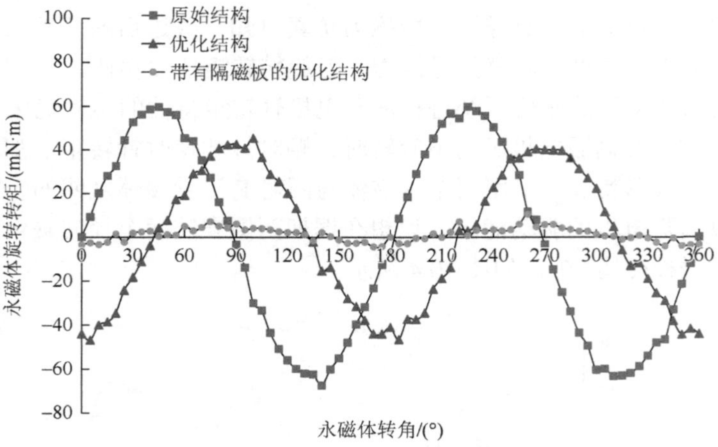

图 10.6　旋转转矩对比结果

本节着重介绍了优化后的永磁悬浮结构的零功率悬浮力的改进，并提出了三种改进方法，即使用特殊型永磁体、延长 F 形导磁体长度、两个永磁体交错 90°叠加。采用有限元软件对每种改进方法的性能进行分析，分析结果表明，上述三种改进方法都能提高悬浮力的特性。使用特殊型永磁体或延长 F 形导磁体的方法能使漏磁通减少，悬浮力得到改善，提高零功率的悬浮特性，然而，对零功率悬浮力的效果有限。此外，本节又从改善永磁体转矩方面对系统结构做了优化设计，由于旋转转矩是影响零功率实现的主要因素，通过对此结构优化的电磁仿真可以看到，旋转转矩明显改善，接下来对相位补偿式系统结构优化进行详细的分析。

10.2.2　相位补偿式方案零功率特性分析

永磁悬浮系统悬浮力的大小主要受到系统中永磁体的有效体积、气隙大小和系统磁导率等因素的影响，考虑到系统的特殊结构，对系统中的结构参数进行悬浮力和转矩仿真，以综合大悬浮力和较小转矩的要求确定系统的结构参数。在前人的研究中，实验系统只有前侧悬浮结构，利用单侧结构模型，在悬浮力和转矩仿真软件中观察转矩和悬浮力的变化情况，系统的转矩与永磁环的转角有如图 10.7 所示的关系。

由图 10.7 可以看出，系统的转矩与永磁环的转角是以 180°为周期的函数关系。为了抵消加载到电机轴上的转矩，利用转矩互相补偿抵消的原理，在原来装置的基础上，在后侧加入后侧的转矩抵消装置，在前侧永磁环对称的位置放置一个径向充磁的永磁环，后侧转矩结构的永磁环与前侧悬浮结构的永磁环呈 90°放置，后侧结构的两 F 形导磁体与前侧两 F 形导磁体位置呈前后对称，在后侧两 F 形导磁体下方 3mm 处放置一个与悬浮物同样的长方体，此长方体固定在系统框架上。新的装置可以有效地抵消原装置的负载转矩。

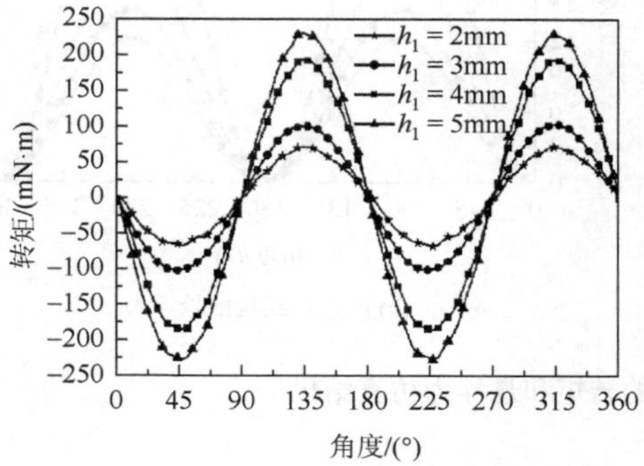

(a) 转矩与永磁环角度的关系

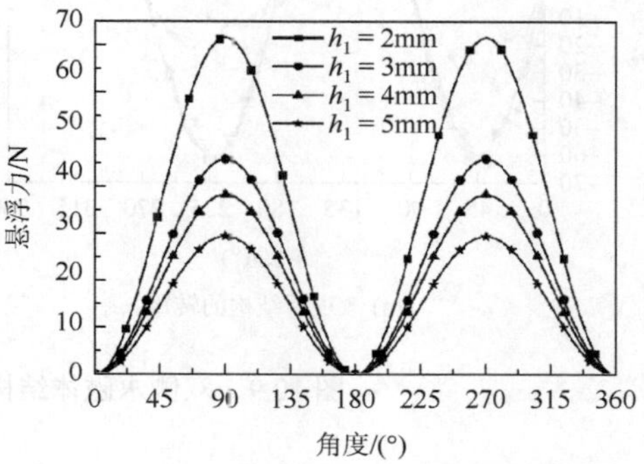

(b) 悬浮力与永磁环角度的关系

图 10.7　单侧永磁体结构的转矩和悬浮力仿真结果

优化后的双侧永磁体结构有限元仿真模型如图 10.8 所示。其中，在仿真时，前侧悬浮结构和后侧转矩结构的 F 形导磁体与悬浮物都是坡莫合金。永磁环采用径向充磁方式，牌号为 NdFeB35，永磁环外径为 40mm，内径为 16mm。永磁环与 F 形导磁体之间的环形间隙设置为 2mm，两永磁环之间距离为 38cm，仿真速度为 3.6°/s，仿真时间为 60s。改进后结构的负载转矩和结构悬浮力如图 10.9 所示。

图 10.8　双侧结构有限元仿真模型

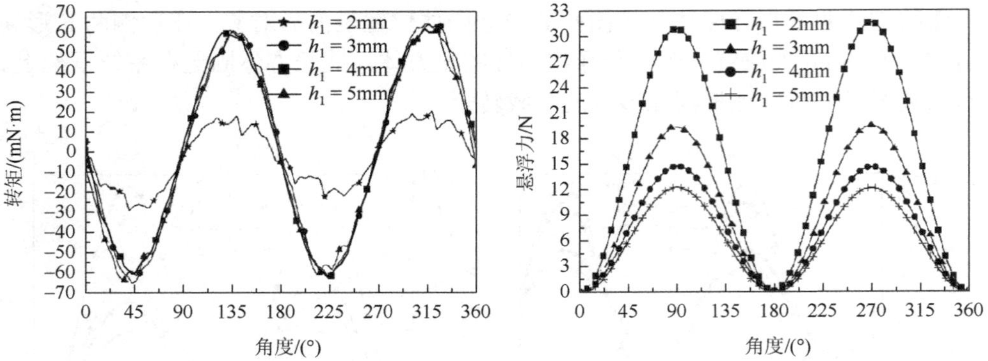

(a) 改进后结构的转矩　　(b) 改进后结构的悬浮力

图 10.9　双侧永磁体结构的转矩和悬浮力仿真结果

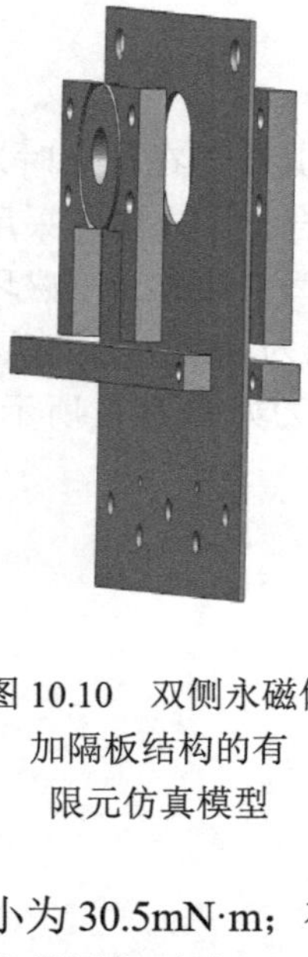

图 10.10　双侧永磁体加隔板结构的有限元仿真模型

改进后的双侧永磁体结构，负载转矩最大值由 225mN·m 减小到了 65mN·m 左右，改进后的结构负载转矩约为原来的 28.9%，改进后的结构可以显著减小系统的负载转矩。同时，改进结构后，系统的悬浮力减小，系统最大悬浮力减小为 30.96N，为图 10.7（b）的 46.2%，减小了很多。

在此基础上，又进行了进一步的结构优化（双侧永磁体加隔板结构），在前侧悬浮结构和后侧转矩结构中间加一隔磁板，隔磁板的材料为铁，这样可以更好地减小两侧结构之间的影响，再次优化结构如图 10.10 所示。

采用相同的仿真条件进行电机负载转矩仿真，仿真结果如图 10.11 所示。

由图 10.11 可以看出，未进行结构优化时，在悬浮气隙为 2mm 的情况下，电机的负载转矩为 20mN·m，在进行二次优化后（双侧永磁体加隔板结构），电机的负载转矩减小为 17mN·m；在悬浮气隙为 3mm 的情况下，电机的负载转矩减小为 30.5mN·m；在悬浮气隙为 4mm 的情况下，电机的负载转矩减小为 28mN·m；在悬浮气隙为 5mm 的情况下，电机负载转矩减小为 42.5mN·m，最大负载转矩减小到了首次优化后的 34.6%。由此可见，优化后的结构有效地降低了加载到电机轴上的负载转矩。再次优化后的最大悬浮力为 24.2N，为未优化前的 34%，是首次优化后最大悬浮力的 78.1%，悬浮力再次减小。

为了验证隔磁板对转矩和悬浮力的单独影响，下面进行单侧结构加隔磁板的转矩和悬浮力仿真。仿真条件与以上相同，仿真模型如图 10.12 所示。

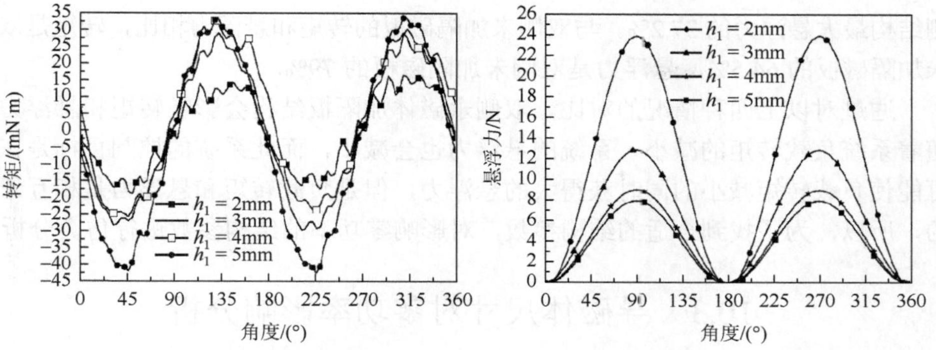

(a) 再次优化结构的转矩　(b) 再次优化结构的悬浮力

图 10.11　双侧永磁体加隔板结构的转矩和悬浮力仿真结果

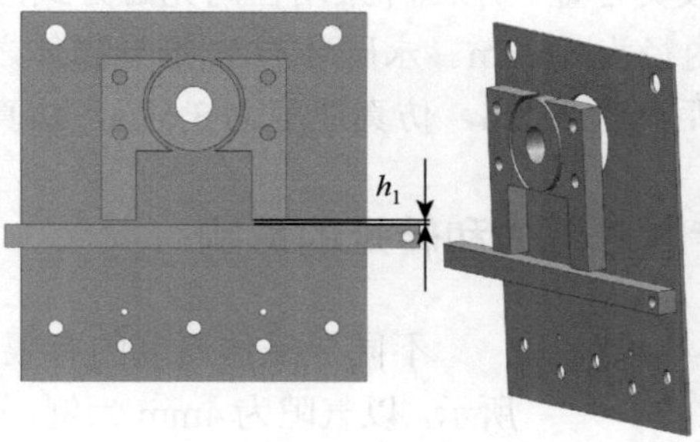

图 10.12　单侧结构加隔板的转矩和悬浮力仿真模型

如图 10.13 所示，加入隔磁板后系统最大转矩与无加隔磁板的单侧结构的最大转矩相比，加入隔板后的转矩是单侧结构的 17%。此时悬浮力是 24.9N，是单

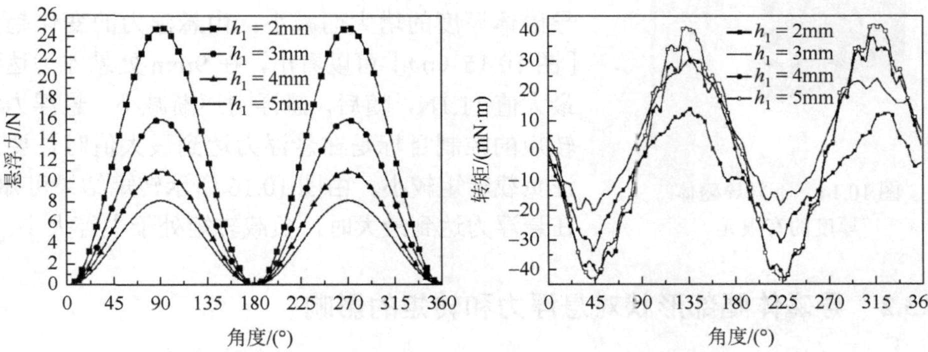

(a) 悬浮力　(b) 转矩

图 10.13　单侧结构加隔磁板的悬浮力和转矩仿真

侧结构最大悬浮力的 37.2%。与双侧未加隔磁板的转矩和悬浮力相比，转矩是双侧未加隔磁板的 64.5%，悬浮力是双侧未加隔磁板的 79%。

通过对以上四种情况的对比，双侧永磁体加隔板结构会影响转矩和悬浮力。随着系统负载转矩的减小，系统的悬浮力也会减小，而此系统的控制目标是在尽可能使负载转矩减小的同时获得大的悬浮力，但是负载转矩和悬浮力是相互矛盾的，所以，为了找到合适的结构参数，对影响零功率的结构参数进行仿真分析。

10.3　导磁体尺寸对零功率影响分析

在完成系统结构优化后，为获取最好结构参数，针对结构参数对悬浮力与转矩的影响进行了仿真分析研究。在仿真时，前侧悬浮结构和后侧转矩结构的 F 形导磁体和悬浮物都是坡莫合金。永磁环采用径向充磁方式，牌号为 NdFeB35，永磁环外径为 40mm，内径为 16mm。永磁环与 F 形导磁体之间的环形间隙设置为 2mm，两永磁环之间距离为 38cm，仿真速度为 3.6°/s，仿真时间为 60s。

10.3.1　导磁体厚度对悬浮力和转矩的影响

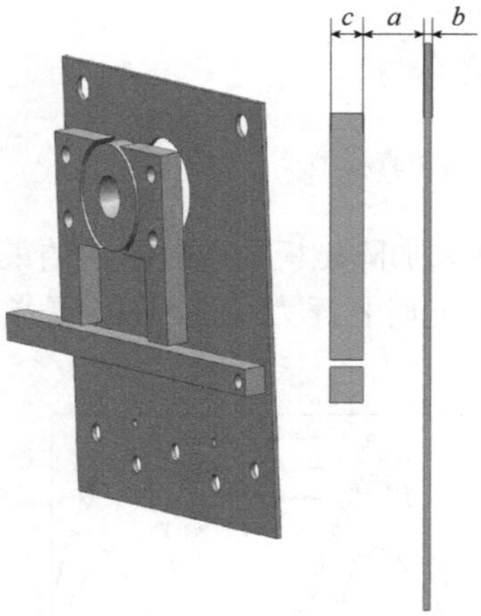

图 10.14　不同导磁体厚度的有限元

不同导磁体厚度的有限元仿真模型如图 10.14 所示，以气隙为 4mm 为例，分别采用导磁体厚度 C 为 2mm、4mm、6mm、8mm、10mm、12mm、14mm、16mm、18mm、20mm 几种情况，进行悬浮力和转矩仿真。

由悬浮力仿真结果［图 10.15（a）］可以看出，在厚度为 1～9mm 范围内，悬浮力的大小随 F 形导磁体厚度的增大而减小；由悬浮力的变化趋势［图 10.15（b）］可以看出，在 9mm 处悬浮力达到最大值 11.1N，随后，悬浮力逐渐减小。悬浮力和转矩的控制目标是在悬浮力达到最大值时，要保证负载转矩较小。由图 10.16 所示转矩结果可知，在悬浮力达到最大时，负载转矩处于中等大小。

10.3.2　导磁体腿部形状对悬浮力和转矩的影响

在保持其他结构参数不变的情况下，仅改变导磁体腿部尺寸进行仿真分析，有限元仿真模型如图 10.17 所示。由图 10.18 可以得到，增大 F 形导磁体

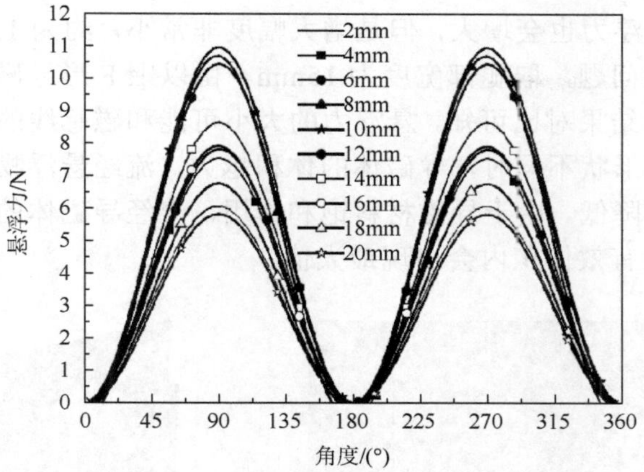

(a) 悬浮力结果

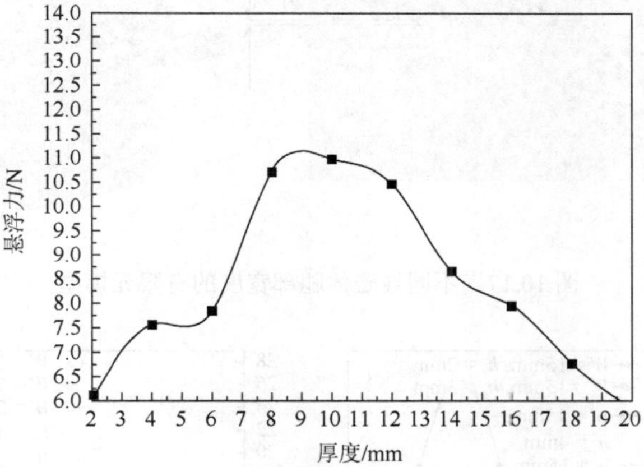

(b) 悬浮力变化趋势

图 10.15　不同导磁体厚度的悬浮力仿真分析

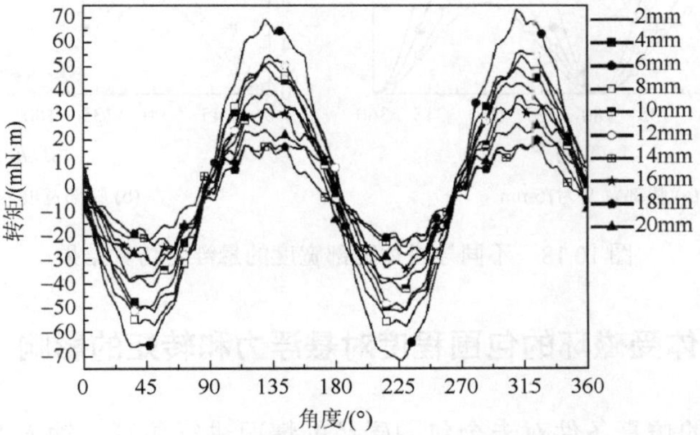

图 10.16　不同导磁体厚度的转矩仿真分析

的腿部尺寸，悬浮力也会增大，但是增大幅度非常小，约为 1.4N，实际应用时要考虑到经济性问题，取腿部宽度为 15mm。由以上 F 形导磁体参数不同情况下悬浮力和转矩结果对比可知，悬浮力的大小可能和磁感线的流通路径的体积相关。因为腿部形状不同时，导磁体的体积越大，流经悬浮物的磁感线条数越少，从而悬浮力降低。由于导磁材料饱和作用，流经导磁体的磁感线不可能无限增大，所以在有效体积内会出现最大值。

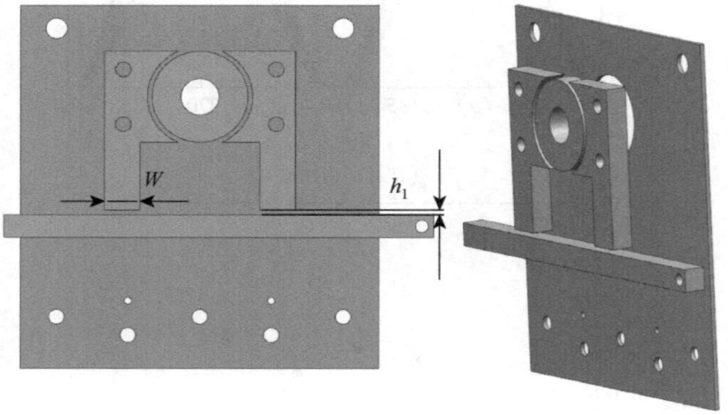

图 10.17　不同导磁体腿部宽度的有限元模型

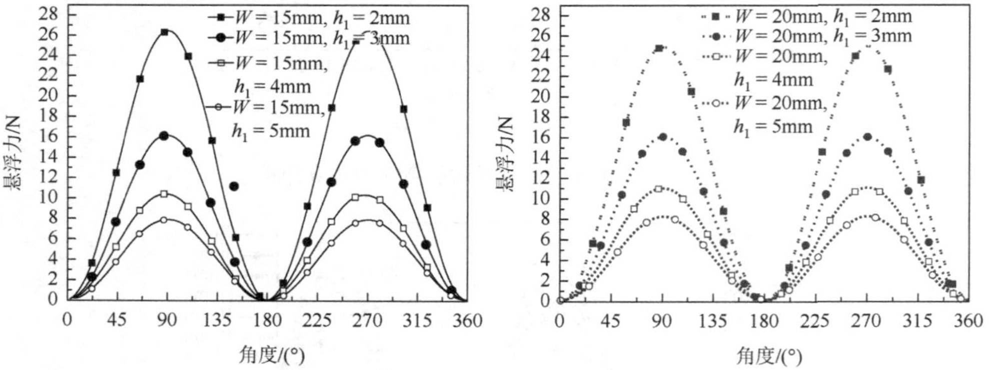

(a) 腿部宽度为15mm　　(b) 腿部宽度为20mm

图 10.18　不同导磁体腿部宽度的悬浮力仿真结果

10.3.3　导磁体受磁环的包围程度对悬浮力和转矩的影响

采用相同的仿真条件对未全包围磁环的情况进行仿真，输入有限元仿真软件的仿真三维模型，如图 10.19 所示。

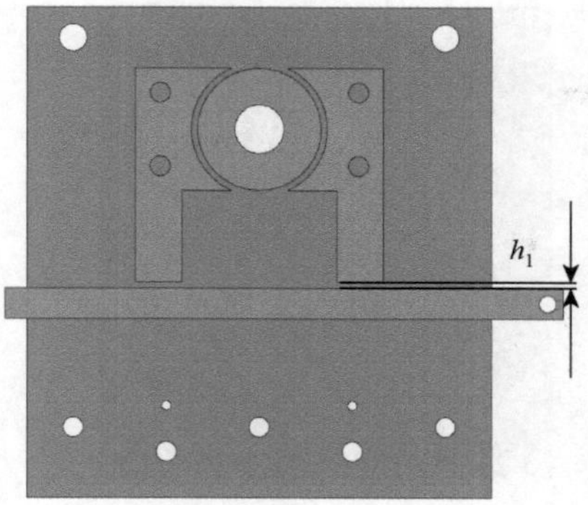

图 10.19　未全包围磁环仿真模型

如图 10.20 所示，磁环采用未全包围结构、气隙在 2mm 时悬浮力最大约为 25N，随着气隙的变大，系统的悬浮力变小，转矩变大，在转矩结果图中，气隙在 3mm、4mm 时的转矩曲线接近。

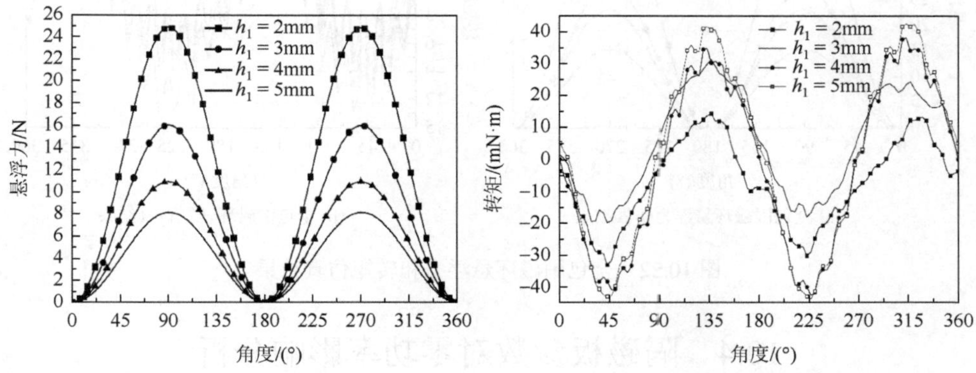

(a) 未全包围磁环悬浮力仿真结果　(b) 未全包围磁环转矩仿真结果

图 10.20　未全包围磁环悬浮力和转矩仿真结果

采用相同的仿真条件对全包围磁环的情况进行仿真，全包围磁环情况是将 F 形导磁体的上部分和下部分进行延伸，直至导磁体完全包围住磁环，其余结构参数不变，输入有限元仿真软件的仿真三维模型如图 10.21 所示。由图 10.22 的仿真结果可以看出，当 F 形导磁体完全包围住磁环时，悬浮力从 N 级降低为 mN 级。当气隙为 5mm 时，全包围磁环转矩降低为原来的 28.9%左右，系统负载转矩图形界限非常模糊。2～5mm 气隙情况下，负载转矩的最大值和最小值之间仅差 10.5mN。但是悬浮力与未全包围磁环情况相比，悬殊太大，导致悬浮力过小，因此全包围磁环与未全包围磁环情况相比，不选用全包围磁环的机械结构。

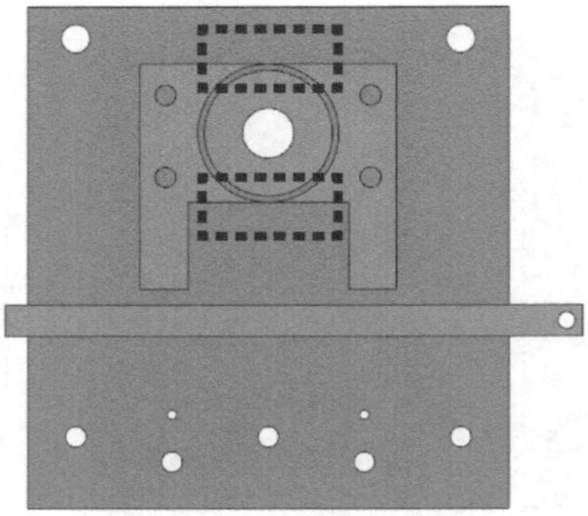

图 10.21 全包围磁环仿真模型

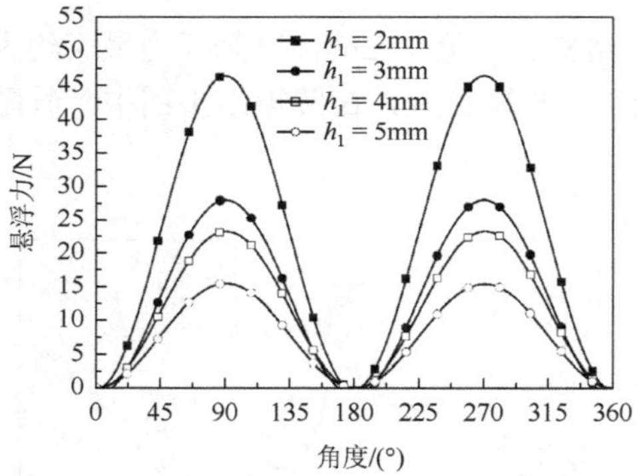

(a) 全包围磁环悬浮力仿真结果

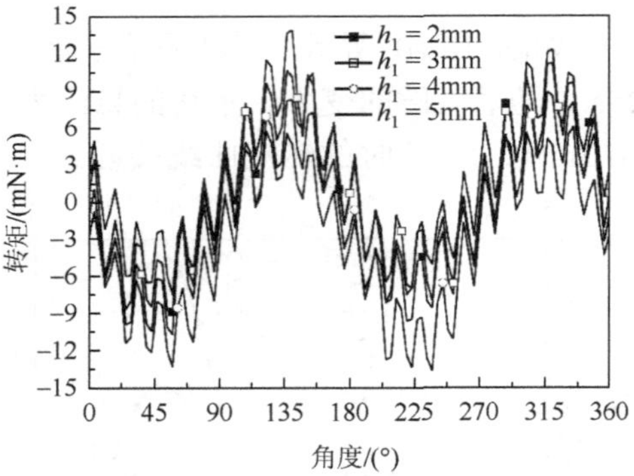

(b) 全包围磁环转矩仿真结果

图 10.22 全包围磁环悬浮力和转矩仿真结果

10.4 隔磁板参数对零功率影响分析

10.4.1 隔磁板厚度对悬浮力和转矩的影响

用如图 10.21 所示的三维模型，改变隔磁板的厚度 b，分别取隔磁板厚度为 0.02mm、0.04mm、0.08mm、0.1mm、0.2mm、0.4mm、0.8mm、1.6mm、2mm、4mm、8mm、16mm 几种情况（表 10.1）。

表 10.1 隔磁板厚度不同时悬浮力大小

隔磁板厚度/mm	最大悬浮力/N	隔磁板厚度/mm	最大悬浮力/N
0.02	15.2215	0.08	14.6364
0.04	15.8412	0.1	14.5367

续表

隔磁板厚度/mm	最大悬浮力/N	隔磁板厚度/mm	最大悬浮力/N
0.2	12.4914	2	10.9775
0.4	11.4168	4	10.4261
0.8	10.4178	8	10.5004
1.6	10.0757	16	9.95931

如图 10.23 所示，隔磁板厚度不同时，从悬浮力仿真结果以及悬浮力变化趋势来看，悬浮力在隔磁板厚度 1.2mm 之内衰减最快，然后以波浪形变化且变化越来越平稳。就转矩来看，在隔磁板厚度为 0.02mm 时，转矩最大；在隔磁板厚度在 16mm 时，转矩最小。由转矩结果可以看出，隔磁板厚度在 0.4～16mm，相同气隙条件和同样的永磁环转角下，不同的隔磁板厚度转矩之间差值仅为 38mN·m。

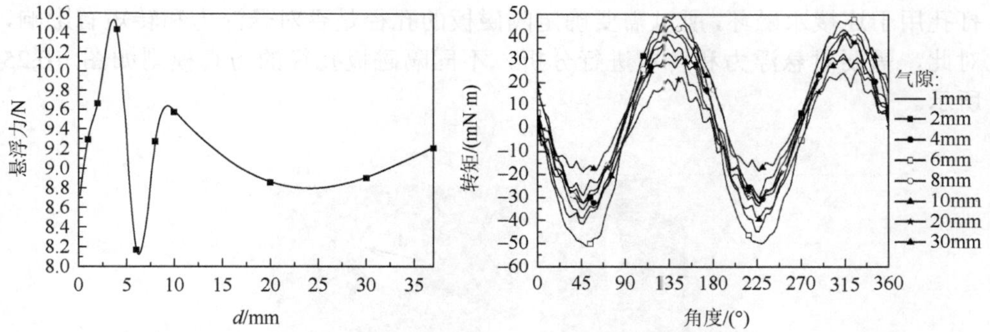

(a) 悬浮力变化趋势　　(b) 转矩仿真结果

图 10.23　不同隔磁板厚度悬浮力和转矩仿真结果

10.4.2　隔磁板位置对悬浮力和转矩的影响

用如图 10.14 所示的三维模型，改变隔磁板到 F 形导磁体的位置即图 10.14 中 a 的值，观察悬浮力和转矩的变化情况。

由图 10.24 所示仿真结果可知，隔磁板到导磁体距离为 10mm 时悬浮力最大，20mm 时悬浮力最小；距离在 6mm 时转矩最大，距离在 14mm 时转矩最小。当悬浮力取最大值时（隔磁板到导磁体的距离为 10mm 时），转矩随气隙的变化如图 10.24（b）所示。

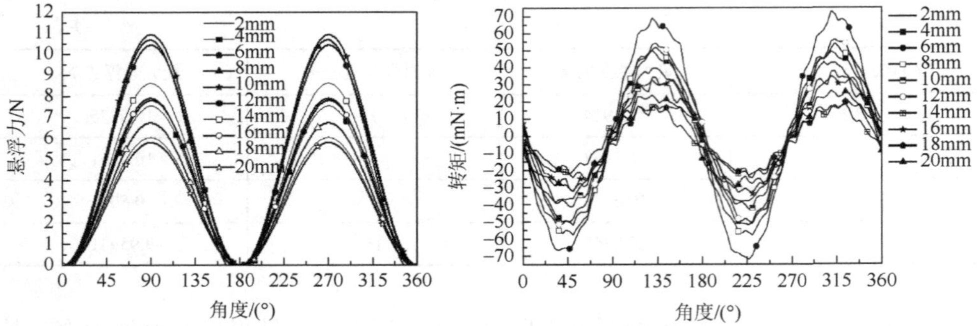

(a) 悬浮力仿真结果　　(b) 负载转矩仿真结果

图 10.24　隔磁板到导磁体距离为 10mm 时的悬浮力和转矩仿真结果

10.4.3　隔磁板孔径对悬浮力和转矩的影响

由于实验台需要用到电机来驱动永磁环旋转，电机在安装时需要将隔磁板打孔用于连接永磁环，所以需要确定隔磁板的孔径是否对悬浮力和转矩有影响，对此，需要对悬浮力和转矩进行分析，不同隔磁板孔径的仿真模型如图 10.25 所示。

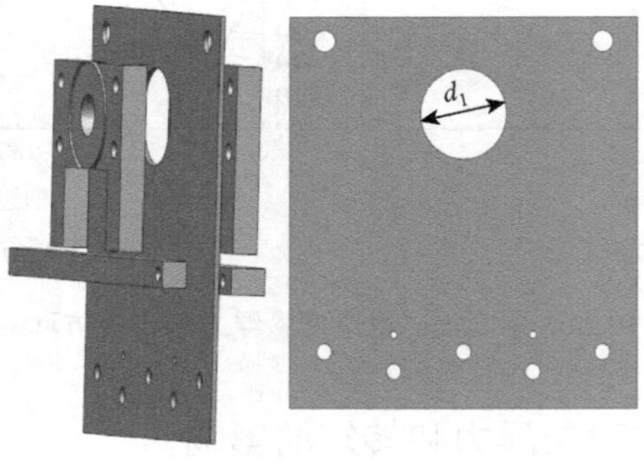

图 10.25　不同隔磁板孔径的仿真模型

分别取隔磁板孔径为 0mm、1mm、2mm、4mm、6mm、8mm、10mm、20mm、30mm 进行悬浮力仿真，结果如图 10.26 所示。图 10.27（a）进一步给出了悬浮力与隔磁板孔径的直接关系，图中显示了随隔磁板孔径变化悬浮力呈现波动变化的趋势；图 10.27（b）显示了隔磁板孔径对转矩的影响，由图可知，隔磁板孔径为 6mm 时，转矩达到最大值，而当隔磁板孔径为 30mm 时，转矩最小。仿真结果证明，圆孔直径对悬浮力和转矩大小有影响，圆孔直径为 1mm 时，悬浮力最大，但是此孔涉及电机和轴的尺寸，所以不能只由仿真结果确定孔的尺寸大小。

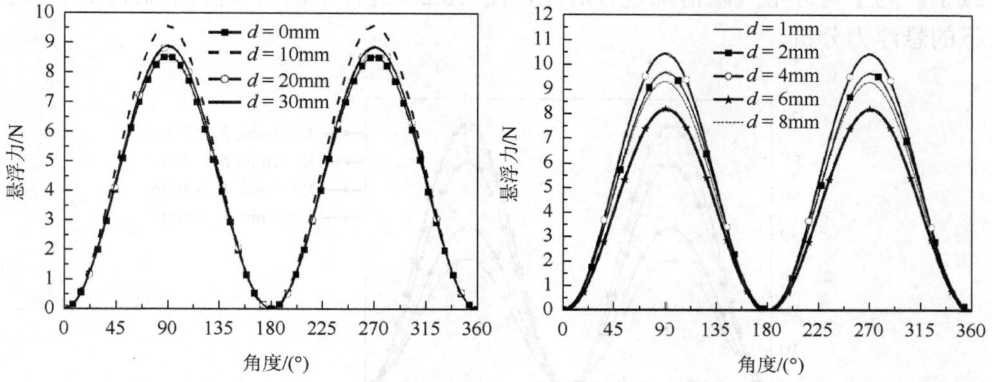

(a) 隔磁板孔径为0mm、10mm、20mm、30mm　(b) 隔磁板孔径为1mm、2mm、4mm、6mm、8mm

图 10.26　不同隔磁板孔径悬浮力仿真结果

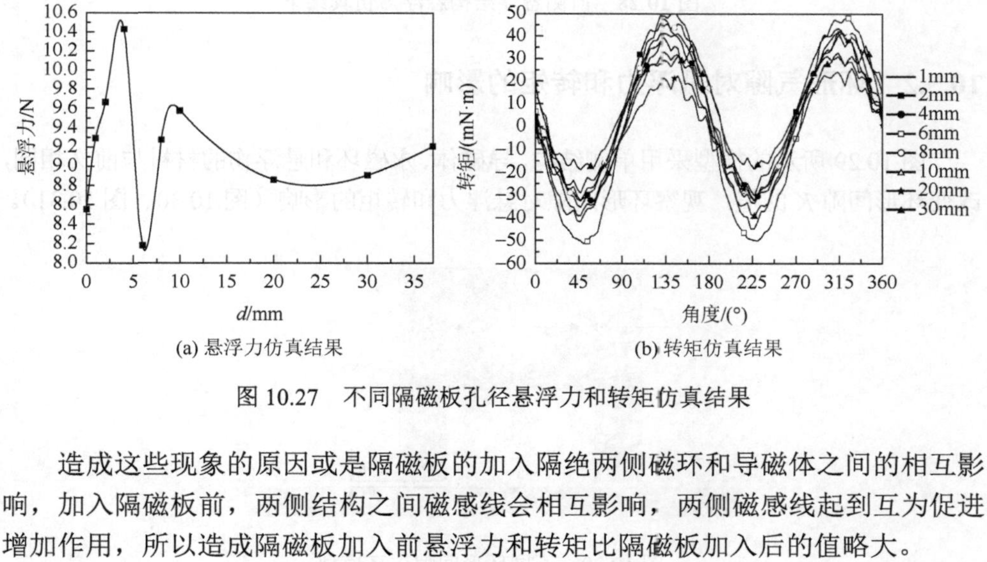

(a) 悬浮力仿真结果　(b) 转矩仿真结果

图 10.27　不同隔磁板孔径悬浮力和转矩仿真结果

造成这些现象的原因或是隔磁板的加入隔绝两侧磁环和导磁体之间的相互影响，加入隔磁板前，两侧结构之间磁感线会相互影响，两侧磁感线起到互为促进增加作用，所以造成隔磁板加入前悬浮力和转矩比隔磁板加入后的值略大。

10.5　气隙对零功率影响分析

10.5.1　悬浮气隙对悬浮力和转矩的影响

悬浮物随着永磁环的旋转而悬浮，当永磁环偏离初始位置时，系统开始产生悬浮力；永磁环偏转的角度越大，通过悬浮物的磁感线越多，悬浮物处气隙越小，悬浮力越大。由图 10.28 所示仿真结果可知，悬浮力随着悬浮物处气隙的增大而减小。为了与环形气隙情况进行对比，图 10.28 进行了在只有前侧悬浮结构情况下的悬浮力分析。

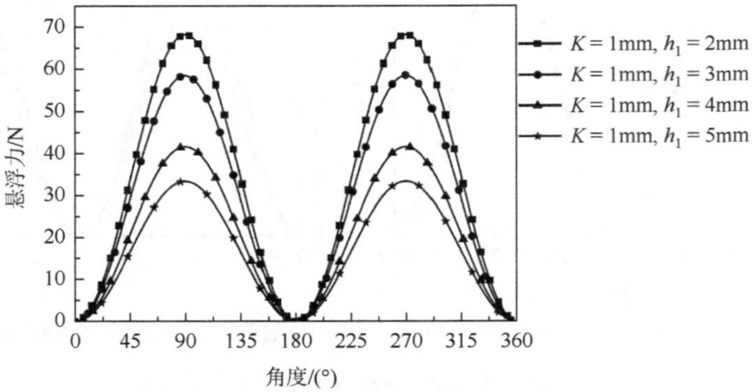

图 10.28　前侧悬浮结构悬浮力仿真结果

10.5.2　环形气隙对悬浮力和转矩的影响

图 10.29 所示的模型采用单侧结构，导磁体、永磁环和悬浮物的材料与前文相同，改变环形间隙 K 的值，观察环形间隙对悬浮力和转矩的影响（图 10.30、图 10.31）。

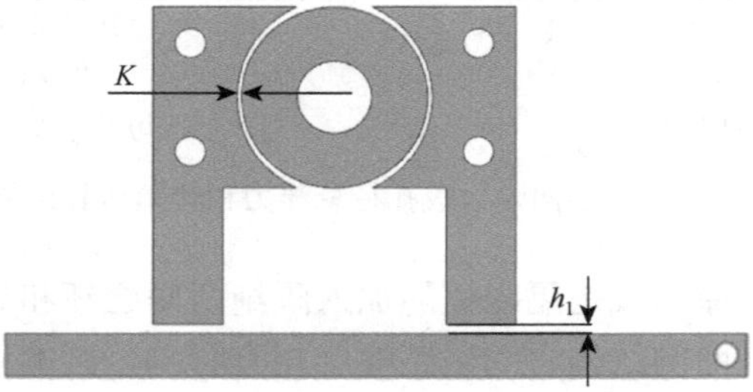

图 10.29　不同环形间隙仿真模型

由电机的负载转矩仿真结果可以看出，在悬浮物处气隙为 2mm、环形间隙为 1mm 时，电机的负载转矩明显减小，同时出现负载转矩的变化方向发生略微的改变，这种变化是由环形气隙不对称造成的；但在悬浮物处气隙为 3mm、4mm、5mm 时电机的负载转矩会有幅度不大的提高，分别提高了 51mN·m、3mN·m、40mN·m。悬浮物位置为 3～5mm 时，环形间隙为 1mm 的悬浮力比环形间隙为 2mm 的悬浮力大；悬浮物位置为 2mm 时，环形间隙为 1mm 的悬浮力比环形间隙为 2mm 的悬浮力小。

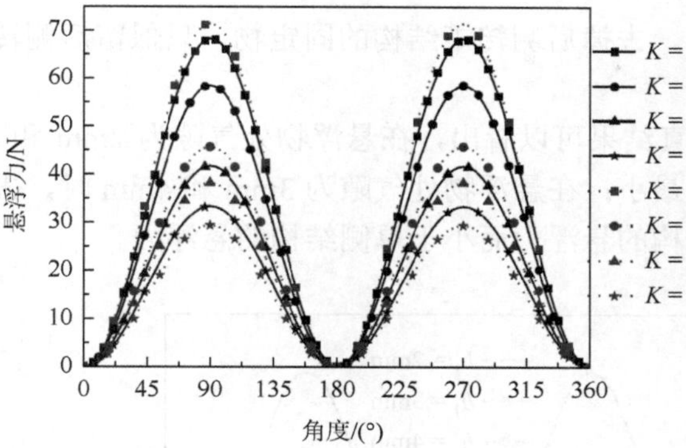

图 10.30　不同环形间隙悬浮力仿真结果（扫封底二维码可见彩图）

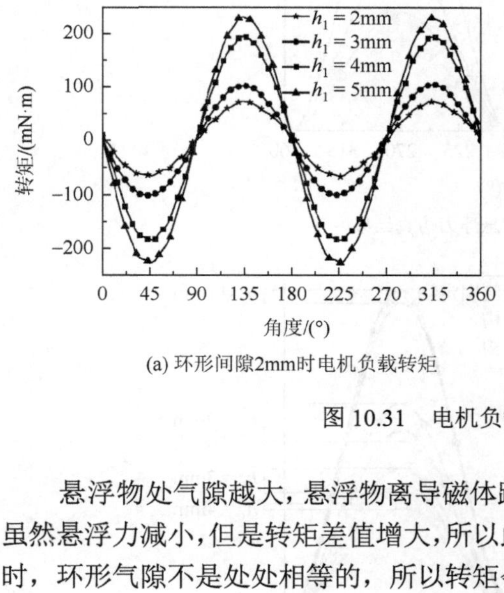

(a) 环形间隙2mm时电机负载转矩

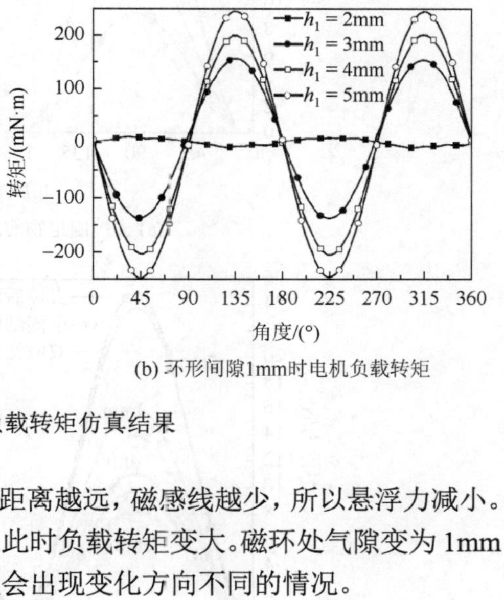

(b) 环形间隙1mm时电机负载转矩

图 10.31　电机负载转矩仿真结果

悬浮物处气隙越大，悬浮物离导磁体距离越远，磁感线越少，所以悬浮力减小。虽然悬浮力减小，但是转矩差值增大，所以此时负载转矩变大。磁环处气隙变为 1mm 时，环形气隙不是处处相等的，所以转矩会出现变化方向不同的情况。

10.6　后侧结构对零功率影响分析

在本系统中，后侧转矩结构的主要作用是抵消系统中电机的负载转矩，为了找出影响负载转矩的结构因素，在其他条件不变的情况下，改变双侧结构中后侧转矩结构的相应部件，观察悬浮力和转矩的变化情况。

10.6.1　去掉后侧转矩结构固定物对悬浮力和转矩的影响

在双侧结构情况下，去掉后侧转矩结构的固定物，只保留后侧转矩结构的永磁环、两 F 形导磁体。

由图 10.32 所示仿真结果可以看出，在悬浮物处气隙为 2mm 和 5mm 时，去掉后侧固定物的悬浮力最小；在悬浮物处气隙为 3mm 和 4mm 时，去掉后侧固定物的悬浮力大于双侧结构的悬浮力而小于单侧结构的悬浮力。

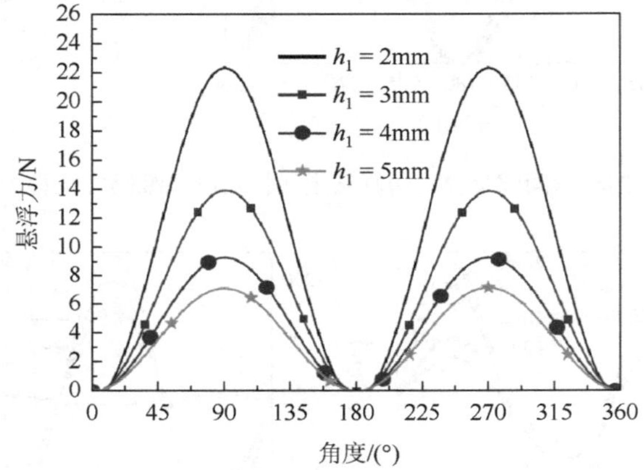

(a) 去掉固定物的悬浮力仿真结果

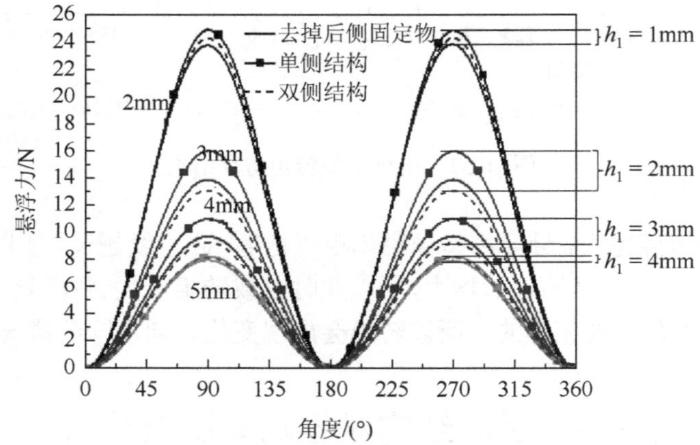

(b) 去掉后侧固定物、单侧结构和双侧结构的悬浮力对比

图 10.32　悬浮力仿真结果

不同情况转矩对比如表 10.2 所示。

表 10.2　不同情况转矩对比

悬浮物位置 h_1/mm	双侧结构最大转矩/(mN·m)	单侧结构最大转矩/(mN·m)	去掉后侧固定物最大转矩/(mN·m)
2	24.2879	24.9149	22.3841
3	13.1127	16.0248	13.9564
4	9.20869	10.9775	9.30306
5	8.11291	8.17469	7.12166

由图 10.33 的仿真结果可以看出，去掉后侧转矩结构的固定物的负载转矩与单侧结构和双侧结构的系统负载转矩相比，去掉后侧转矩结构的固定物的情况下负载转矩略小于单侧结构的负载转矩，略大于双侧结构情况的负载转矩。但是在悬浮物位置为 2mm 和 5mm 时，去掉后侧固定物的负载转矩比双侧结构和单侧结构更小。

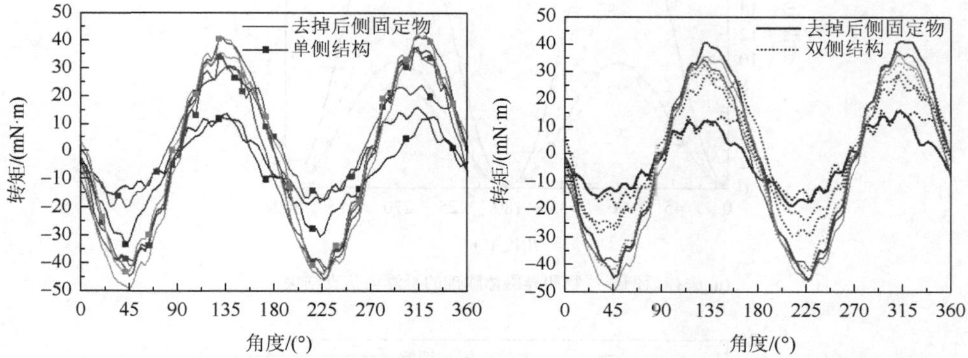

(a) 去掉后侧固定物与单侧结构的转矩对比　(b) 去掉后侧固定物与双侧结构的转矩对比

图 10.33　转矩仿真结果

10.6.2　改变后侧导磁体结构对悬浮力和转矩的影响

同样地，在双侧结构的情况下，将后侧转矩结构的固定物以及 F 形导磁体的腿部去掉，只保留永磁环和导磁体的上半部分，采用相同的仿真条件进行系统悬浮力和转矩仿真，去掉后侧固定物和导磁体腿部的仿真模型，如图 10.34 所示。

如图 10.35 所示，气隙 2mm 时，单侧结构的悬浮力最大，双侧结构次之，最小的是去掉后侧固定物和导磁体腿部的情况；但是在气隙 3mm 和 4mm，单侧结构悬浮力最大，去掉后侧悬浮物和导磁体腿部次之，最小的是双侧结构；气隙 5mm 时，三种情况的悬浮力几乎没有差别。

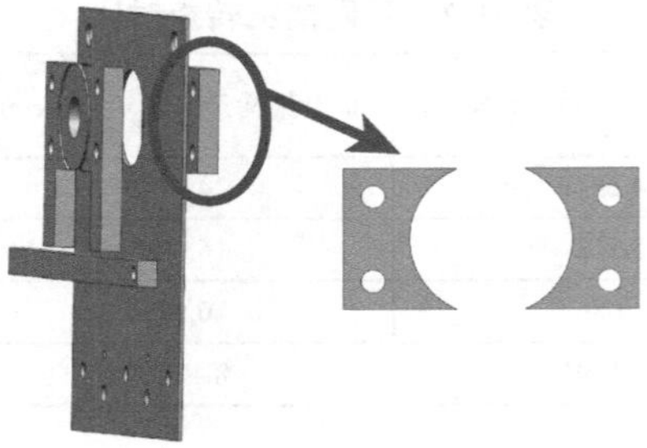

图 10.34　去掉后侧固定物和导磁体腿部的仿真模型

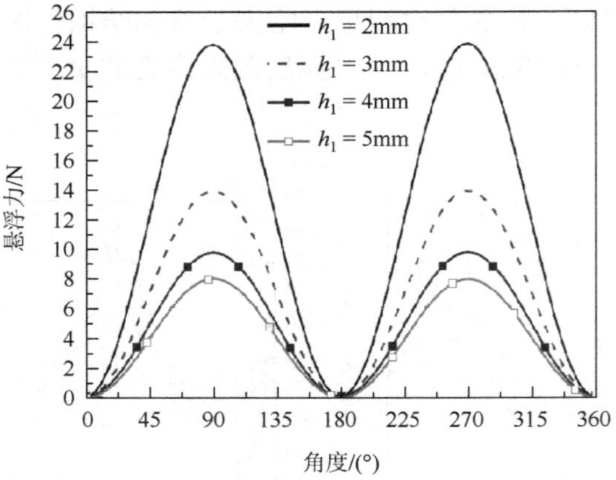

(a) 去掉后侧悬浮物和导磁体腿部的悬浮力仿真结果

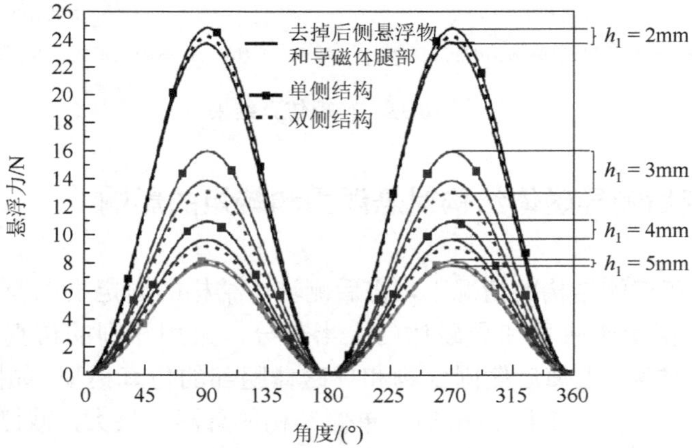

(b) 去掉后侧悬浮物和导磁体腿部、单侧结构、双侧结构的悬浮力对比

图 10.35　悬浮力仿真结果

由图 10.36 可以得到，3～5mm 气隙时，去掉后侧悬浮物和导磁体腿部后的最大转矩值处于单侧结构最大转矩值［图 10.9（a）］和双侧结构最大转矩值［图 10.11（a）］之间。随着气隙增大转矩增大，并且气隙为 5mm 时，转矩增加幅度显著。为了减小系统的转矩以降低功率，实验时应尽量避免将平衡点设置在气隙为 5mm 处。

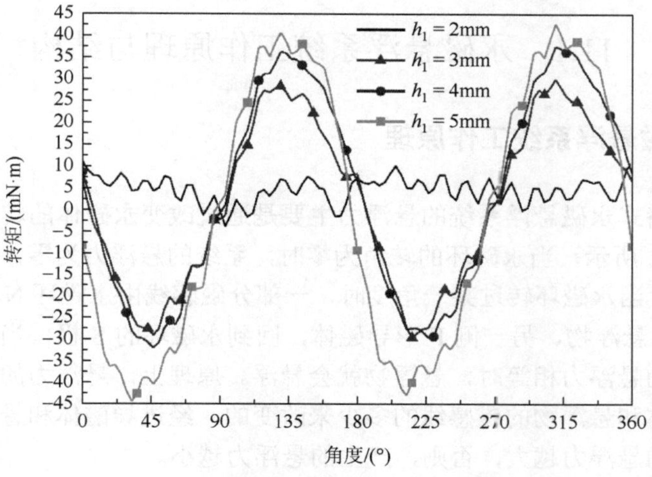

图 10.36　去掉后侧悬浮物和导磁体腿部的转矩

第 11 章　优化后零功率永磁悬浮系统的建模与控制

11.1　永磁悬浮系统工作原理与结构

11.1.1　永磁悬浮系统工作原理

可变磁路式永磁悬浮系统的悬浮力主要是通过改变永磁体的转角来进行改变的。如图 11.1 所示，当永磁环的转角为零时，系统的悬浮力为零，系统中不会有悬浮力产生；当永磁环转过某一角度时，一部分磁感线由永磁环 N 极出发，经过 F 形导磁体、悬浮物、另一侧 F 形导磁体，回到永磁环的 S 极，当悬浮物的重力与系统产生的悬浮力相等时，悬浮物就会悬浮。原理上，悬浮力的大小是通过改变经过导磁体和悬浮物的磁感线的多少来改变的，经过导磁体和悬浮物的磁感线越多，产生的悬浮力越大，否则，产生的悬浮力越小。

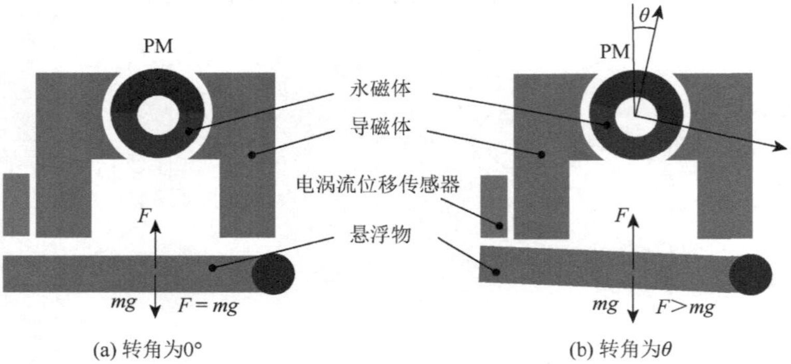

图 11.1　永磁悬浮系统工作原理

11.1.2　永磁悬浮系统结构

为了便于研究，本节以单点永磁悬浮系统作为研究对象，系统结构如图 11.2 和图 11.3 所示。单点永磁悬浮系统主要分为前侧悬浮结构和后侧转矩结构，中间被隔磁板分隔，用以阻止两侧结构之间的相互影响。其中，在前侧悬浮结构前侧，F 形导磁体位于永磁环的两侧；电涡流位移传感器位于悬浮物上方，用来检测悬浮物的位置；限位块位于悬浮物的下方，用来限定悬浮物的位置；轴承座固定于前框架上，悬浮物的一端与轴承座相连，另一端自由，可以实现绕轴承座的摆动运动；永磁环通过伺服电机驱动旋转。此磁悬浮系统是主动磁悬浮系统，悬浮物运动是沿轴承座的上下摆动，悬浮物在 x 轴和 z 轴方向上的旋转运动和在 y 轴方向上的移动受到前框架和轴承的限制。

图 11.2　单点永磁悬浮系统前视图

图 11.3　单点永磁悬浮系统俯视图

在后侧转矩结构的后侧，后永磁环、后 F 形导磁体、悬浮物分别和前永磁环、前 F 形导磁体、后固定物的安放位置关于隔磁板对称，后永磁环与前永磁环之间角度成 90°，后固定物用螺钉紧固于后框架上。伺服电机驱动前永磁环旋转。伺服电机后侧的编码器可以检测电机的转角。

11.2　永磁悬浮系统动力学模型

11.2.1　系统建模

永磁悬浮系统示意图和相关参数如图 11.4 所示。其中，θ 表示永磁环转过的角度，l_1 表示右侧 F 形导磁体腿部中间位置到轴承座中心的水平距离，l_2 表示左侧 F 形导磁体腿部中间位置到轴承座中心的水平距离，l_3 表示电涡流位移传感器到轴承座中心的水平距离，d_{f1} 表示左侧 F 形导磁体腿部的底侧到悬浮物的距离，d_{f2} 表示右侧 F 形导磁体腿部底侧到悬浮物的距离，α 表示悬浮物处于平衡位置时与水平线的夹角。另外，图中没有列出的还有悬浮物的总长度 l；h_{s1} 表示当悬浮物处于水平位置时，传感器到悬浮物的距离；h_f 表示悬浮物处于水平位置时，F 形导磁体到悬浮物的距离。

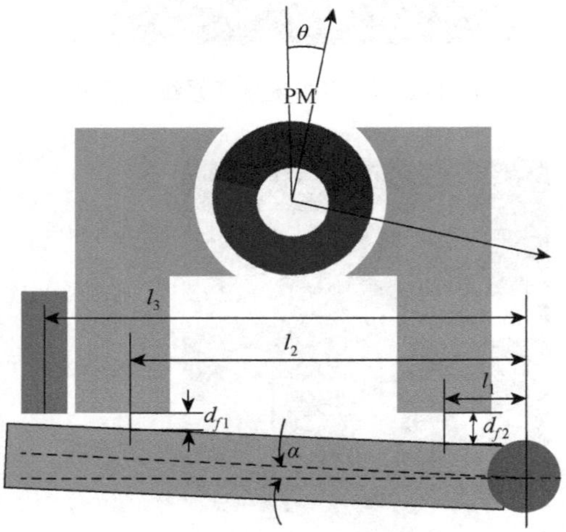

图 11.4　永磁悬浮系统模型图

如图 11.5 所示为不同气隙时悬浮力与永磁环转角关系，其中 h_1 表示气隙的大小，从图中可以看出，在 0°～180°范围内，悬浮力随着永磁环转角的变化呈正弦曲线变化且关于悬浮力 0、永磁环 180°对称，在永磁环转角为 90°和 270°时，悬浮力最大。

系统的悬浮力公式：

$$f_{mfi} = k_{mfi} \frac{\sin^2 \theta}{(d_{fi} + \Delta d_f)^2} \tag{11.1}$$

如图 11.6 所示为不同气隙时负载转矩与永磁环转角的关系，其中 h_1 表示气隙的大小，从图中可以看出，负载转矩随着气隙的增大而增大，并以 180°为周期。

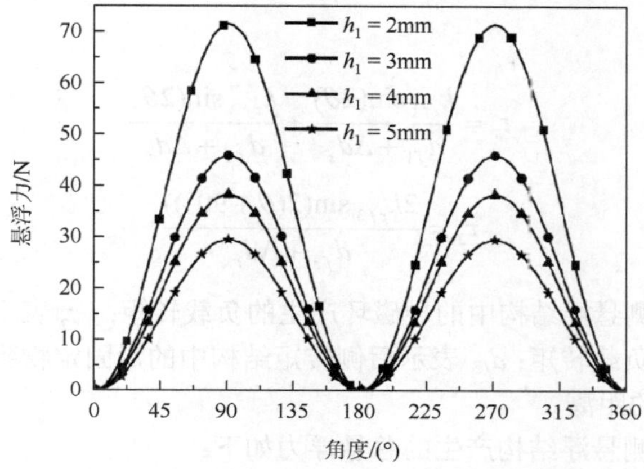

图 11.5　不同气隙时悬浮力与永磁环转角的关系

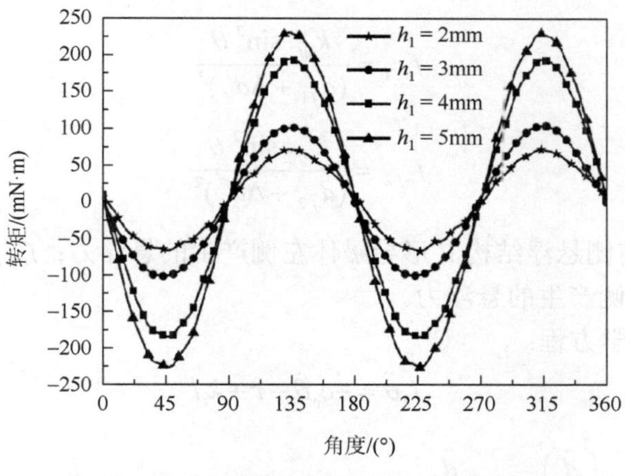

图 11.6　不同气隙时负载转矩与永磁环转角的关系

系统的转矩公式：

$$\tau_i = k_{\tau fi} \frac{\sin(2\theta)}{d_{fi} + \Delta d_\tau} \tag{11.2}$$

上面公式中，k_{mfi} 表示系统的悬浮力系数；Δd_f 表示漏磁补偿系数；Δd_τ 表示转矩补偿系数。当 $i = 1$ 时，表示前侧悬浮结构左侧的导磁体；当 $i = 2$ 时，表示前侧悬浮结构右侧的导磁体；当 $i = 3$ 时，表示后侧转矩结构单侧的导磁体。

系统中，加载到电机上的负载转矩为

$$\tau=\tau_1+\tau_2=\frac{k_{\tau f1}\sin(2\theta)}{d_{f1}+\Delta d_\tau}+\frac{k_{\tau f2}\sin(2\theta)}{d_{f2}+\Delta d_\tau}+\frac{2k_{\tau f3}\sin(2(\theta+90°))}{d_{f3}+\Delta d_\tau} \tag{11.3}$$

式中

$$\tau_1=\frac{k_{\tau f1}\sin(2\theta)}{d_{f1}+\Delta d_\tau}+\frac{k_{\tau f2}\sin(2\theta)}{d_{f2}+\Delta d_\tau} \tag{11.4}$$

$$\tau_2=\frac{2k_{\tau f3}\sin(2(\theta+90°))}{d_{f3}+\Delta d_\tau} \tag{11.5}$$

其中，τ_1表示前侧悬浮结构中的导磁环产生的负载转矩；τ_2表示后侧转矩结构中的导磁环产生的负载转矩；d_{f3}表示后侧转矩结构中的后固定物到后侧转矩结构的F形导磁体底部的距离。

系统中，前侧悬浮结构产生的总悬浮力如下：

$$f_m=f_{mf1}+f_{mf2} \tag{11.6}$$

式中

$$f_{mf1}=\frac{k_{mf1}\sin^2\theta}{(d_{f1}+\Delta d_f)^2} \tag{11.7}$$

$$f_{mf2}=\frac{k_{mf2}\sin^2\theta}{(d_{f2}+\Delta d_f)^2} \tag{11.8}$$

其中，f_{mf1}表示前侧悬浮结构F形导磁体左侧产生的悬浮力；f_{mf2}表示前侧悬浮结构F形导磁体右侧产生的悬浮力。

系统的动力学方程：

$$J_{\mathrm{d}}\ddot{\theta}=-c_{\mathrm{p}}\dot{\theta}-\tau+k_t i \tag{11.9}$$

$$J_1\left(\frac{\dot{d}}{l_3}\right)'=-c_1\frac{\dot{d}_{sl}}{l_3}+f_{mf1}l_2+f_{mf2}l_1-(mg+F_0)\frac{l_1}{2}\cos\alpha \tag{11.10}$$

式中，c_{p}表示永磁环在回转时的阻尼系数；J_{d}表示电机和永磁环的转动惯量；J_1表示悬浮物绕轴承转动时的转动惯量；k_t表示伺服电机的转矩系数；τ表示加载到电机上的负载转矩；i表示伺服电机的输入电流；c_1表示悬浮物绕轴承旋转时在铅直方向上的阻尼系数；F_0表示作用在系统的外扰力。

将式（11.1）～式（11.8）代入式（11.9）和式（11.10）得到式（11.11）：

$$J_{\mathrm{d}}\ddot{\theta}=-c_{\mathrm{p}}\dot{\theta}-\frac{k_{\tau f1}\sin(2\theta)}{d_{f1}+\Delta d_\tau}-\frac{k_{\tau f2}\sin(2\theta)}{d_{f2}+\Delta d_\tau}-\frac{2k_{\tau f3}\sin(2(\theta+90°))}{d_{f3}+\Delta d_\tau}+k_t i \tag{11.11}$$

$$J_1\left(\frac{\dot{d}_{s1}}{l_3}\right)' = -c_1\frac{\dot{d}_{s1}}{l_3} + \frac{k_{mf1}\sin^2\theta}{(d_{f1}+\Delta d_f)^2}l_2 + \frac{k_{mf2}\sin^2\theta}{(d_{f2}+\Delta d_f)^2}l_1 - (mg+F_0)\frac{l_1}{2}\cos\alpha \quad (11.12)$$

将式（11.11）和式（11.12）在平衡位置进行线性化得到

$$J_d\Delta\ddot{\theta} = -c_p\Delta\dot{\theta} - \left(\frac{l_2}{l_3}\frac{-k_{\tau f1}\sin(2\theta_\theta)}{(d_{f1}+\Delta d_\tau)^2} + \frac{l_1}{l_3}\frac{-k_{\tau f2}\sin(2\theta_\theta)}{(d_{f2}+\Delta d_\tau)^2}\right)\Delta d$$
$$-\left(\frac{2k_{\tau f1}\cos(2\theta_\theta)}{d_{f1}+\Delta d_\tau} + \frac{2k_{\tau f2}\cos(2\theta_\theta)}{d_{f2}+\Delta d_\tau} - \frac{4k_{\tau f3}\cos(2\theta_\theta)}{d_{f3}+\Delta d_\tau}\right)\Delta\theta + k_t\Delta i \quad (11.13)$$

$$J_1\Delta\ddot{d} = -\frac{c_1}{l_3}\Delta\dot{d} + \left(\frac{l_2k_{mf1}\sin(2\theta_\theta)}{(d_{f1}+\Delta d_f)^2} + \frac{l_1k_{mf2}\sin(2\theta_\theta)}{(d_{f2}+\Delta d_f)^2}\right)\Delta\theta + \left(\frac{l_2^2}{l_3}\frac{-2k_{mf1}\sin^2\theta_\theta}{(d_{f1}+\Delta d_f)^3}\right.$$
$$\left.+\frac{l_1^2}{l_3}\frac{-2k_{mf2}\sin^2\theta_\theta}{(d_{f2}+\Delta d_f)^3} - \frac{(mg+F_0)l_1l_3}{2}(h_{sl}-d_\theta)\left((h_{sl}-d_\theta)^2+l_3^2\right)^{-\frac{3}{2}}\right)\Delta d \quad (11.14)$$

为了简化方便

$$\omega_0 = \frac{2k_{\tau f1}\cos(2\theta_\theta)}{d_{f1}+\Delta d_\tau} + \frac{2k_{\tau f2}\cos(2\theta_\theta)}{d_{f2}+\Delta d_\tau} - \frac{4k_{\tau f3}\cos(2\theta_\theta)}{d_{f3}+\Delta d_\tau}$$

$$\omega_1 = \frac{l_2^2}{l_3}\frac{-2k_{mf1}\sin^2\theta_\theta}{(d_{f1}+\Delta d_f)} + \frac{l_1^2}{l_3}\frac{-2k_{mf2}\sin^2\theta_\theta}{(d_{f2}+\Delta d_f)}$$
$$-\frac{(mg+F_0)l_1l_3}{2}(h_{sl}-d_\theta)((h_{sl}-d_\theta)^2+l_3^2)^{-\frac{3}{2}}$$

$$\omega_2 = \frac{l_2k_{mf1}\sin(2\theta_\theta)}{(d_{f1}+\Delta d_f)^2} + \frac{l_1k_{mf2}\sin(2\theta_\theta)}{(d_{f2}+\Delta d_f)^2}$$

式中，d_θ表示在平衡位置时 F 形导磁体到悬浮物的距离；θ_θ表示在平衡位置时永磁环偏离零点的角度，为了方便，将 $\Delta\theta$ 直接写为 θ，Δi 直接写为 i。

系统的状态空间方程为

$$\begin{cases}\dot{x} = Ax + Bi \\ y = Cx\end{cases} \quad (11.15)$$

式中

$$x = \begin{bmatrix}\theta \\ \dot{\theta} \\ \Delta d \\ \Delta\dot{d}\end{bmatrix} \quad (11.16)$$

$$A=\begin{bmatrix} 0 & 1 & 0 & 0 \\ a_{21} & a_{22} & a_{23} & 0 \\ 0 & 0 & 0 & 1 \\ a_{41} & 0 & a_{43} & a_{44} \end{bmatrix} \tag{11.17}$$

$$B=\begin{bmatrix} 0 \\ \dfrac{k_t}{J_1} \\ 0 \\ 0 \end{bmatrix}, \quad C=\begin{bmatrix} 1 & 0 \\ 0 & 0 \\ 0 & 1 \\ 0 & 0 \end{bmatrix}^{\mathrm{T}} \tag{11.18}$$

11.2.2　永磁悬浮系统的可控性分析

通过以上计算，得出了系统的状态空间方程，为了判定系统的可控性，下一步就是要对系统的可控性进行分析，系统可控性判据为

$$P=\begin{bmatrix} B & AB & A^2B & A^3B \end{bmatrix} \tag{11.19}$$

式中

$$A=\begin{bmatrix} 0 & 1 & 0 & 0 \\ a_{21} & a_{22} & a_{23} & 0 \\ 0 & 0 & 0 & 1 \\ a_{41} & 0 & a_{43} & a_{44} \end{bmatrix} \tag{11.20}$$

$$B=\begin{bmatrix} 0 \\ b_1 \\ 0 \\ 0 \end{bmatrix} \tag{11.21}$$

得出行列式为

$$|P| = a_{41}^2 b_1^4 \tag{11.22}$$

行列式结果为正数，此系统为可控系统。

11.2.3　永磁悬浮系统的可观性分析

系统的可观性判定矩阵为

$$Q=[C \;\; CA \;\; CA^2 \;\; CA^3]^{\mathrm{T}} \tag{11.23}$$

由式（11.23）可得系统可观性判定矩阵的秩为

$$\mathrm{Rank}(Q)=4 \tag{11.24}$$

因此，本章提出的永磁悬浮系统既是可控的又是可观的，可以对系统进行控制器设计以使其稳定。

11.3　永磁悬浮系统的并级控制及零功率分析

可变磁路式永磁悬浮系统的原理是通过控制永磁环转角来控制流经 F 形导磁体和悬浮物的磁感线的多少，从而控制系统悬浮力的大小。永磁环的转角变化是与悬浮物处的气隙变化直接相关的。并级控制器将永磁环的角度环和悬浮物的位置环进行并联连接。

并级控制传递函数表达式为

$$G_{S1}=\frac{b_1}{s^2-a_{44}s-a_{43}} \tag{11.25}$$

$$G_{G2}=K_{\mathrm{BP1}}+K_{\mathrm{BD1}}S \tag{11.26}$$

$$G_{S3}=\frac{a_{23}}{s^2-a_{22}s-a_{21}} \tag{11.27}$$

$$G_{G4}=K_{\mathrm{BP2}}+K_{\mathrm{BD2}}S \tag{11.28}$$

式中，G_{S1} 和 G_{S3} 分别表示系统角度环传递函数；G_{G2} 和 G_{G4} 分别表示位置环和角度环反馈控制。其调节过程是：永磁环转过某一角度时，传感器检测到位置变化，经过处理器将信号转换为电机的电流信号，电流信号再经过电机从而控制永磁环的角度。为了验证并级控制对系统零功率的影响，根据系统原理和系统结构，进行并级控制器设计如图 11.7 所示。此并级控制器由两个并联的 PD 控制器组成，

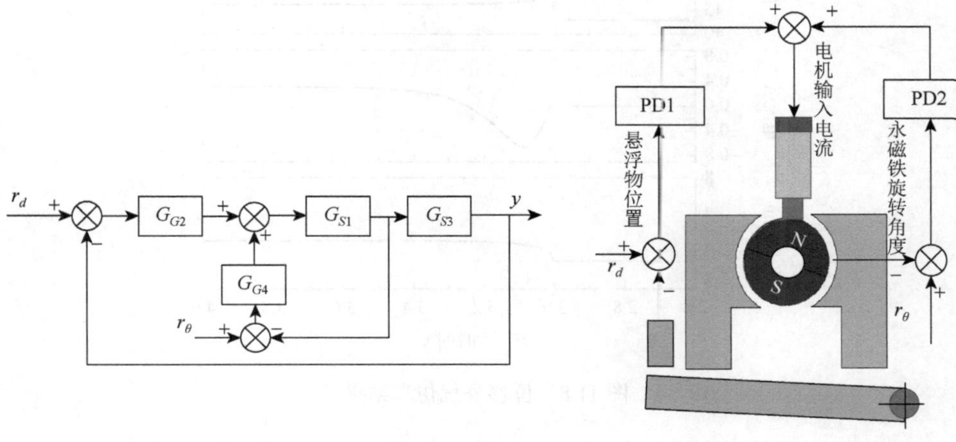

(a) 并级控制框　　(b) 并级控制工作原理

图 11.7　并级控制原理图

PD1 控制器控制角度的变化称为角度闭环，PD2 控制器控制悬浮物位置的变化称为位置闭环。仿真过程中采用的具体参数如表 11.1 所示。

表 11.1　控制参数

序号	数值
K_{p1}	3110
K_{d1}	1210
K_{p2}	180
K_{d2}	0.5

11.3.1　并级控制仿真分析

为了验证并级控制的零功率特性，在 MATLAB/Simulink 中建立系统的仿真框图进行位移阶跃外扰的系统仿真。PD 控制可以实现悬浮物在规定范围内的某一位置的悬浮。系统仿真过程中的具体参数如表 11.1 所示。

当系统处于稳定状态，在 3.0s 时加入位移外扰信号，对永磁环的转角、悬浮物处的气隙进行跟踪的同时，对电机的电流进行跟踪，以电机的电流为零功率的反映参数，观察系统的零功率情况。图 11.8 为系统位移外扰的仿真结果。

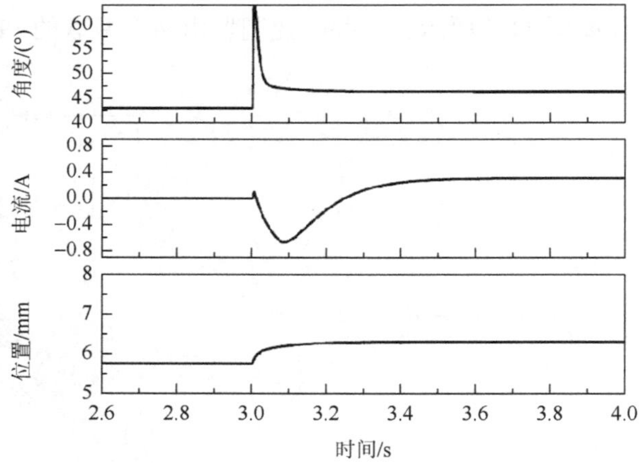

图 11.8　位移外扰仿真结果

在 3.0s 位移外扰信号加入时，传感器检测到悬浮物的位置增大，为了使系统继续保持稳定，电机顺时针旋转带动永磁环转角增大。永磁环转角逐渐增大，流经导磁体和悬浮物的磁感线增多，悬浮力变大，当外加的外扰力大小和增加的悬浮力大小相等时，系统达到新的稳定状态。

观察系统电流的变化，在位移外扰信号加入时，电机的电流发生波动，当系统达到新的稳定状态时，电流的波动减小，可以基本满足零功率的要求。

系统位移外扰仿真结果表明，并级控制可以在外扰情况下使系统快速跟随参考值并保持稳定，同时，在外扰输入的情况下，系统的电流变化范围很小，电机的功率损耗基本可以满足零功率的要求。

当系统处于稳定状态，在 3.0s 时加入外扰力信号，对永磁环的转角、悬浮物处的气隙进行跟踪的同时，对电机的电流进行跟踪，以电机的电流为零功率的反映参数，观察系统的零功率情况。图 11.9 为系统外扰力的仿真结果。

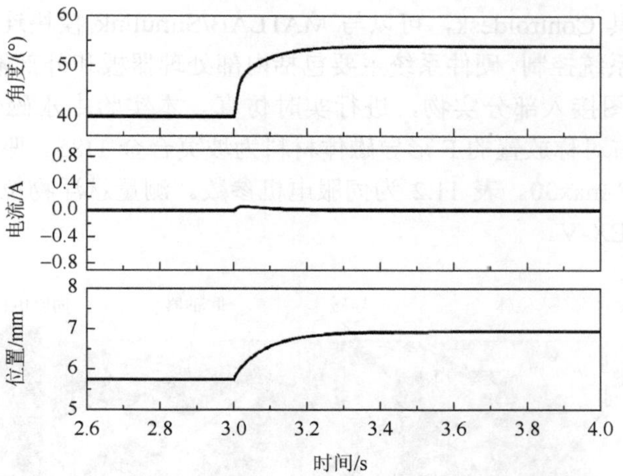

图 11.9　外扰力仿真结果

0.1N 外扰力方向铅直向下，当系统加入外扰力信号时，悬浮气隙随外扰力增大，电机顺时针旋转带动永磁环转角增加，悬浮气隙变小，直至系统重新达到平衡，系统在新平衡状态时，由仿真结果可知，并级控制可以在外扰力情况下维持系统稳定。

当系统遇到外扰力时，系统可以不断地调节以保持稳定状态，电流变化稳定在零上下，电机的功率损耗很小。

11.3.2　并级控制实验验证与零功率分析

采用仿真得出的系统最优的结构参数搭建系统的实验平台，实验平台主要分为前侧悬浮力产生部分和后侧转矩抵消结构，中间被铁质隔磁板隔开。在前框架的前侧，永磁环固定于主轴，主轴通过联轴器与伺服电机相连，伺服电机可以驱动永磁体旋转；两导磁体对称放置于永磁环两侧并固定于系统框架上；悬浮物放置于两导磁体的铅直下方，一端通过一个轴承固定于系统框架，另一端可以做自由摆动，实现悬浮；在两系统框架中间夹一隔磁板，可以有效地抑制两永磁环之间的相互影响；电涡流位移传感器放置于悬浮物上方用来实时检测悬浮物位置，后侧固定物固定于后框架上。后侧一对导磁体与前侧一对导磁体关于中间隔磁板对称放置，后框架后侧永磁环与前框架前侧永磁环成90°放置，这样可以抵消附加在电机轴上的负载转矩。

单点磁悬浮实验系统结构如图11.10所示。电磁悬浮总体结构包括DSpace控制器、上位机、前置器、电涡流位移传感器、磁悬浮平台。DSpace控制器主要用到实验软件工具Controldesk，可以与MATLAB/Simulink模块连接，通过软件之间的通信实现系统控制，硬件系统主要包括内部处理器板和外部输入输出接口板，实验系统的框图接入部分实物，进行实时仿真。本实验中永磁体材料为钕铁硼NdFeB35，左右对称放置的F形导磁体材料为坡莫合金1J85。驱动永磁体旋转的伺服电机为EC-max30。表11.2为伺服电机参数。测量悬浮物位置采用的位移传感器为基恩士EX-V。

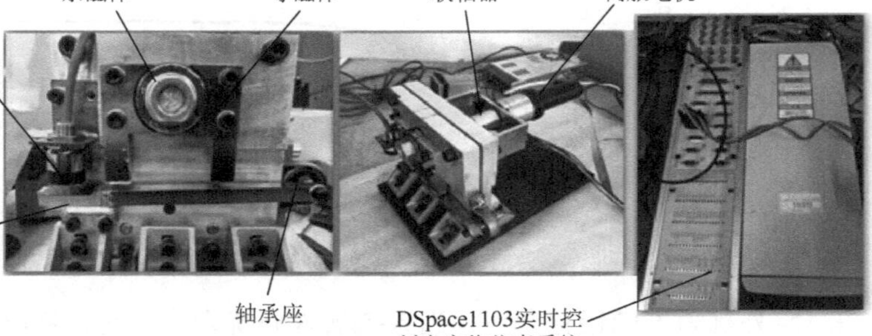

图11.10　单点磁悬浮实验系统结构

表11.2　伺服电机参数

参数	数值
额定电压/V	12
转动惯量/(g·cm^2)	21.9
额定转速/(r/min)	6590
最高转速/(r/min)	7980

单点永磁悬浮系统的工作原理如图 11.11 所示。永磁环的位置信号通过编码器经 A/D 转换传递给控制器，另外，悬浮物的位置信号也经过 A/D 转换传递给控制器和上位机；上位机处理的信号经过 D/A 转换，输出至电机驱动器，电机驱动器驱动电机旋转，新的磁环位置和悬浮物位置经过控制器重新被调整。

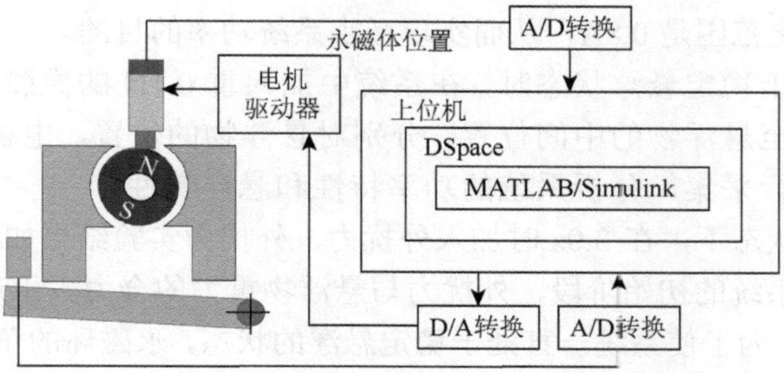

图 11.11　单点永磁悬浮实验系统原理

为了验证 PD 控制器对系统的零功率特性的影响和悬浮性能，采用与系统仿真相同的参数进行悬浮实验。分别对悬浮物的位置、电机的电流以及永磁环的转角进行采集，分析系统的功率特性和悬浮特性。

如图 11.12 所示，系统处于稳定悬浮状态时，永磁环的转角稳定在 44°，悬浮物位置稳定在 5.82mm 处。在 3.2s 时，输入位移扰动，由实验结果可以看出，在系统中加入位移外扰，为了保持系统稳定，电机必须控制永磁环角度增加，随着永磁环角度增加，系统的悬浮力增大，直至系统在 6.18mm 达到新的平衡。新的

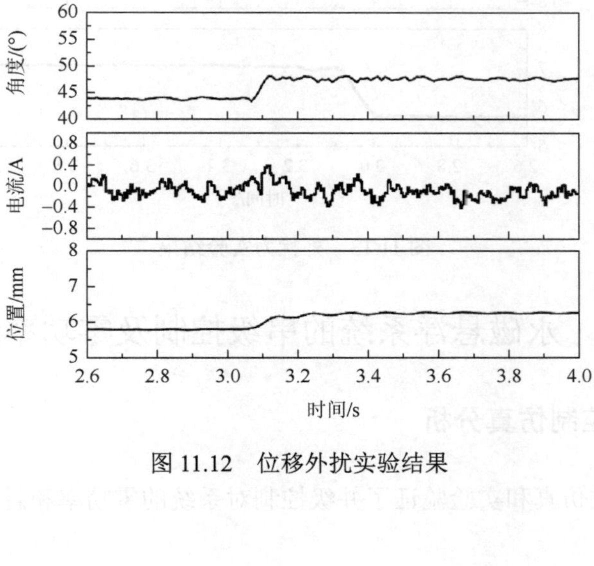

图 11.12　位移外扰实验结果

平衡状态由于悬浮物处的气隙变大，所以永磁环的角度也随之变大。新的平衡状态下永磁环的转角为 47.5°。

若只采用单侧悬浮结构，系统电流与永磁体变化趋势相同，即永磁体转角若增大则系统的电流也增大，反之，电流减小。但是由于采用双侧结构，系统中的负载转矩减小，所以双侧结构系统的电流变化与单侧结构相比，非常小，在实验结果中电流变化范围是 0.8A，从而实现减小系统功率的目的。

当系统处于稳定悬浮状态时，在系统中加入重 0.1N 的橡胶块作为外扰力，此外扰力加载至悬浮物的中间位置，分别对悬浮物的位置、电机的电流以及永磁环的转角进行采集，分析系统的功率特性和悬浮特性。

系统稳定状态下，在 3.0s 时加入外扰力，外扰力实验结果如图 11.13 所示。在外扰力加到系统的初始阶段，外扰力与悬浮物重力的合力大于悬浮力，此时，悬浮气隙变大，为了使系统一直处于稳定悬浮的状态，永磁环的角度要跟随变大，从而使悬浮力增大，维持系统的稳定，一直到系统达到新的稳定状态。观察系统电流的变化，电流在外扰力加入的时候波动最大，但是电流总体呈在零线附近波动，电流变化值是 0.8A。

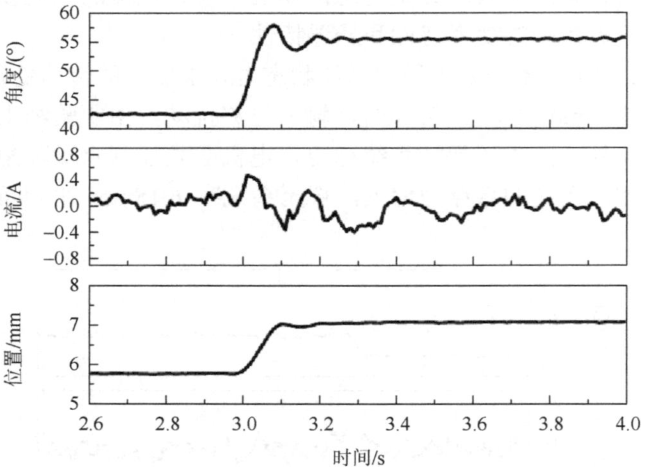

图 11.13　外扰力实验结果

11.4　永磁悬浮系统的串级控制及零功率分析

11.4.1　串级控制仿真分析

11.3 节通过仿真和实验验证了并级控制对系统的零功率和悬浮特性的影响，

对于此悬浮系统，悬浮物的位置变化直接影响系统的稳定性，悬浮物位置和永磁环的转角是系统控制的两个主要变化元素，根据串级控制的原理（图 11.14），将控制器分为两个控制闭环，一个闭环控制永磁环转角，另一个闭环控制悬浮物的位置。控制器的设计要求永磁环的角度能够针对系统不同的外扰输入具有较快的响应速度，悬浮物可以稳定地变化到新的位置。串级控制是将永磁环的角度环和悬浮物的位置环进行串联连接。

串级控制传递函数表达式为

$$G_{cS1}=\frac{\Delta\theta}{\Delta i}=\frac{k_t}{J_\mathrm{d}s^2+c_\mathrm{p}s+\omega_0} \tag{11.29}$$

$$G_{cG2}=K_\mathrm{p1}+K_\mathrm{d1}S \tag{11.30}$$

$$G_{cS3}=\frac{\Delta d}{\Delta\theta}=\frac{\omega_2}{J_LS^2+\dfrac{C_L}{l_3}s-\omega_1} \tag{11.31}$$

$$G_{cG4}=K_\mathrm{p2}+K_\mathrm{d2}S \tag{11.32}$$

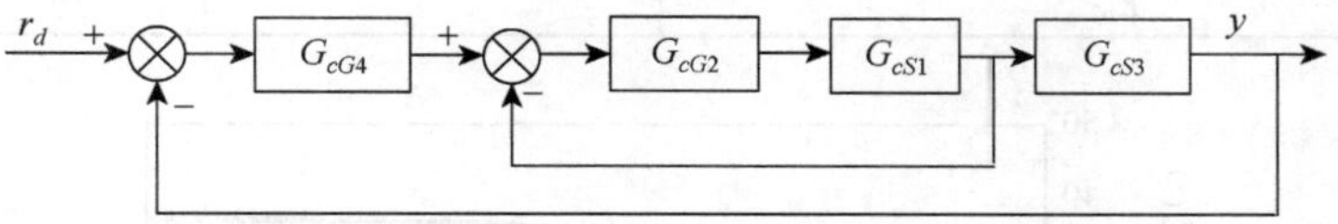

(a) 串级控制框图

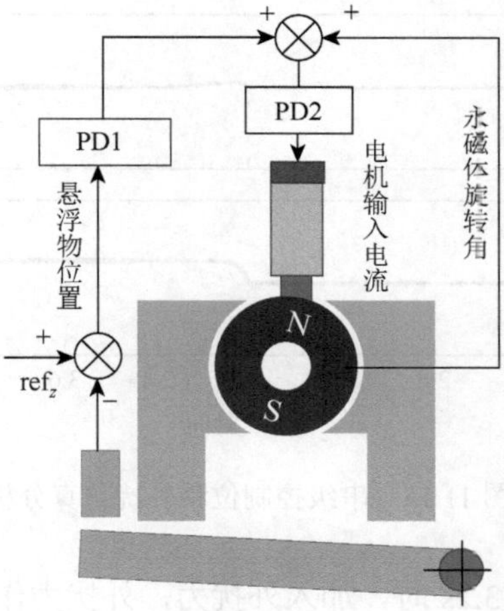

(b) 串级控制工作原理

图 11.14　串级控制原理图

为了分析串级控制对系统零功率的影响，本节搭建了仿真框图，并提取电机的电流变化图；为了分析系统的转角和悬浮物位置的变化与电流的关系，将这两个参数的变化也进行了提取。

采用表 11.3 所示的参数进行仿真分析，当系统处于稳定状态，在 3.2s 时，加入位移外扰信号，仍然对永磁环的转角、悬浮物的位置、电机的电流进行跟踪，以电机的电流为零功率的衡量指标，观察系统的电流变化情况以及电流变化与永磁环转角和悬浮物位置变化的趋势。图 11.15 为系统位移外扰的仿真结果。由于系统采用双 PD 环控制，由仿真结果可知，系统加入外扰后，悬浮物的位置即悬浮物处的气隙变大，此时，永磁环角度快速响应跟随悬浮物的位置变化，在位移外扰加入后，电机的电流也会为了抵抗此外扰出现波动。

表 11.3　串级控制参数

序号	数值
K_{p1}	9601
K_{d1}	300
K_{p2}	800
K_{d2}	1

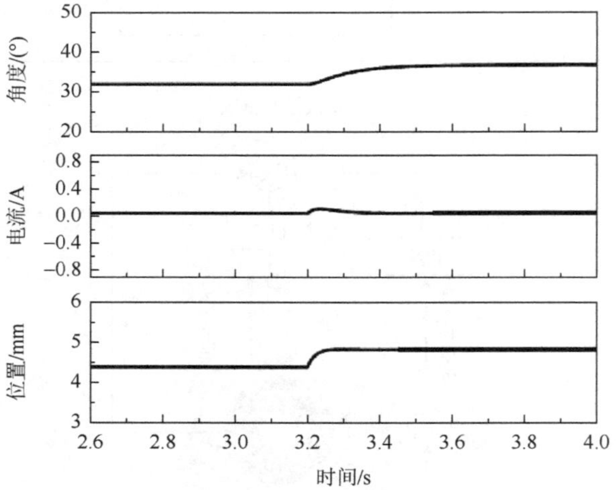

图 11.15　串级控制位移外扰仿真分析

如图 11.16 所示，在 3.2s 时，加入外扰力，外扰力作用下，悬浮物处的气隙增大，永磁环角度增大；随着永磁体转角变大，悬浮力变大，到达新的平衡点后，永磁环角度、电机输入电流和悬浮物的位置不再发生变化，由于外扰力的加入相当于悬浮物的重力增大，所以在新的平衡位置，永磁环角度大于原平衡状态的角度。

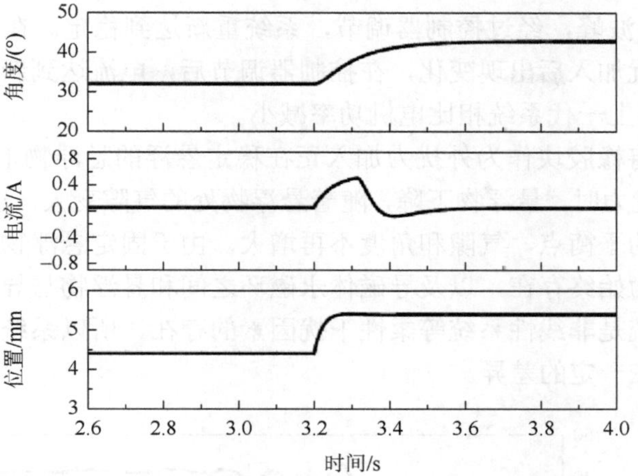

图 11.16　串级控制外扰力仿真结果

11.4.2　串级控制实验验证与零功率分析

为确保实验结果的可对比性，本节实验沿用并级控制实验平台，严格采用与仿真一致的参数设定，开展系统位移外扰与外扰力实验，实验结果如图 11.17 所示。当系统稳定悬浮后，给系统施加位移外扰与外扰力，分别对悬浮物位移、永磁环转角及电机电流进行跟踪。首先悬浮物处于稳定状态、2.9s 时，在参考气隙加入位移阶跃。调节开始时，由于加入外扰，悬浮气隙出现较大波动，图形中表

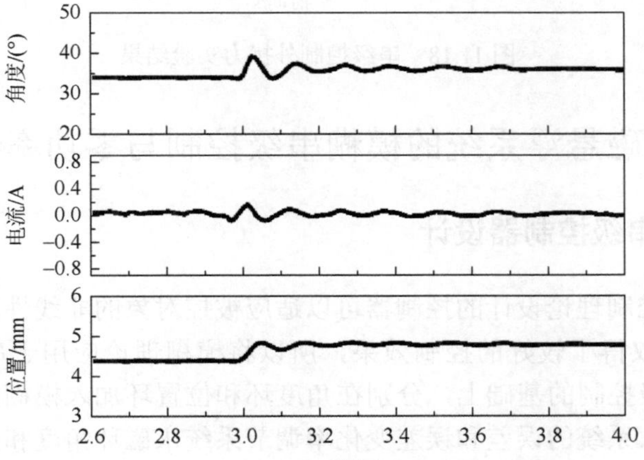

图 11.17　串级控制位移外扰实验结果

现为在 3.06s 的波峰，经过控制器调节，系统重新达到稳定。在调节过程中，电机电流也在外扰加入后出现变化，在控制器调节后，电流达到新的稳定，并维持在 0A 附近，与上一代系统相比电机功率减小。

同样地，将橡胶块作为外扰力加入正在稳定悬浮的悬浮物上，如图 11.18 所示，当加入外扰力时，悬浮物下降，随着悬浮物处的气隙变大，永磁环角度增大，直到变化到新的平衡点，气隙和角度不再增大。由于固定悬浮物轴承的滑动摩擦副之间的摩擦力始终存在，以及导磁体永磁环之间和悬浮物与导磁体之间存在间隙和漏磁、系统是非线性系统等柔性干扰因素的存在，所以系统的输出响应与输入外扰信号存在一定的差异。

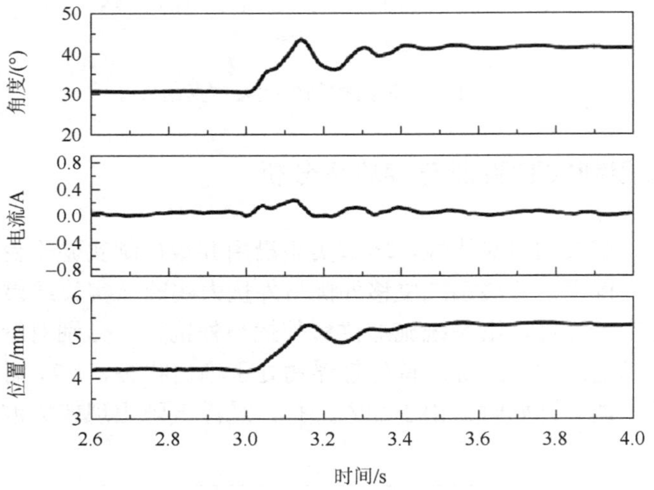

图 11.18 串级控制外扰力实验结果

11.5 永磁悬浮系统的模糊串级控制与零功率特性分析

11.5.1 模糊串级控制器设计

利用模糊控制理论设计的控制器可以适应被控对象的非线性和时变性，并且在磁悬浮方面取得了较好的控制效果，所以将模糊理论应用于串级控制中。在 11.4 节双环串级控制的基础上，分别在角度环和位置环加入模糊规则，实现模糊串级控制。输入系统的误差和误差变化率调节系统永磁环角度和悬浮物的位置，使系统实现稳定悬浮。

串级控制由于其参数调整方便、结构简单和适用场合广等优点而备受研究者青睐。作者采用串级控制方式，解决复杂控制器设计问题，实现了将复杂系统进行简单控制的目的。本节结合模糊控制理论设计了一种模糊串级控制器。在原系统串级控制的基础上，采用两种控制方式，一种在位置回路加入模糊规则构成位置环模糊串级控制器（图 11.19），另一种在角度回路加入模糊规则构成角度环模糊串级控制器（图 11.20）。理论上此控制器既具有模糊控制适应性强的特点，又具有串级控制参数调节方便的特点。

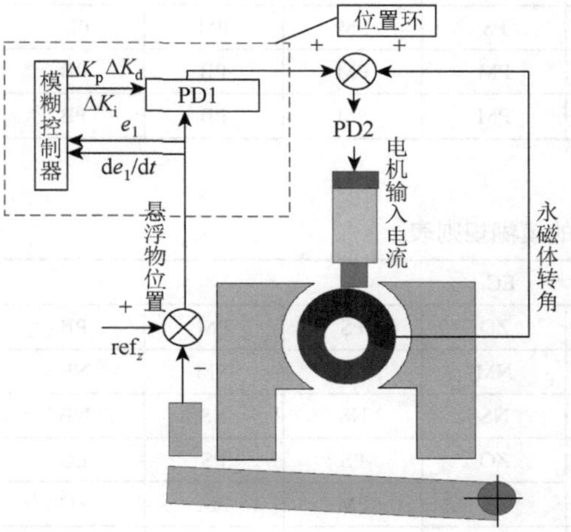

图 11.19　位置环模糊串级控制结构

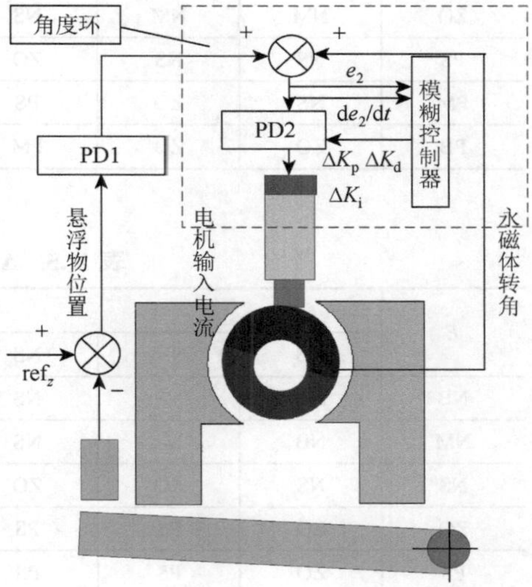

图 11.20　角度环模糊串级控制结构

根据悬浮物位置误差和位置误差变化率，e_1 和 de_1/dt 分别表示位置误差和位置误差的变化率。本节通过模糊规则整定，对串级参数进行修正，对误差进行控制。

e_2 和 de_2/dt 分别表示角度误差和角度误差的变化率。通过模糊规则整定，对 p2d2 进行修正，对误差进行控制。当气隙值与期望值相差较大时，为了加快系统的响应速度，应该增大系统的比例系数，应取较小的微分系数 K_d，以避免调节初始误差的瞬时变大，导致可能出现的微分过大而提前制动；当气隙值与期望值相差较小时，为了防止振荡的出现，误差变化得越快，微分系数越小；当气隙值与期望值处于中等时，为了减小超调，取比例系数为较小值，当误差变化速度小时，要将微分值取小以加快系统的响应时间。

基于以上分析和仿真效果的不断调整，取 e_1、de_1/dt、e_2、de_2/dt 的论域为 [−0.15, 0.15]、[−6, 6]、[−3, 3]、[−300, 300]，e_1、e_2 的量化因子为 1，de_1/dt、de_2/dt 的量化因子为 1，比例因子 K_{p1}、K_{p2}、K_{d1}、K_{d2} 分别为 1300、200、1200、0.3。表 11.4 和表 11.5 为建立的模糊规则，采用语言变量 E 表示 e_1、e_2，语言变量 EC 表示 de_1/dt、de_2/dt。

表 11.4 ΔK_p 的模糊规则表

E	EC						
	NB	NM	NS	ZO	PS	PM	PB
NB	NB	NB	NM	NM	NS	ZO	ZO
NM	NB	NB	NM	NS	NS	ZO	PS
NS	NM	NM	NM	NS	ZO	PS	PS
ZO	NM	NM	NS	ZO	PS	PM	PM
PS	NS	NS	ZO	PS	PM	PM	PM
PM	NS	ZO	PS	PM	PM	PB	PB
PB	ZO	ZO	PM	PM	PM	PB	PB

表 11.5 ΔK_d 的模糊规则表

E	EC						
	NB	NM	NS	ZO	PS	PM	PB
NB	NB	NS	NS	NM	NM	NM	NB
NM	NB	NS	NS	NS	NS	NS	NB
NS	NS	ZO	ZO	ZO	PS	PS	ZO
ZO	ZO	PS	PS	PS	PM	PM	ZO
PS	ZO	PS	PS	PM	PM	PS	PS
PM	ZO	PS	PM	PM	PB	PS	NS
PB	ZO	ZO	PM	PM	PM	PB	PB

11.5.2 模糊串级控制仿真分析

位移外扰仿真结果如图 11.21 所示，在 3.2s 时，对系统施加位移外扰，对系统悬浮物位置、永磁体转角和电机输入电流进行跟踪，经过角度环和位置环模糊串级控制，系统在 4.8mm 位置重新达到稳定悬浮状态。电机的输入电流保持在 0.1A 内，可以实现零功率要求。由仿真结果可知，角度环加入模糊规则比位置环加入模糊规则，系统的响应时间快接近 0.03s。

外扰力仿真结果如图 11.22 所示，在 3.2s 时，对系统施加外扰力，对系统悬浮物位置、永磁体转角和电机输入电流进行跟踪，经过角度环和位置环模糊串级控制，系统在 5.3mm 位置达到稳定悬浮状态。加入外扰力，电机的输入电流在新的稳态时电流也处于 0.1A 内，均可满足零功率要求。角度环加入模糊规则比位置环加入模糊规则达到新稳态的时间快 0.07s。

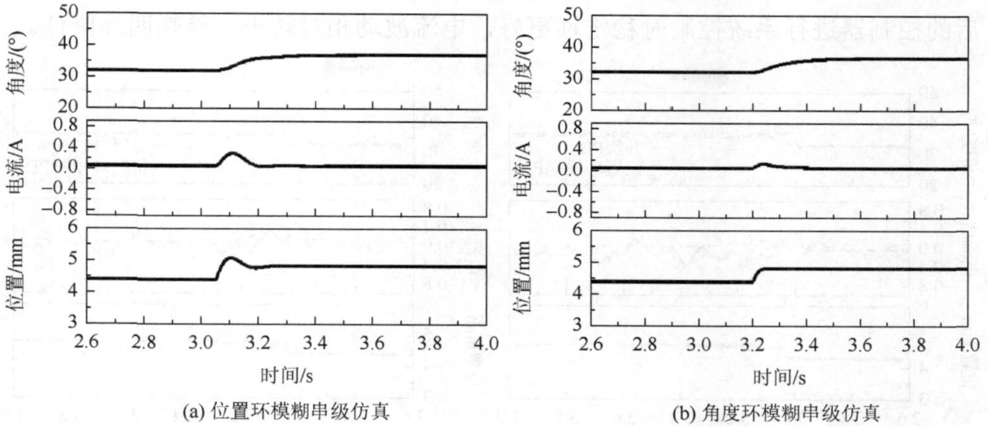

图 11.21　模糊串级位移外扰仿真结果

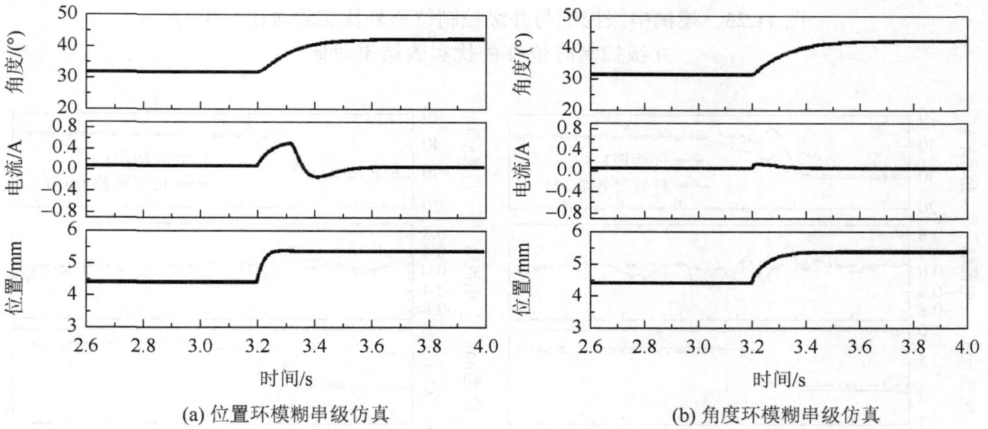

图 11.22　模糊串级外扰力仿真结果

11.5.3　模糊串级控制与并级控制的零功率实验对比分析

模糊串级控制结果与并级控制时位移外扰实验结果对比如图 11.23 所示，两种控制方式的外扰力实验结果对比如图 11.24 所示。由于系统在并级控制时的初始稳定状态位置不同，为了便于比较系统的功率特性，将初始稳定状态下调至模糊串级控制的稳定点，初始稳定状态下，在 3.0s 时，在系统中加入外扰信号，对永磁环角度、电机输入电流和悬浮物位置进行跟踪，系统加入外扰的情况下，仍能稳定悬浮。由系统实验结果对比图可以看出，并级控制的电流变化相对不稳定且变化范围大，所以功耗高。无论位移外扰还是外力扰动，加入模糊规则后的控制器进行系统控制时稳定性更好，电流波动相对较小，能耗明显降低。

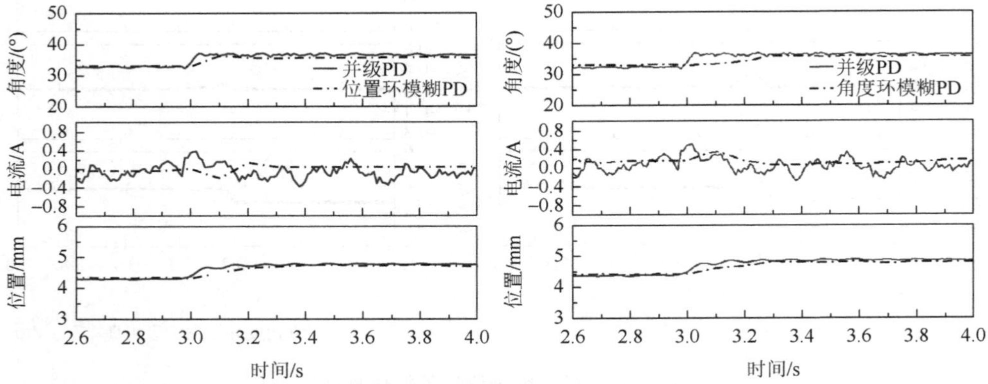

(a) 位置环采用模糊串级控制与并级控制实验对比　　(b) 角度环采用模糊串级控制与并级控制实验对比

图 11.23　模糊串级控制与并级控制位移外扰实验对比结果与并级控制时位移外扰实验结果对比

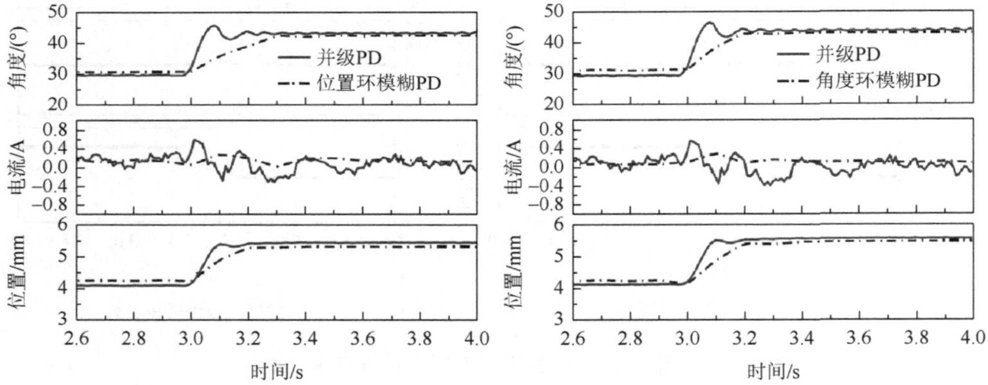

(a) 位置环模糊串级实验对比　　(b) 角度环模糊串级实验对比

图 11.24　外扰力实验结果与并级控制时外力扰动实验结果对比

11.5.4　模糊串级控制与串级控制的零功率实验对比分析

模糊串级控制位移外扰实验结果与串级控制时位移外扰实验结果对比如图 11.25 所示，系统在初始稳定状态下，3.0s 时在系统中加入位移扰动信号，对永磁环角度、电机输入电流和悬浮物位置进行跟踪。结果表明，在位移外扰作用下，角度环模糊串级控制重新达到稳定悬浮的时间比串级控制快 0.16s，位置环模糊串级控制重新达到稳定悬浮的时间比串级控制快 0.44s，在系统达到新的稳定状态后，两种控制方式相比并无太大变化，电流均维持在零附近，可以达到零功率控制要求。阶跃输入后，永磁体转角减小，悬浮力减小，气隙增大，为了保持悬浮物的稳定悬浮状态，控制器控制永磁体转角增大，再次使悬浮物稳定悬浮。本系统中，伺服电机驱动永磁体，永磁体提供悬浮物的悬浮力。

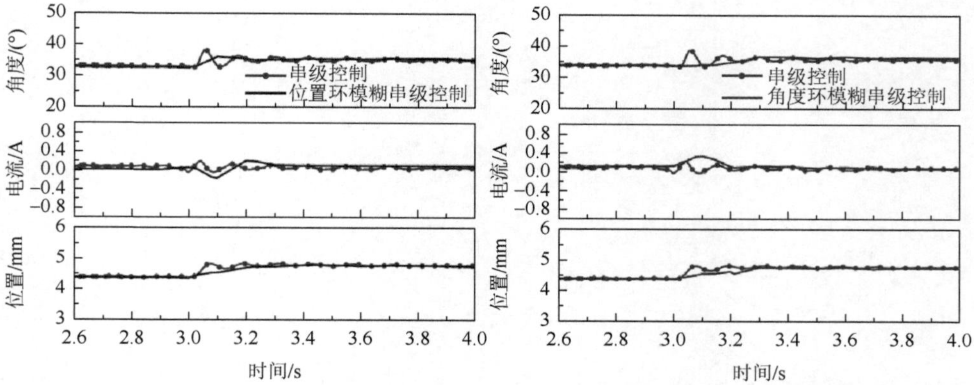

(a) 位置环模糊串级实验对比　　(b) 角度环模糊串级实验对比

图 11.25　位移外扰实验结果与串级控制时位移外扰实验结果对比

外扰力实验结果与串级控制时外扰力实验结果对比如图 11.26 所示，系统在初始稳定状态下，3.0s 时在系统中加入外扰力信号，对永磁环角度、电机输入电流和悬浮物位置进行跟踪。结果表明，在外扰力作用下，角度环重新达到稳定悬浮的时间比串级控制快 0.15s，位置环模糊串级控制再次达到稳定悬浮的时间与串

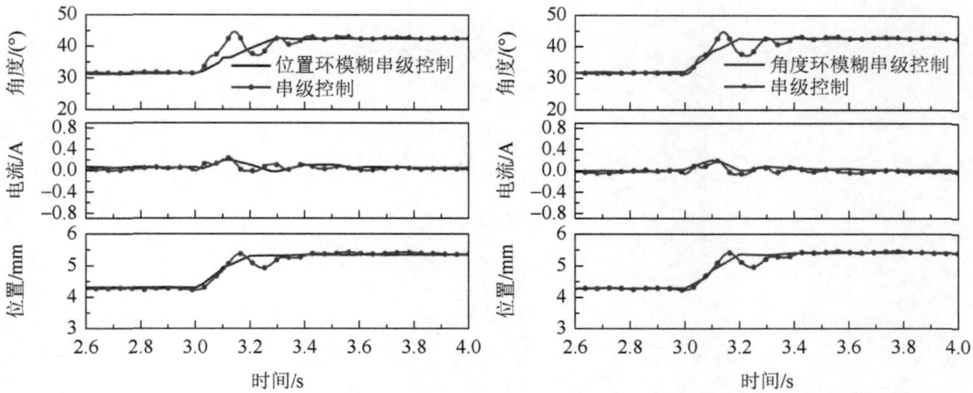

(a) 位置环模糊串级实验对比　　(b) 角度环模糊串级实验对比

图 11.26　外扰力实验结果与串级控制时外扰力实验结果

级控制相比快 0.24s。由于外扰力靠近悬浮物的中部施加于系统，在加入外扰力时，外扰力放置过程的快慢会影响系统的响应时间，但是利用这两种控制方式，系统在新的稳定状态下，电流大小没有大的区别。

在进行运算时 MATLAB/Simulink 无法计算两种模糊规则，所以无法在位置环和角度环同时加入模糊规则进行运算。

第 12 章　异形磁铁式零悬浮力特性优化与控制

可变磁路式永磁悬浮系统具有良好的节能特性，如前面内容所述，系统可实现准零功率的稳定悬浮。由于悬浮磁极漏磁影响，悬浮物在气隙较小时可能出现接触吸附导致悬浮失效。悬浮气隙较小时减小永磁体转角可以降低悬浮物所受磁力，可有效避免接触吸附，提高悬浮稳定性。本章中，定义悬浮物在较小悬浮气隙处所受磁力接近于零的特性为系统的零悬浮力特性，并提出四种方法优化系统的零悬浮力特性。

12.1　悬浮系统的零悬浮力特性

接触吸附和跌落是磁悬浮系统的两种主要悬浮失效形式，前面内容提出的变刚度控制方法可有效避免悬浮失效。研究系统的零悬浮力特性，可进一步减小系统漏磁影响下接触吸附的概率，改善系统稳定悬浮时的稳定性。

12.1.1　零悬浮力特性的提出

在电磁悬浮系统中，电磁悬浮系统的零功率实现机理如图 12.1 所示。当悬浮物与磁极间悬浮气隙大于平衡位置气隙时，电流增大，磁力大于重力，悬浮物向上运动减小气隙；当悬浮物位于平衡位置时，线圈通过一定电流，产生的磁力等于悬浮物重力；当悬浮气隙小于平衡气隙时，电流减小，磁力小于重力，悬浮物向下运动增大气隙；当磁极与悬浮物接触时，电流减小至零，此时磁极不产生磁

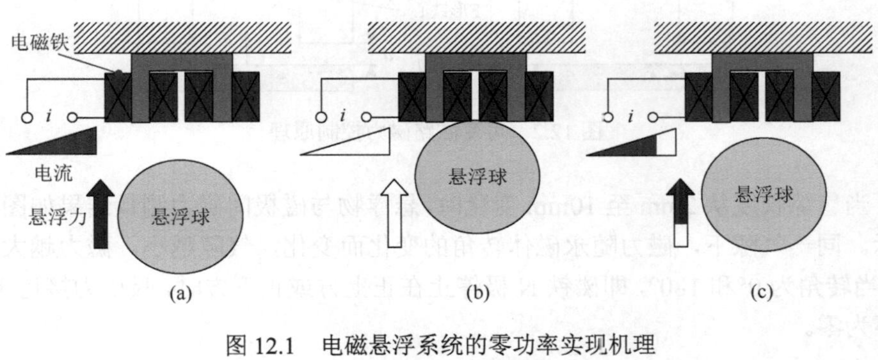

图 12.1　电磁悬浮系统的零功率实现机理

力，系统具有良好的零悬浮力特性。由上述电磁悬浮的原理可知，在稳定悬浮过程中，电磁线圈中始终有较大的电流通过，导致其能耗高、温升大。

随着第四代稀土永磁材料钕铁硼的产生及推广应用，永磁体的能积比提高，可产生较大磁力。为避免电磁悬浮系统高能耗的缺点，国内外研究者将永磁体应用至磁悬浮技术。Morishita 等[58]提出了一种电磁-永磁混合磁悬浮系统，稳定悬浮状态悬浮物磁通量全部由永磁体产生，线圈仅做主动控制，该系统具有零功率的特性，线圈温升小。但当悬浮气隙较小时，电磁线圈必须通过较大反向电流抵消永磁体磁场。电磁线圈匝数不足时，系统零悬浮力特性较差，易出现接触吸附。

文献[34]～[39]提出了一种音圈电机驱动永磁体主动控制悬浮气隙的变气隙永磁悬浮系统。文献[40]～[42]在永磁体与悬浮物间设置调磁板，通过调磁板运动改变永磁体与悬浮物间的磁通量，可实现悬浮物的零功率稳定悬浮。文献[43]～[45]利用逆磁致伸缩效应与逆压电效应设计了一种复合材料，可实现磁通量的主动控制。以上两种可变磁路式永磁悬浮系统均无法减小磁通量至 0，不具有零悬浮力特性，易出现接触吸附。

前面内容提出了一种可变磁路式永磁悬浮系统，可通过改变永磁体的转角改变磁路磁通量，调整悬浮力。如图 12.2 所示，当永磁体转动一定角度时，径向磁化永磁体的主磁通部分由 N 极出发经过两侧 F 形铁心和气隙返回 S 极，另一部分主磁通分别经过左右两侧 F 形铁心由 N 极返回 S 极。永磁体角度增大时，磁力增大。当永磁体转动至 90°时，主磁通全部由 N 极出发经过两侧 F 形铁心和气隙返回 S 极，磁力达到最大值；当转角为 0°时，全部主磁通分别经过左右两侧 F 形铁心的上部由 N 极返回 S 极。在不考虑漏磁影响的情况下，磁力为零，具有零悬浮力特性。

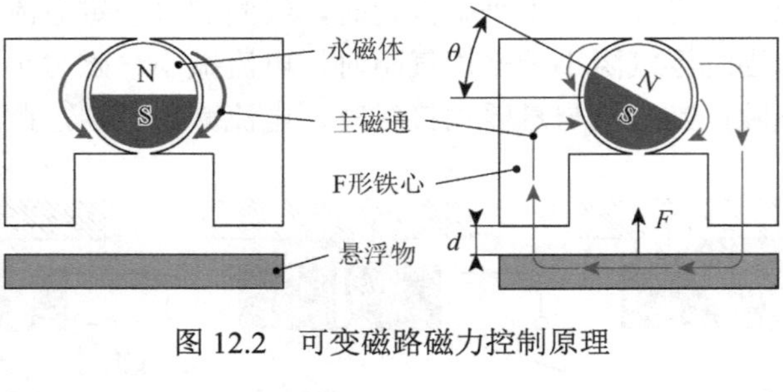

图 12.2　可变磁路磁力控制原理

当气隙长度从 2mm 至 10mm 变化时，悬浮物与磁极间磁力测量结果如图 12.3 所示。同一气隙下，磁力随永磁体转角的变化而变化，气隙越小，磁力越大。此外，当转角为 0°和 180°，即磁铁 N 极停止在正上方或正下方时，吸引力接近于零，但不为零。

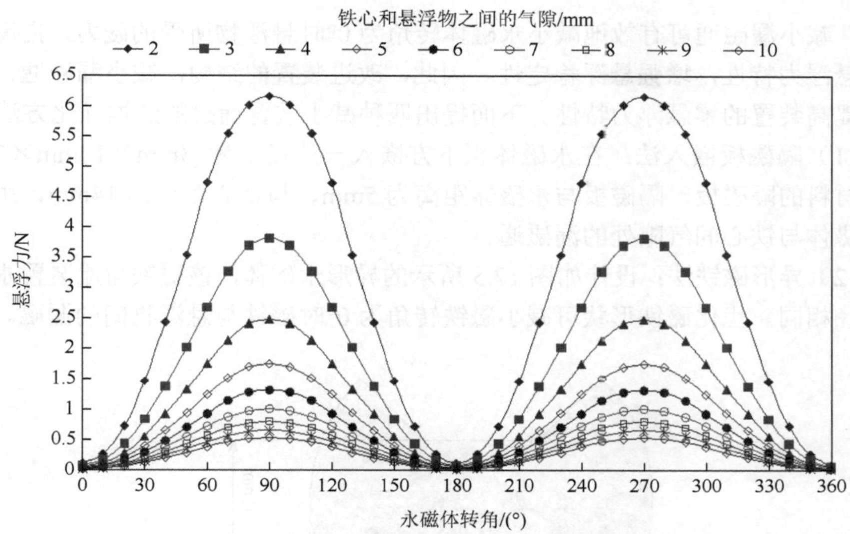

图 12.3　可变磁路磁极的磁力测量结果（扫封底二维码可见彩图）

采用电磁仿真软件对可变磁路磁极进行有限元磁场分析，如图 12.4 所示，箭头的方向表示磁通量的方向，箭头的大小表示磁通密度。磁铁 N 极的磁通量几乎全部由铁心的上侧返回到 S 极，有一小部分磁通量通过铁心的下侧、悬浮气隙和悬浮物，最后返回 S 极。结果表明，铁心与悬浮物之间的吸引力不为零的原因是磁铁和悬浮物间存在较小的漏磁通。

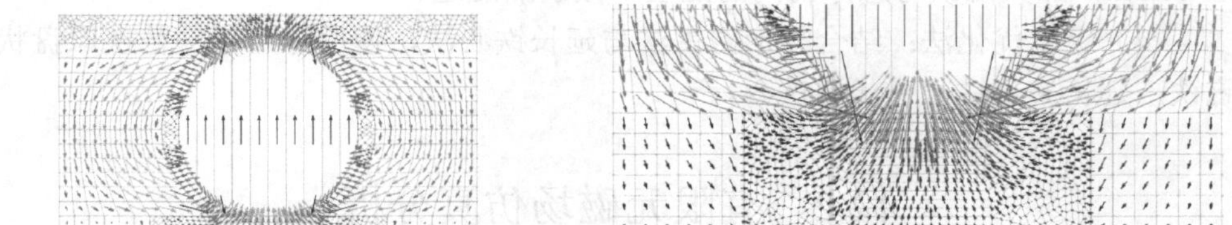

图 12.4　可变磁路磁极的有限元磁场分析（扫封底二维码可见彩图）

12.1.2　零悬浮力特性的优化方法

由电磁仿真结果可知，装置结构导致其在永磁体转角为 0°时仍存在一定的漏磁通。减小漏磁通可有效地减小永磁体转角为 0°时悬浮物所受的磁力，提高系统的零悬浮力特性，增强悬浮稳定性。因此，改进装置的结构，减小漏磁通，可有效地提高装置的零悬浮力特性。下面提出四种减小装置漏磁的结构优化方法。

（1）隔磁板嵌入法：在永磁体正下方嵌入一片尺寸为 3mm×10mm×20mm 铁磁材料的隔磁板，隔磁板与永磁体距离为 5mm、与铁心距离为 14mm，用于减小永磁体与铁心间气隙处的漏磁通。

（2）异形磁铁法：设计如图 12.5 所示的异形永磁体，该磁铁与原装置永磁体的直径相同。优化磁铁形状可减小磁铁转角为 0°时磁铁与悬浮物间的漏磁。

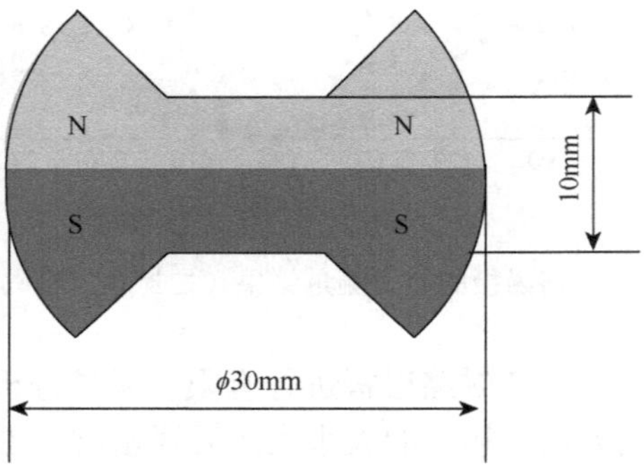

图 12.5　异形永磁体的形状尺寸

（3）延长铁心法：将原装置左右两侧 F 形铁心下方的腿部长度由 20mm 延长至 40mm，加大磁铁与悬浮物间的磁阻，减小漏磁通。

（4）组合优化法：结合异形磁铁法与延长铁心法，使用异形磁铁替换原盘状磁铁，延长 F 形铁心替代原铁心。

12.2　有限元磁场仿真分析

为明确四种优化方法下装置的零悬浮力表现，分别建立其仿真模型，采用有限元仿真软件对其磁通密度、磁力进行计算，分析在各优化方法下系统的磁力性质与零悬浮力特性。

12.2.1　隔磁板嵌入法仿真分析

本节建立隔磁板嵌入法的仿真模型，结构尺寸如图 12.6 所示。装置的前后侧对称，为减小计算量，仅采用前侧一半的结构进行仿真计算。

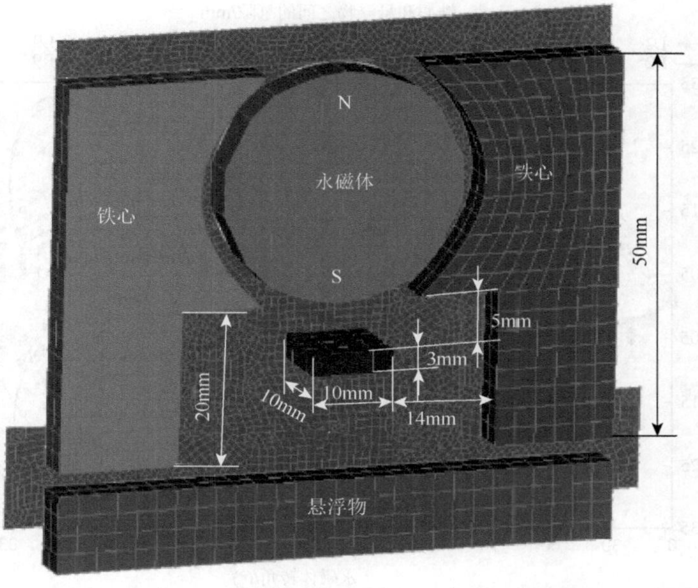

图 12.6　隔磁板嵌入法的仿真模型（扫封底二维码可见彩图）

磁场分析结果如图 12.7 所示，永磁体转角为 0°时，永磁体与悬浮物间仍存在部分磁通量。与如图 12.4 所示的原装置的磁场分析结果对比，永磁体转角为 0°时，永磁体与悬浮物间的磁通量几乎未减小。结果表明，采用隔磁板嵌入法无法有效地减小漏磁通。

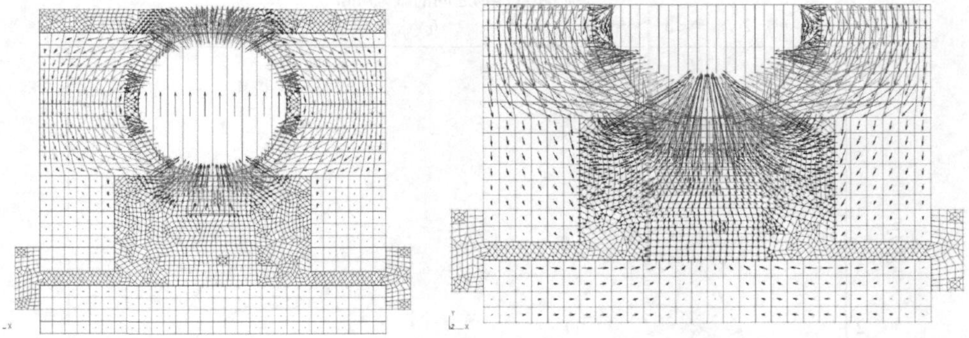

图 12.7　隔磁板嵌入法的有限元磁场分析（扫封底二维码可见彩图）

采用隔磁板嵌入法时，计算各气隙时不同永磁体转角下的磁通密度，结果如图 12.8 所示。与原装置磁通密度分析结果对比，应用隔磁板嵌入法装置的磁通密度的变化趋势与原装置相同，且幅值未明显减小。

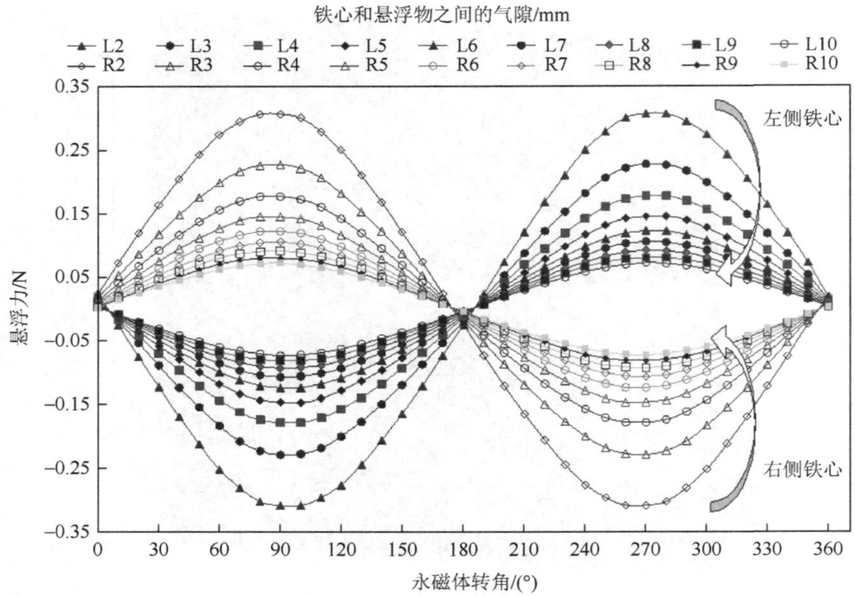

图 12.8　隔磁板嵌入法的磁通密度仿真结果（扫封底二维码可见彩图）

磁力仿真结果如图 12.9 所示，当气隙为 2mm、永磁体转角 90°左右时的磁力与原结构有一定差异，其余位置磁力仿真结果与原结构基本一致。结果表明，采用隔磁板嵌入法不改变磁极的磁力特性。该结果不便于分析优化后系统的零悬浮力特性，将在后面的章节中对所有优化方法的零悬浮力表现统一进行对比分析。

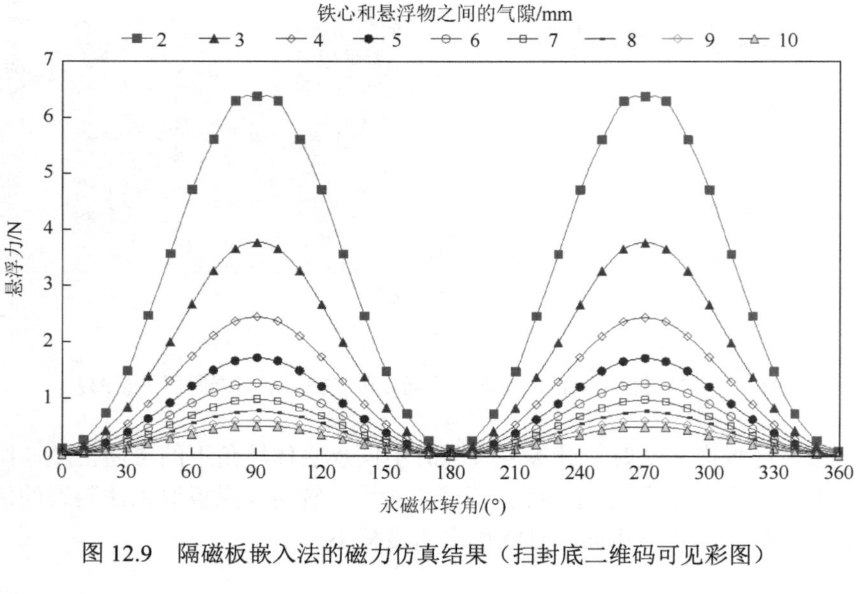

图 12.9　隔磁板嵌入法的磁力仿真结果（扫封底二维码可见彩图）

12.2.2　异形磁铁法仿真分析

将原装置结构中永磁体更改为异形永磁体，其余结构尺寸形状保持不变，其仿真模型如图 12.10 所示。对采用异形磁铁的装置结构进行磁场分析，当异形磁体转角为 0°时结果如图 12.11 所示。与如图 12.4 所示的原结构磁场相比较，使用异形磁铁时在铁心和悬浮物中磁通量明显减小。结果表明，异形磁铁法可明显降低磁铁与悬浮物之间的漏磁通，对系统的零悬浮力特性有显著的优化效果。

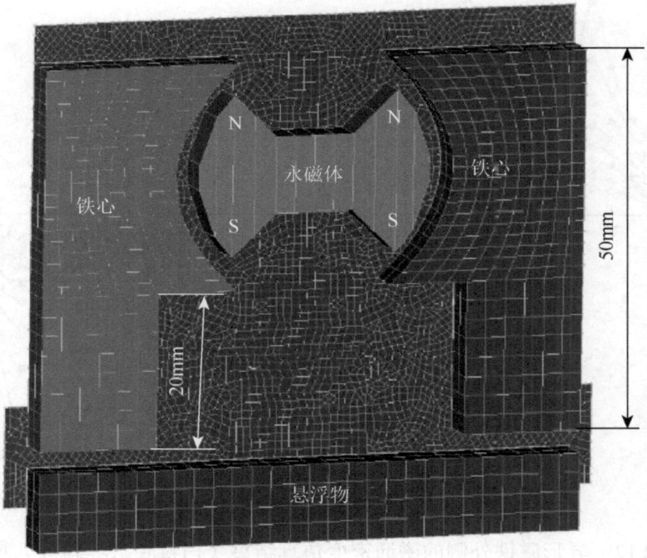

图 12.10　异形磁铁法的仿真模型（扫封底二维码可见彩图）

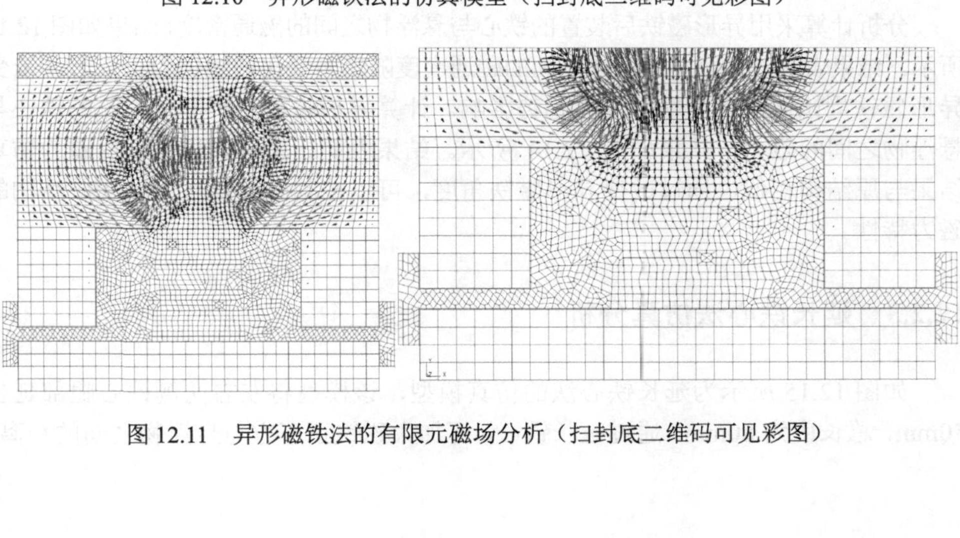

图 12.11　异形磁铁法的有限元磁场分析（扫封底二维码可见彩图）

为分析异形磁铁不同转角时其下方磁通密度分布，本节对不同转角时磁铁外侧气隙 1～10mm 的磁通密度进行分析，结果如图 12.12 所示。结果表明，磁铁转角在 0°～360°变化时，其正下方气隙处磁通密度呈周期性变化，且图像呈鞍形。采用异形磁铁时，磁铁转角 0°时其正下方的磁通密度比盘状磁铁小得多，该结果表明，采用异形磁铁可有效减小磁铁转角 0°时的装置漏磁。

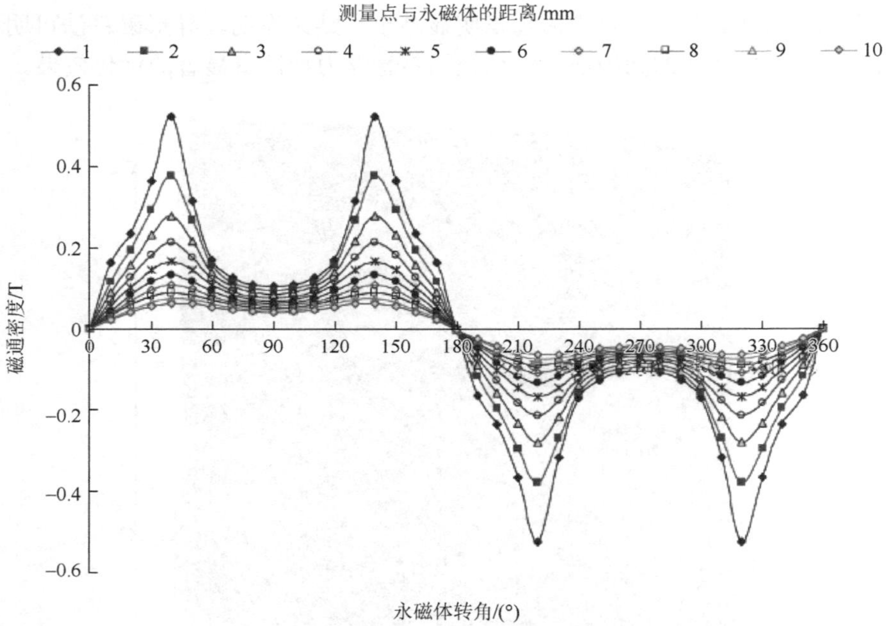

图 12.12　异形磁铁外侧的磁通密度仿真结果（扫封底二维码可见彩图）

分析计算采用异形磁铁后装置的铁心与悬浮物之间的磁通密度，结果如图 12.13 所示。结果表明，铁心与悬浮物之间的磁通密度随转角变化曲线仍为正弦形，未受异形磁铁周围磁通密度鞍形变化趋势影响。计算异形磁铁在不同转角时的铁心与悬浮物之间的磁力，结果如图 12.14 所示。结果表明，采用异形磁铁后磁力仿真结果与原结构相似，通过改变异形磁铁角度，可以控制磁力，且不改变原结构的磁力特性。

12.2.3　延长铁心法仿真分析

如图 12.15 所示为延长铁心法的仿真模型，该模型将左右两侧铁心腿部延长 30mm，总长度为 80mm。通过延长铁心，可加大磁铁正下方与悬浮物之间的距离，增大磁铁与悬浮物间的磁阻，减小漏磁。此外，为分析比较不同铁心长度时的零悬浮力特性，计算了磁铁角度为 0°、不同铁心长度时的磁力大小。

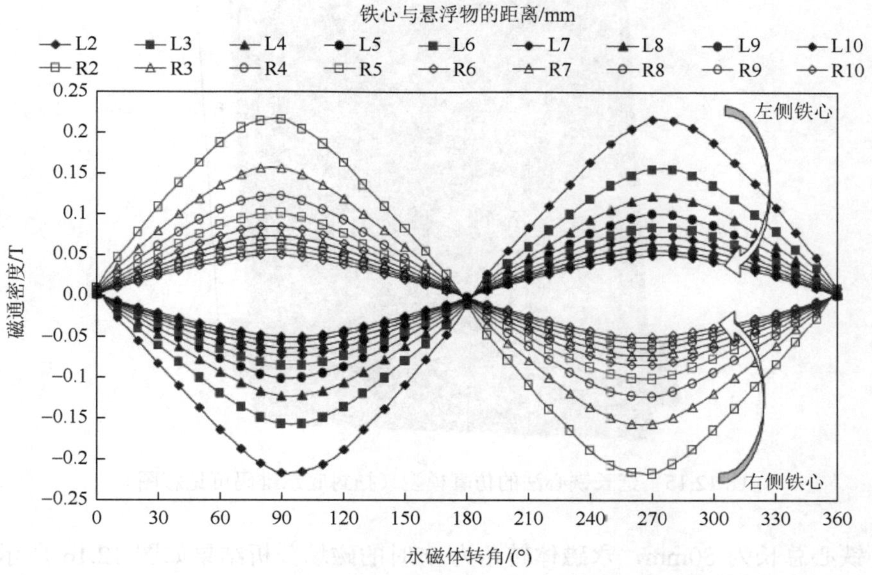

图 12.13　异形磁铁法的磁通密度仿真结果（扫封底二维码可见彩图）

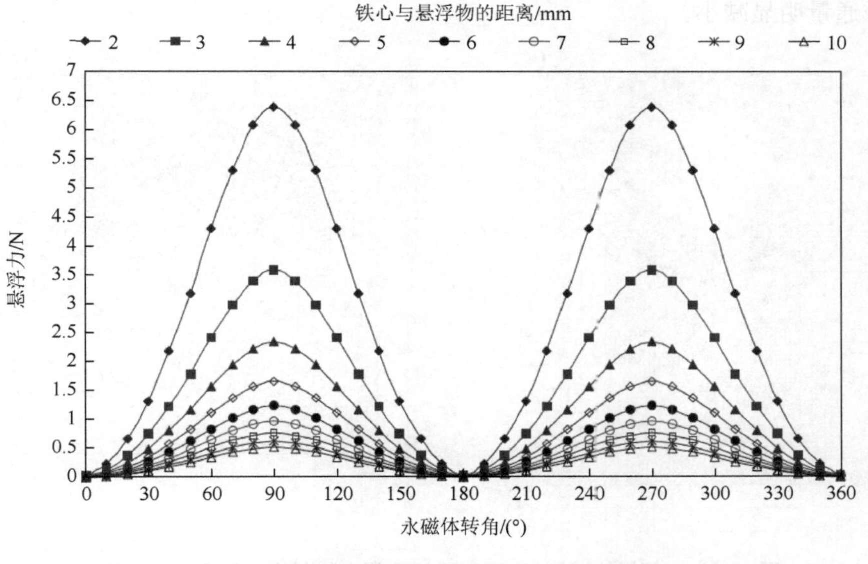

图 12.14　异形磁铁法的磁力仿真结果（扫封底二维码可见彩图）

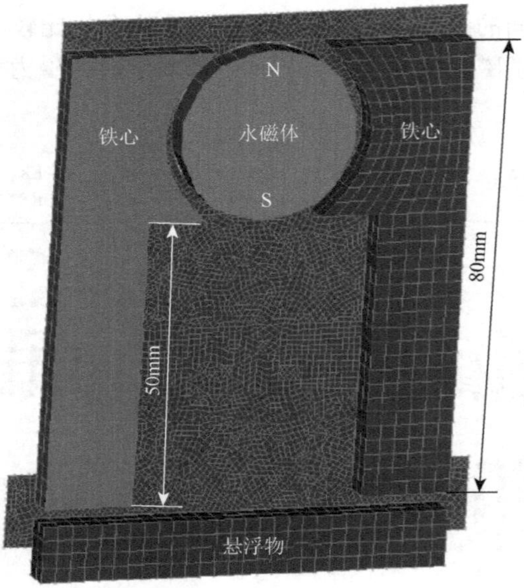

图 12.15　延长铁心法的仿真模型（扫封底二维码可见彩图）

铁心总长为 80mm，永磁体转角为 0°时的磁场分析结果如图 12.16 所示。结果表明，磁铁周围的环形气隙及铁心处的磁场与原结构一致。但由于磁铁与悬浮物之间的距离较大，漏磁通难以经气隙及铁心腿部到达悬浮物，磁铁与悬浮物间的磁通量明显减小。

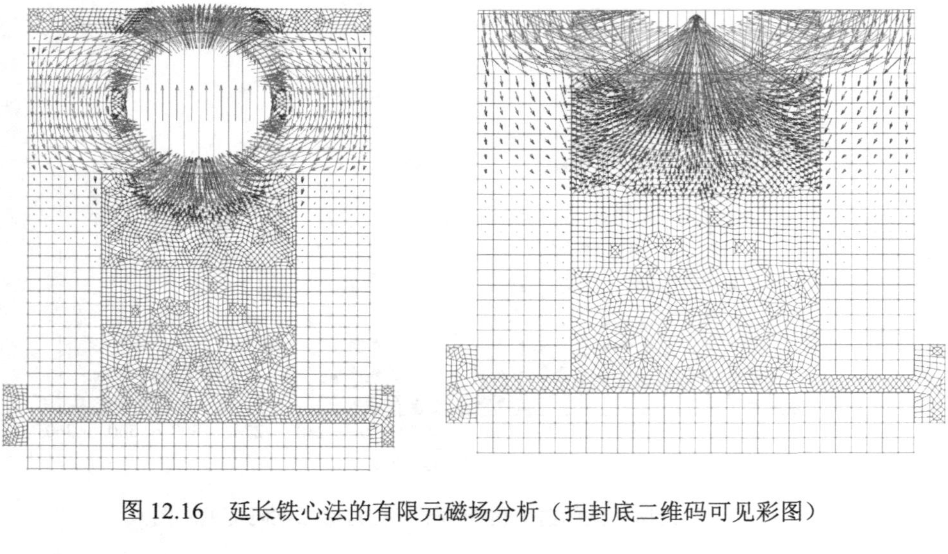

图 12.16　延长铁心法的有限元磁场分析（扫封底二维码可见彩图）

铁心总长度 80mm、不同磁铁转角时，气隙处的磁通密度计算结果如图 12.17 所示。延长铁心导致磁铁与悬浮物之间磁阻增大，漏磁减小，其磁通密度幅值比原结构小，磁通密度的对称性有所提高。磁力仿真结果如图 12.18 所示，与如图 12.3 所示的原结构装置仿真结果相比，磁铁转角为 90°和 270°时，磁力明显小于原结构，其结果表明，延长铁心法可显著优化系统的零悬浮力特性，同时相应地减小了结构的最大磁力。此外，磁力随磁铁转角变化的线性度得到了有效改善。

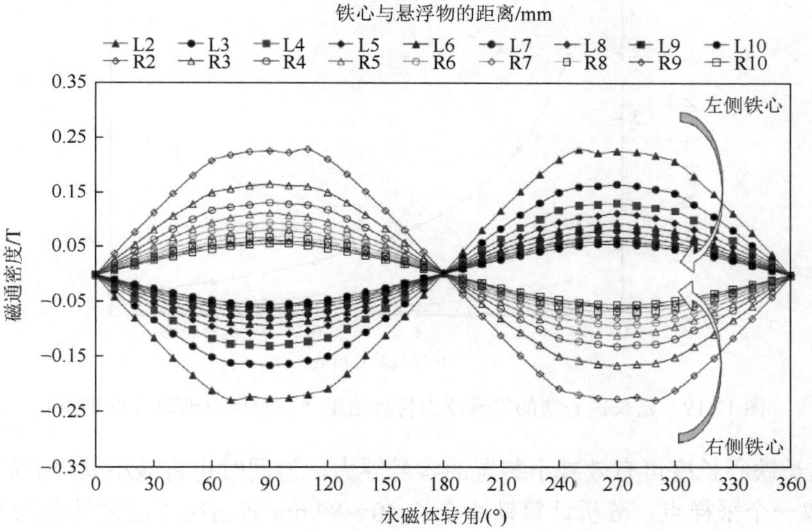

图 12.17　延长铁心法的磁通密度仿真结果（扫封底二维码可见彩图）

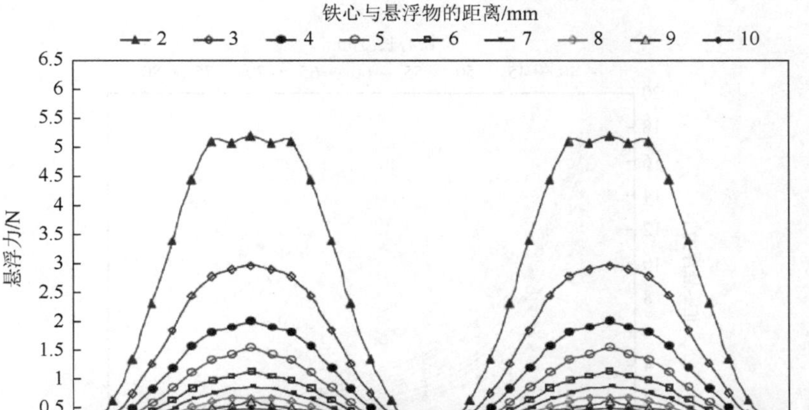

图 12.18　延长铁心法的磁力仿真结果（扫封底二维码可见彩图）

为分析不同铁心长度时装置的零悬浮力特性，每 5mm 取一个采样点，分析计算铁心全长 40～80mm 各情况下磁铁角度为 0°时的磁力大小，结果如图 12.19 所示。结果表明，铁心越长，装置的零悬浮力特性越好。铁心总长 60mm 以上时磁力接近于 0，且悬浮气隙大小对零悬浮力特性影响较小，可有效避免悬浮过程中出现接触吸附。

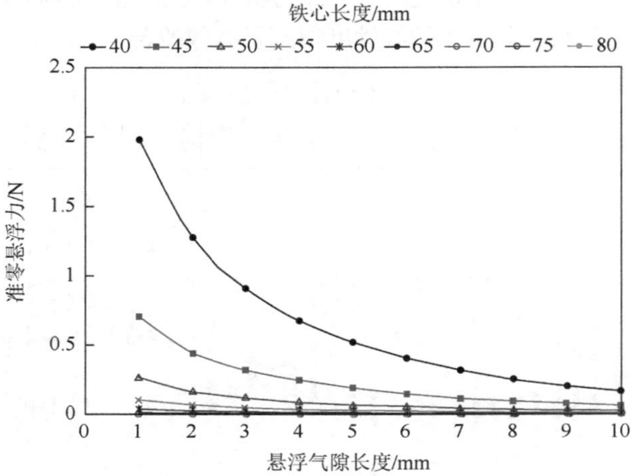

图 12.19　延长铁心法的零悬浮力仿真结果（扫封底二维码可见彩图）

延长铁心长度可有效减小装置的零悬浮力，但同时也将减小其最大磁力。每 5mm 取一个采样点，分析计算铁心全长 40～80mm 各情况下磁铁转角为 90°时的磁力大小，结果如图 12.20 所示。结果表明，铁心越长装置的最大磁力越小，同一铁心长度下磁力与气隙的平方成正比。

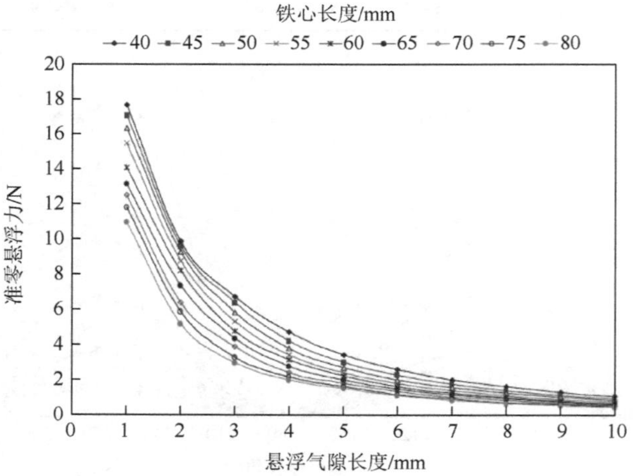

图 12.20　延长铁心法的最大悬浮力仿真结果（扫封底二维码可见彩图）

12.2.4　组合优化法仿真分析

如 12.2.2 节和 12.2.3 节所述，采用异形磁铁法与延长铁心法均可有效地优化装置的零悬浮力特性，在磁铁转角为 0°时装置的磁力接近于 0，能有效地避免接触吸附。本节将结合异形磁铁法与延长铁心法，采用异形磁铁与延长后的铁心进行电磁仿真，计算装置的磁通密度、磁力，分析组合优化法的零悬浮力特性。

将如图 12.15 所示的延长铁心法磁场仿真模型中盘状磁铁更换为图 12.10 中采用的异形磁铁，当磁铁转角为 0°时，磁场仿真结果如图 12.21 所示，图中无磁通量经过悬浮物，磁铁与悬浮物间漏磁通接近于零。悬浮气隙处的磁通密度仿真结果如图 12.22 所示，结果与延长铁心法相似，其磁通密度幅值略有减小，但两侧铁心磁通密度的对称性有所改善。

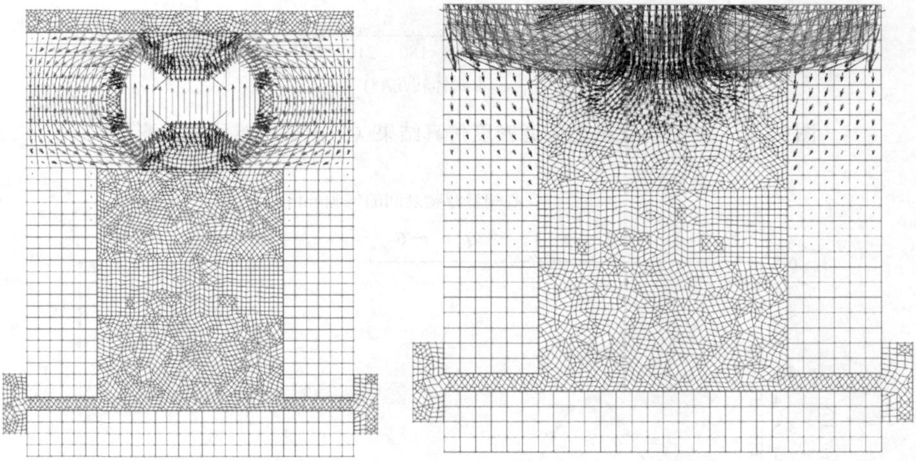

图 12.21　组合优化法的有限元磁场分析（扫封底二维码可见彩图）

通过计算铁心与悬浮物间的磁力，随气隙变化，永磁体转角与悬浮力仿真结果如图 12.23 所示。与原始装置及异形磁铁法相比，优化后装置的磁力仍随转角呈正弦形变化趋势，但其可产生的最大磁力明显减小。与延长铁心法相比较，其可产生的最大磁力减小，磁力图像的曲线形状相对规整，且线性度更好。

12.2.5　零悬浮力特性比较分析

如前面内容所述，由磁场分析结果可知，隔磁板嵌入法对减小磁铁转角为 0°时的漏磁通效果不佳，异形磁铁法、延长铁心法及组合优化法均可有效地减小装置的漏磁通。为评价四种方法的零悬浮力特性优化程度，下面横向比较磁铁转角为 0°下装置的磁力。

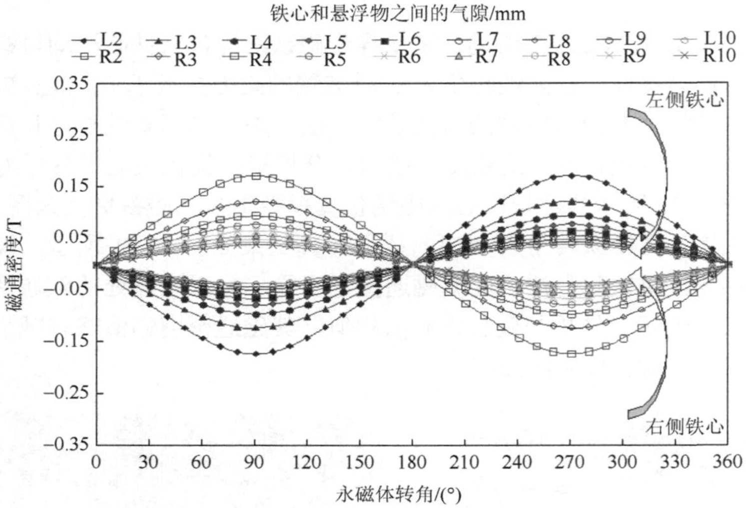

图 12.22 组合优化法的磁通密度仿真结果（扫封底二维码可见彩图）

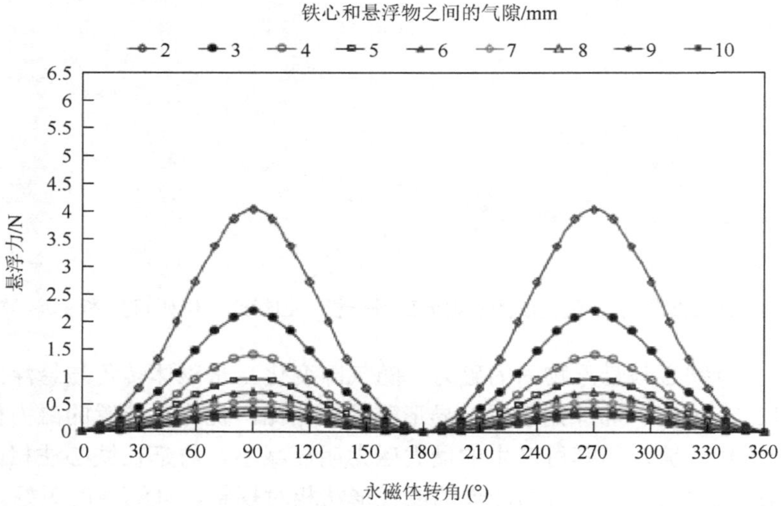

图 12.23 组合优化法的磁力仿真结果（扫封底二维码可见彩图）

如图 12.24 所示，相比于原装置，各种优化方法的零悬浮力特性均有所改善。其中，隔磁板嵌入法的零悬浮力优化效果较差，其余三种方法均可有效地减小装置的零悬浮力，该结果与磁场分析结论一致。

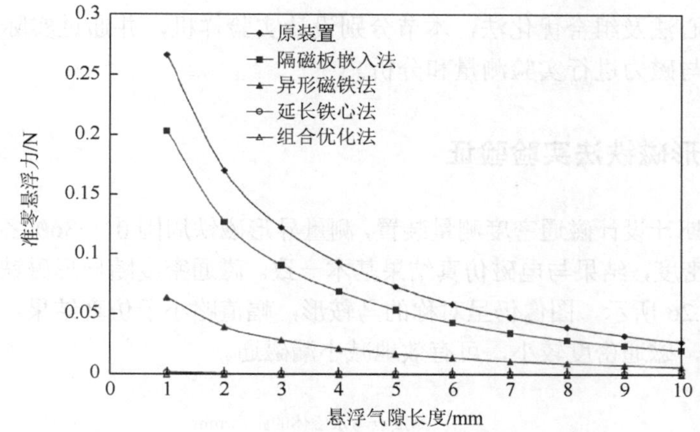

图 12.24　多种优化方法的零悬浮力对比

采用延长铁心法和组合优化法后，装置在磁铁 0°时磁力均接近于零，为比较采用异形磁铁后其磁力是否减小，给出了如图 12.25 所示的两种方法的对比结果。采用组合优化法的装置磁力仅约为延长铁心法的 1/6，1mm 气隙下其磁力仅 0.2mN，铁心与悬浮物之间的气隙长度对其零悬浮力特性影响较小。

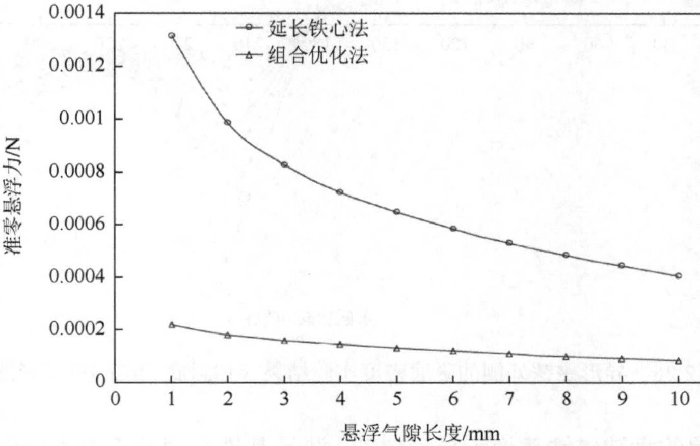

图 12.25　延长铁心法和组合优化法的零悬浮力对比

12.3　零悬浮力特性优化实验验证

有限元法电磁仿真分析结果表明，隔磁板嵌入法的零悬浮力特性优化效果不明显，所以本节不再通过实验样机详细验证分析该方法的可行性。针对异形磁铁法、延长铁心法及组合优化法，本节分别设计实验样机，并通过实际结构对装置的磁通密度与磁力进行实验测量和分析。

12.3.1　异形磁铁法实验验证

通过高斯计设计磁通密度测量装置，测量异形磁铁周围 0°～360°各角度不同气隙处的磁通密度，结果与电磁仿真结果基本一致。磁通密度随异形磁铁转角的变化趋势如图 12.26 所示，图像仍呈对称的马鞍形，幅值略小于仿真结果。当异形磁铁转角为 0°时，磁通密度较小，可有效地减小漏磁通。

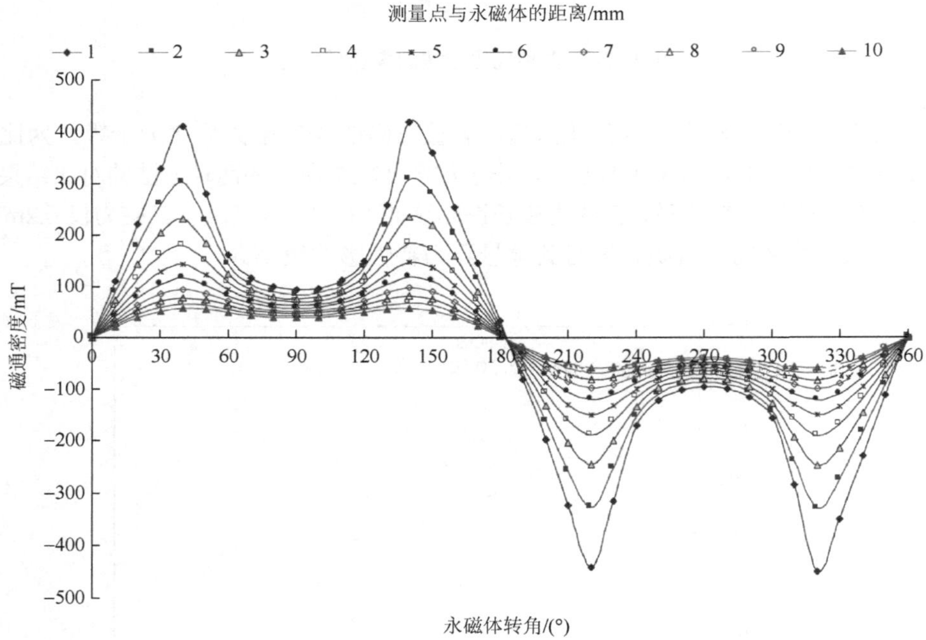

图 12.26　异形磁铁外侧的磁通密度实验结果（扫封底二维码可见彩图）

将原装置的盘转磁铁替换为异形磁铁，测量其铁心腿部下方不同气隙处的磁通密度。测量结果如图 12.27 所示，不同异形磁铁转角时的磁通密度趋势与仿真结果一致，其图像仍呈正弦形。结果表明，异形磁体的马鞍形趋势只改变了磁体的周围磁通密度，而不影响铁心腿部下方的磁通密度趋势。

如图 12.28 所示，采用异形磁铁的装置磁力测量结果与原装置趋势相似，图形形状相对较窄，磁力对磁铁转角的线性度更好。此外，当异形磁铁位于 0°和 180°处时，磁力比原结构的测量结果略小。

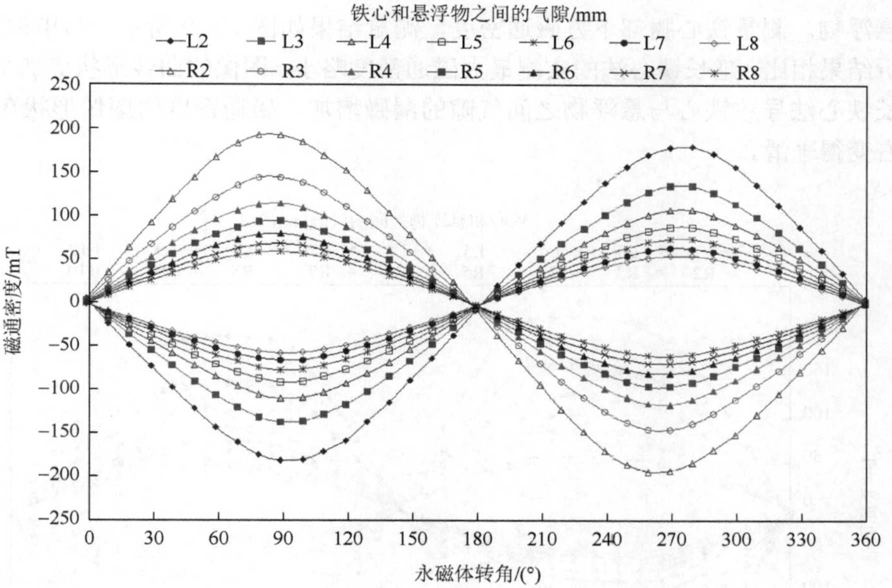

图 12.27　异形磁铁法的磁通密度实验结果（扫封底二维码可见彩图）

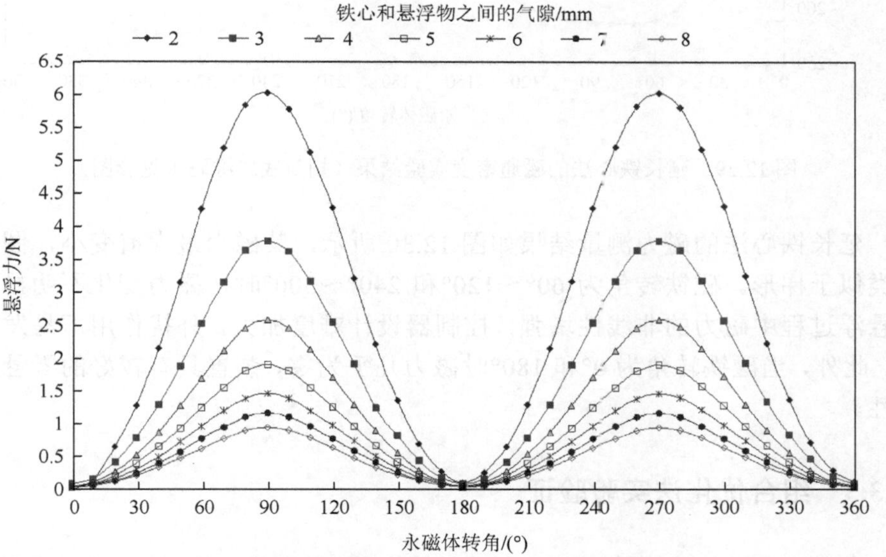

图 12.28　异形磁铁法的磁力实验结果（扫封底二维码可见彩图）

12.3.2　延长铁心法实验验证

将原装置中左右两个 F 形铁心替换为腿部延长形的铁心，仍采用原盘状磁铁及悬浮物。测量铁心腿部下方磁通密度，测量结果如图 12.29 所示。与电磁仿真分析结果相比，延长铁心法的实测最大磁通密度略小，图像的曲线形状更加平滑。延长铁心法导致铁心与悬浮物之间气隙的漏磁增加，磁通密度的图像形状在 90°左右变得平滑。

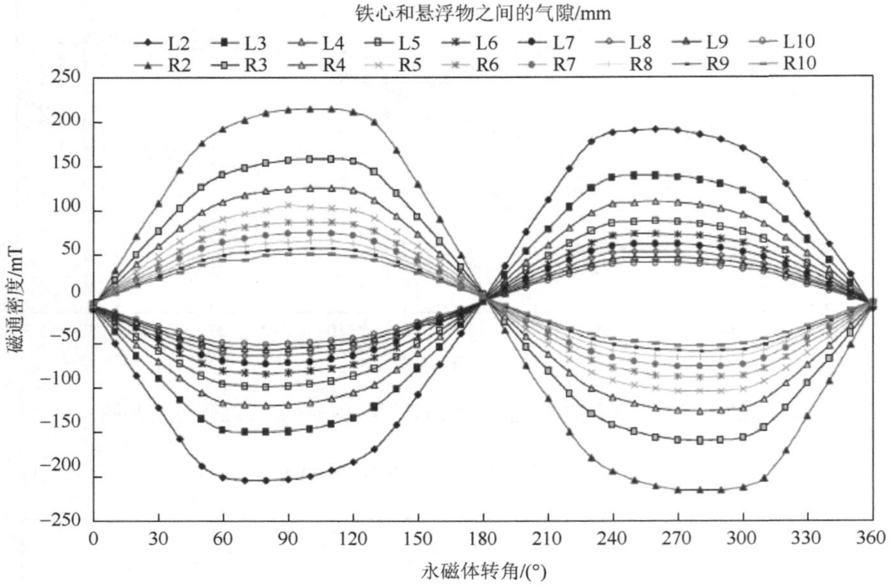

图 12.29　延长铁心法的磁通密度实验结果（扫封底二维码可见彩图）

延长铁心法的磁力测量结果如图 12.30 所示，其磁力最大值变小，图像形状类似于梯形。磁铁转角为 60°～120°和 240°～300°时，磁力变化不明显，导致悬浮过程中磁力的非线性增强，控制器设计难度加大，外扰作用下易发散失控。此外，当磁铁转角为 0°和 180°时磁力几乎为零，装置具有较好的零悬浮力特性。

12.3.3　组合优化法实验验证

将延长铁心法实验样机中采用的磁铁更换为异形磁铁，将延长铁心法和异形磁铁法相结合（组合优化法），测量铁心腿部下方气隙处的磁通密度，绘制测量结果图像如图 12.31 所示。相比于异形磁铁法和延长铁心法，装置可产生的最大磁通密度减小约 1/4，曲线形状较规整。

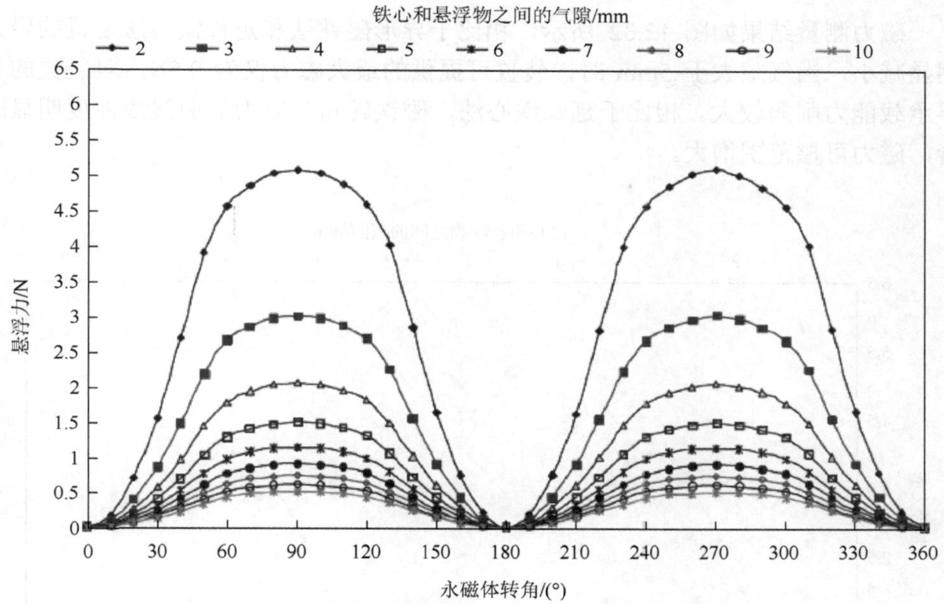

图 12.30　延长铁心法的磁力实验结果（扫封底二维码可见彩图）

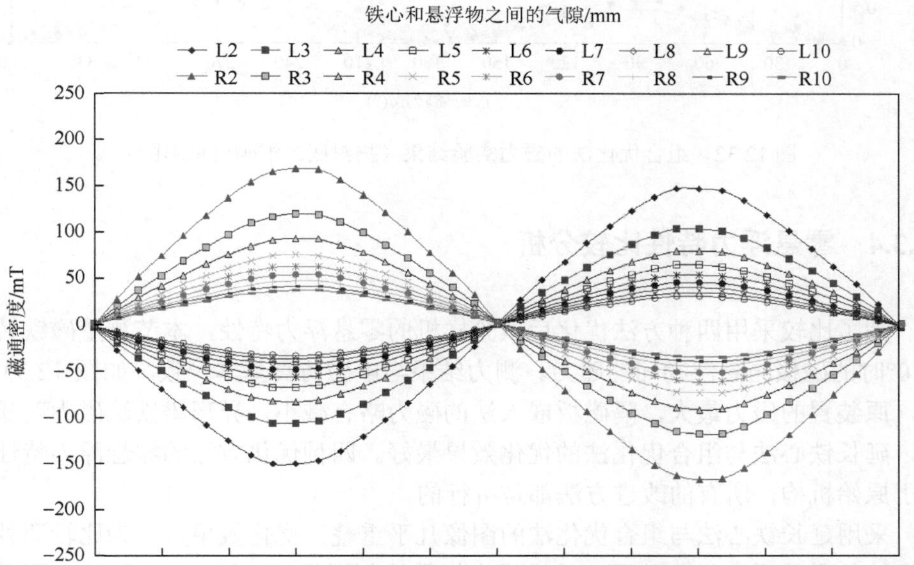

图 12.31　组合优化法的磁通密度实验结果（扫封底二维码可见彩图）

磁力测量结果如图 12.32 所示，相比于异形磁铁法和延长铁心法装置的磁力明显减小，当气隙大于 5mm 时，装置可提供的最大磁力仅为 0.5N，对装置的悬浮承载能力削弱较大。相比于延长铁心法，磁铁转角与磁力的曲线线性度明显改善，磁力可控范围增大。

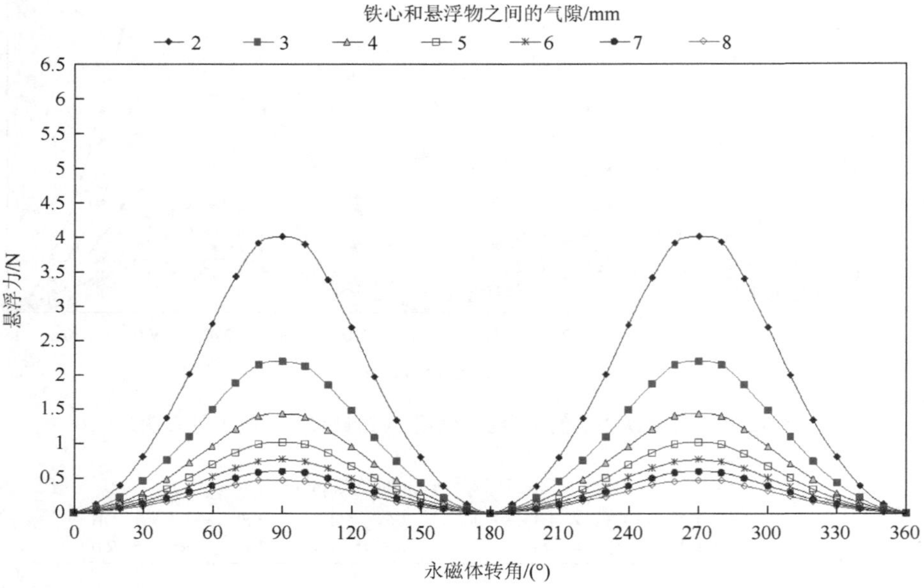

图 12.32 组合优化法的磁力实验结果（扫封底二维码可见彩图）

12.3.4 零悬浮力特性比较分析

为了比较采用四种方法优化后试验样机的零悬浮力特性，本节测量磁铁转角为 0°时的磁极与悬浮物间的磁力。测力结果与电磁仿真基本一致，如图 12.33 所示，原装置的磁力最大，隔磁板嵌入法的磁力略有减小，异形磁铁法磁力明显减小，延长铁心法与组合优化法的优化效果最好。四种优化方法的零悬浮力特性均优于原始机构，所有的改进方法都是可行的。

采用延长铁心法与组合优化法的图像几乎重叠，优化效果好。为比较两种优化方法的零悬浮力优化效果，放大纵坐标系绘制图像，如图 12.34 所示。测量实验结果表明，组合优化法的零悬浮力特性明显优于延长铁心法，磁铁角度为 0°时几乎无磁力产生。

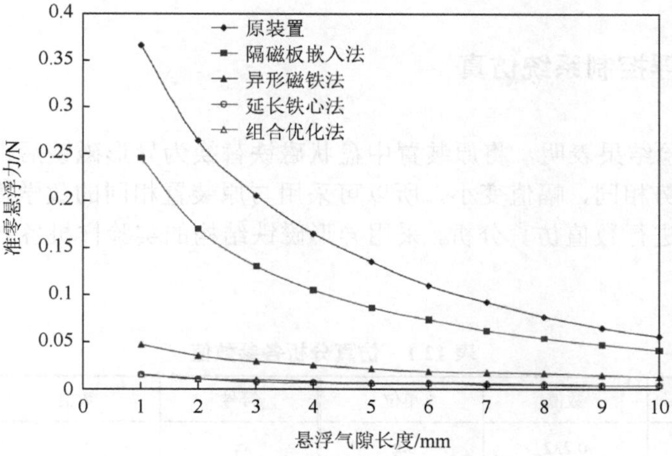

图 12.33　多种优化方法的零悬浮力测量实验结果对比

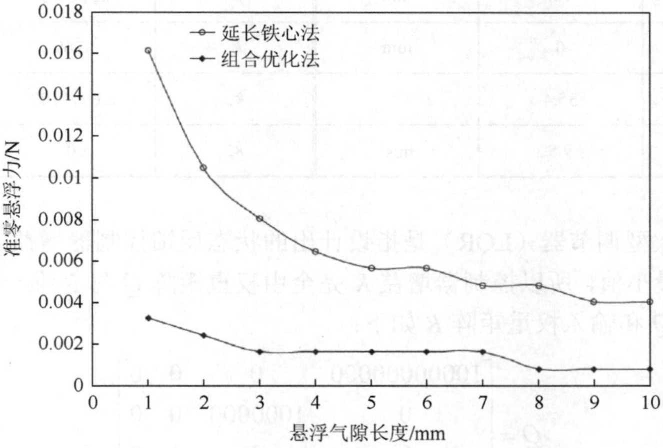

图 12.34　延长铁心法和组合优化法的零悬浮力测量实验结果对比

12.4　异形磁铁优化法悬浮实验

通过电磁有限元仿真及测量实验对四种零悬浮力优化方法进行分析和对比，结果表明，四种优化方法均能改善系统的零悬浮力特性。其中，隔磁板嵌入法的优化效果不明显，延长铁心法和组合优化法对装置的磁力可控范围影响较大。为测试优化后结构的悬浮性能，优先选用异形磁铁法开展悬浮实验。

12.4.1　悬浮控制系统仿真

测量实验结果表明，将原装置中盘状磁铁替换为异形磁铁后，装置的磁力与原装置趋势相同，幅值变小，所以可采用与原装置相同的数学模型，并计算不同的参数进行数值仿真分析，采用异形磁铁结构的实验样机各参数如表 12.1 所示。

表 12.1　仿真分析各参数值

符号	数值	单位	符号	数值	单位
m	0.232	kg	c_1	0.1	kg/s
d_0	1.8	mm	c_2	85	$kg \cdot m^2/s$
Δd_f	1.8	mm	J	6.37×10^{-4}	$kg \cdot m^2$
Δd_τ	0	mm	k_t	0.69	N · m/A
θ_0	35.4	°	k_m	8.69×10^{-5}	N/m^2
g	9.8	m/s^2	k_τ	0	N/m

线性二次型调节器（LQR）是指设计出的状态反馈控制器增益 K 使二次型目标函数 J 取最小值，所以控制器增益 K 完全由权重矩阵 Q 与 R 唯一决定。选择状态权重矩阵 Q 和输入权重矩阵 R 如下：

$$Q=\begin{bmatrix}10000000000 & 0 & 0 & 0\\ 0 & 1000000 & 0 & 0\\ 0 & 0 & 1 & 0\\ 0 & 0 & 0 & 1\end{bmatrix}$$

$$R=1$$

使用 MATLAB 软件，反馈增益 K 的计算结果如下：

$$K=[177250 \quad 2208 \quad 391.23 \quad 1.31]$$

采用非线性磁力与转矩数学模型进行控制系统数值仿真分析，其中悬浮物质量为 0.232kg。对悬浮气隙施加–0.08mm 的阶跃扰动，记录系统的响应直到 1s，仿真结果如图 12.35 所示。结果表明，采用异形磁铁的系统可以实现稳定悬浮，其悬浮控制过程与原装置基本一致。

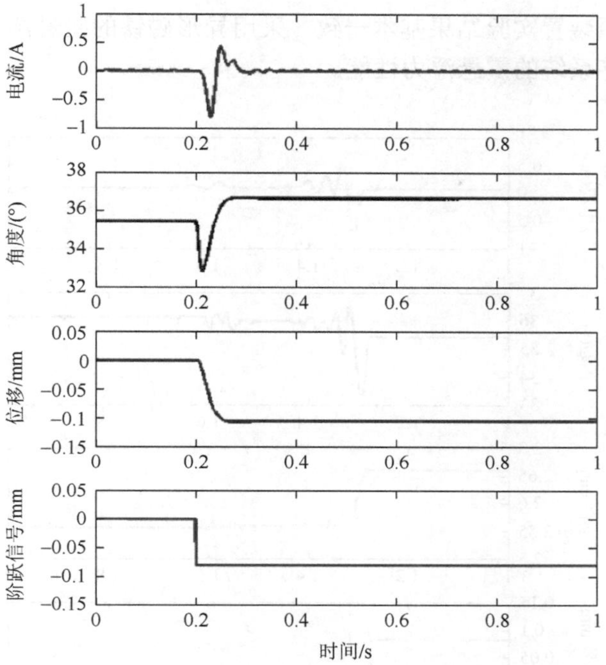

图 12.35　控制系统仿真结果

12.4.2　悬浮控制实验

将原实验样机盘状磁铁替换为异形磁铁，异形磁铁法悬浮实验样机如图 12.36 所示。当悬浮物质量为 0.232kg、阶跃扰动为–0.08mm 时，响应结果如图 12.37 所示。实验结果表明，采用异形磁铁法可实现悬浮物稳定悬浮，稳定状态下输入电流

图 12.36　异形磁铁法悬浮实验样机

几乎为零，与原装置实验结果基本一致。采用异形磁铁的磁悬浮系统可实现稳定悬浮，同时改善系统的零悬浮力性能。

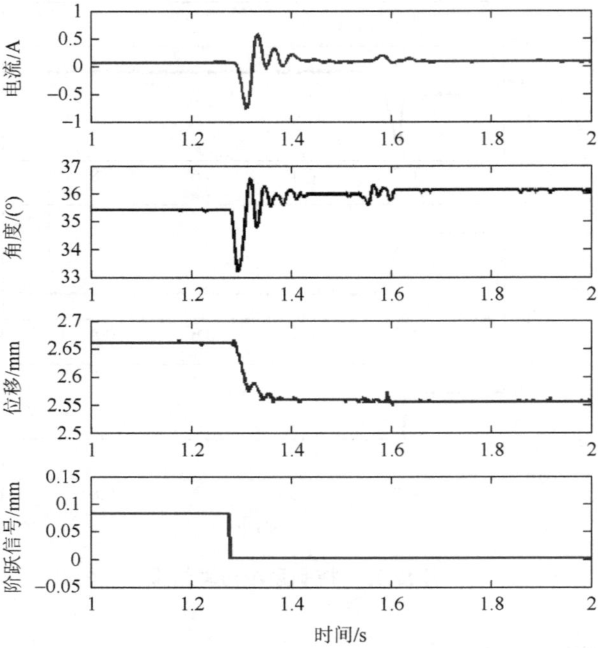

图 12.37　异形磁铁法的悬浮实验结果

参考文献

[1] 王振铎. 科技考古论丛[M]. 北京：文物出版社，1989.

[2] Bassani R. Earnshaw（1805–1888）and passive magnetic levitation[J]. Meccanica，2006，41（4）：375-389.

[3] Maxwell J C A. A treatise on electricity and magnetism[J]. Nature，1873，7（182）：478-480.

[4] 吴建永. 磁悬浮的惊人秘密[J]. 物理，2013，42（1）：63-66.

[5] 徐园平，周瑾，金超武，等. 抗磁悬浮研究综述[J]. 机械工程学报，2019，55（2）：214-222.

[6] Geim A K，Simon M D，Boamfa M I，et al. Magnet levitation at your fingertips[J]. Nature，1999，400：323-324.

[7] Nobel J D. The discovery of superconductivity[J]. Physics Today，1996，49（9）：40-42.

[8] Schweitzer G，Maslen E H，等. 磁悬浮轴承：理论、设计及旋转机械应用[M]. 徐旸，张剀，赵雷，译. 北京：机械工业出版社，2012.

[9] Gao Q H，Yan H，Zou H X，et al. Magnetic levitation using diamagnetism：Mechanism，applications and prospects[J]. Science China Technological Sciences，2020，64（1）：44-58.

[10] 邓自刚，刘宗鑫，李海涛，等. 磁悬浮列车发展现状与展望[J]. 西南交通大学学报，2022，57（3）：455-474.

[11] Beams J W，Young J L，Moore J W. The production of high centrifugal fields[J]. Journal of Applied Physics，1946，17（11）：886-890.

[12] 张维煜，朱熀秋，袁野. 磁悬浮轴承应用发展及关键技术综述[J]. 电二技术学报，2015，30（12）：12-20.

[13] Kenny B H，Jansen R，Kascak P，et al. Integrated power and attitude control with two flywheels[J]. IEEE Transactions on Aerospace and Electronic Systems，2005，41（4）：1431-1449.

[14] Gerlach B，Ehinger M，Raue H K，et al. Gimballing magnetic bearing reaction wheel with digital controller[C].Proceedings of the 11th European Space Mechanisms and Tribology Symposium，Lucerne，2005：35-40.

[15] 熊万里，孙文彪，刘侃，等. 高速电主轴主动磁悬浮技术研究进展[J]. 机械工程学报，2021，57（13）：1-17.

[16] Higuchi T，Mizuno T. Balancing measurement system using magnetic bearings[C]. Magnetic Bearings：Proceedings of the First International Symposium，Heidelberg，1988：327-334.

[17] 吴华春. 磁力轴承支承的转子动态特性研究[D]. 武汉：武汉理工大学，2005.

[18] Cao X，Sun Q，Liu C H，et al.Direct control of torque and levitation force for dual-winding bearingless switched reluctance motor[J].Electric Power Systems Research，2017，145：214-222.

[19] Osa M，Masuzawa T，Saito T，et al. Magnetic levitation performance of miniaturized magnetically levitated motor with 5-DOF active control[J]. Mechanical Engineering Journal，2017，4（5）：17-00007.

[20] 寇宝泉，张赫. 多自由度短行程超精密平面电机技术发展综述[J]. 电工技术学报，2013，28（7）：1-11.

[21] Shan X，Kuo S K，Zhang J，et al. Ultra precision motion control of a multiple degrees of freedom magnetic suspension stage[J]. IEEE/ASME Transactions on Mechatronics，2002，7（1）：67-78.

[22] 张赫. 多自由度磁悬浮微动台的基础研究[D]. 哈尔滨：哈尔滨工业大学，2014.

[23] 寇宝泉，张赫，张海林，等. 集成绕组结构短行程直流平面电机的电磁设计[J]. 中国电机工程学报，2013，33（18）：111-118.

[24] 李广，张鸣，朱煜，等. 六自由度磁浮微动台电磁场建模与计算[J]. 清华大学学报（自然科学版），2010，50（12）：1978-1982.

[25] Zhu H，Teo D，Pang C K. Magnetically levitated parallel actuated dual-stage（maglev-pad）system for six-axis precision positioning[J]. IEEE/ASME Transactions on Mechatronics，2019，24（4）：1829-1838.

[26] 彭若桐，许贤泽，郑通，等. 一种磁悬浮平面电机多目标优化方法[J]. 仪器仪表学报，2020，41（8）：76-83.

[27] Rodriguez E，Sotelo G G，de Oliveira J G，et al. Designing，simulations and experiments of a passive permanent magnet bearing[J]. International Journal of Applied Electromagnetics and Mechanics，2016，51（2）：131-149.

[28] Safaeian R，Heydari H. Comprehensive comparison of different structures of passive permanent magnet bearings[J]. IET Electric Power Applications，2017，12（2）：179-187.

[29] 张钢，黄阳，倪晓艇，等. 离心鼓风机用磁轴承的设计[J]. 轴承，2017，（4）：21-25.

[30] 胡坤，王爽，李德永，等. 一种永磁磁垫式带式输送机的气隙特性研究[J]. 煤炭学报，2015，40（3）：701-706.

[31] Genta G，Delprete C，Rondano D. Gyroscopic stabilization of passive magnetic levitation[J]. Meccanica，1999，34：411-424.

[32] 许自豪，钱坤喜，王颢. 永磁轴承最小悬浮转速与转动惯量的关系研究[J]. 中国机械工程，2012，23（8）：900-905.

[33] 张钢，孟庆涛，钟永彦，等. 五自由度全永磁轴承系统的稳定悬浮特性分析[J]. 机械工程学报，2015，51（5）：56-63.

[34] Higuchi T，Oka K. Reluctance control magnetic suspension system-suspension system with permanent magnet and linear actuator[J]. Electrical Engineering in Japan，1994，114（7）：115-123.

[35] Oka K，Higuchi T. A three-degrees-of-freedom maglev system with actuators and permanent magnets[J]. Electrical Engineering in Japan，1996，116（5）：138-147.

[36] Oka K，Higuchi T，Shiraishi T. Hanging type mag-lev system with permanent magnet motion control[J]. IEEE Transactions on Industry Applications，1999，119（3）：291-297.

[37] 孙凤，王亚刚，李东生，等. 悬挂式永磁悬浮系统的悬浮特性研究[J]. 组合机床与自动化加工技术，2012，（11）：25-28.

[38] Oka K，Sun F，Tsurumi A，et al. Study of the spinning mechanism resulting from permanent magnet linear actuation[J]. Materials Science Forum，2012，721：255-260.

[39] 孙凤，韦伟，金嘉琦，等. 永磁悬浮非接触回转驱动系统[J]. 机械工程学报，2017，53（20）：192-201.

[40] Furutachi M，Inaba S，Ishino Y，et al. Three-dimensional force measurement and control of a flux-path control magnetic suspension[J]. Journal of System Design and Dynamics，2008，2（6）：1239-1249.

[41] Takabayshi A，Mizuno T，Takasaki M，et al. Development of flux-path control magnetic suspension system using flux concentration[J]. Transactions of the Japan Society of Mechanical Engineers：Series C，2013，79（801）：1483-1494.

[42] Ishibashi N，Mizuno T，Ishino Y，et al. The proposal of magnetic suspension using laterally control flux-path mechanism[J]. Actuators，2017，6（1）：6010011.

[43] Ueno T，Qiu J，Tani J. Magnetic force control based on the inverse magnetostrictive effect[J]. IEEE Transactions on Magnetics，2004，40（3）：1601-1605.

[44] Ueno T，Qiu J，Tani J. Device of magnetostrictive and piezoelectric materials for magnetic force control[J]. Journal of Magnetism and Magnetic Materials，2003，258：490-492.

[45] Ueno T，Higuchi T. Zero-power magnetic levitation using composite of magnetostrictive/piezoelectric materials[J]. IEEE Transactions on Magnetics，2007，43（8）：3477-3482.

[46] Sun F，Oka K，Jin J J，et al. A zero suspension force improvement method of a permanent magnetic suspension device[J]. International Journal of Applied Electromagnetics and Mechanics，2013，41（1）：1-12.

[47] Jin J J，Duan Z Y，Sun F，et al. Model identification and analysis for parallel permanent magnetic suspension system based on ARX model[J]. International Journal of Applied Electromagnetics and Mechanics，2016，52（1）：145-152.

[48] 孙凤，周冉，夏鹏澎，等. 可控磁路式永磁悬浮系统的串级控制[J]. 振动与冲击，2018，37（9）：230-233.

[49] 孙凤，夏鹏澎，孙兴伟，等. 可控磁路式永磁悬浮系统的鲁棒控制[J]. 振动与冲击，2019，38（10）：65-70.

[50] 孙凤，唐敬虎，李强，等. 可变磁路式永磁悬浮系统刚度特性分析及变刚度控制[J]. 振动与冲击，2020，39（7）：132-139.

[51] 苏玉鑫，郑春红，段宝岩，等. 一类非线性 PID 控制系统稳定性分析[J]. 控制与决策，2002，(S1)：755-757.

[52] 陈强. 超高速悬浮系统设计及其控制技术研究[D]. 长沙：国防科技大学，2018.

[53] 罗建召，徐龙祥. 恒流源偏置三相磁悬浮轴承研究[J]. 机械科学与技术，2010，29（2）：234-238，243.

[54] 徐建根，徐龙祥，纪历. 恒流源偏置磁悬浮轴承系统的功耗试验[J]. 机械设计与研究，2013，29（6）：144-147.

[55] Wai R J，Yao J X，Lee J D. Backstepping fuzzy-neural-network control design for hybrid maglev transportation system[J]. IEEE Transactions on Neural Networks and Learning Systems，2015，26（2）：302-317.

[56] 陈慧星，李云钢，常文森. 电磁-永磁混合磁悬浮系统的悬浮刚度研究[J]. 中国电机工程学报，2008，27（28）：148-152.

[57] Zhao C，Oka K，Sun F，et al. Design of zero-power control strategy with resisting tilt of hybrid magnetic levitation system[J]. IEEE Transactions on Industrial Electronics，2022，69（11）：11394-11402.

[58] Morishita M，Azukizawa T. A new MAGLEV system for magnetically levitated carrier system[J]. IEEE Transactions on Vehicular Technology，1989，38（4）：230-236.